“十三五”国家重点图书出版物出版规划项目

绿色建筑模拟技术应用
Application of Simulation Technology in Green Building

建 筑 日 照
Building Insolation

刘琦 王德华 著

林若慈 罗涛 主审

知识产权出版社
全国百佳图书出版单位

图书在版编目（CIP）数据

建筑日照/刘琦，王德华著．—北京：知识产权出版社，2016.12（2018.3重印）

（绿色建筑模拟技术应用）

ISBN 978 - 7 - 5130 - 4460 - 8

Ⅰ．①建… Ⅱ．①刘…②王… Ⅲ．①生态建筑—日照—利用

Ⅳ．①TU201.5②TU113.3

中国版本图书馆 CIP 数据核字（2016）第 219677 号

内容提要

本书详细介绍了绿色建筑设计中与日照相关的内容，内容涉及日照基本原理、建筑日照标准、城市规划设计和单体中的日照问题、日照图表及应用，并结合绿建日照分析软件SUN 以及多个工程实例，介绍规划和建筑方案设计中的日照优化，同时在附录中收录了全国主要城市太阳位置数据表、地理经纬度、日照时数及日照百分率表等，以方便设计人员进行查阅。

本书可供高等院校作为建筑物理相关课程的教材，也可供教师和学生作为参考资料使用；此外，本书还可供从事城市规划设计和建筑设计的人员参考使用。

责任编辑：张　冰	责任校对：韩秀天
封面设计：韩　东	责任出版：刘译文

绿色建筑模拟技术应用

建筑日照

刘　琦　王德华　著

林若慈　罗　涛　主审

出版发行：知识产权出版社 有限责任公司	网　　址：http://www.ipph.cn
社　　址：北京市海淀区气象路 50 号院	邮　　编：100081
责编电话：010 - 82000860 转 8024	责编邮箱：zhangbing@cnipr.com
发行电话：010 - 82000860 转 8101/8102	发行传真：010 - 82000893/82005070/82000270
印　　刷：北京嘉恒彩色印刷有限公司	经　　销：各大网上书店、新华书店及相关专业书店
开　　本：787mm×1092mm　1/16	印　　张：20.25
版　　次：2016 年 12 月第 1 版	印　　次：2018 年 3 月第 2 次印刷
字　　数：348 千字	定　　价：58.00 元

ISBN 978-7-5130-4460-8

总　序

　　绿色建筑作为世界的热点问题和我国的战略发展产业，越来越受到社会的关注。我国政府出台了一系列支持绿色建筑发展的政策，我国绿色建筑产业也开始驶入快车道。但是绿色建筑是一个庞大的系统工程，涉及大量需要经过复杂分析计算才能得出的指标，尤其涉及建筑物理的风环境、光环境、热环境和声环境的分析和计算。根据国家的相关要求，到 2020 年，我国新建项目绿色建筑达标率应达到 50% 以上，因此模拟技术应用在绿色建筑的设计和评价方面是不可或缺的技术手段。

　　随着 BIM 技术在绿色建筑设计中的应用逐步深入，基于模型共享技术，实现一模多算，高效快捷地完成绿色建筑指标分析计算已成为可能。然而，掌握绿色建筑模拟技术应用的适用人才缺乏。人才培养是学校教育的首要任务，现代社会既需要研究型人才，也需要大量在生产领域解决实际问题的应用型人才。目前，国内各大高校几乎没有完全对口的绿色建筑专业，所以专业人才的输送成为高校亟待解决的问题之一。此外，作为知识传承、能力培养和课程建设载体的教材在绿色建筑相关专业的教学活动中起着至关重要的作用，但目前出版的教材大多偏重于按照研究型人才培养的模式进行编写，绿色建筑"应用型"教材的建设和发展远远滞后于应用型人才培养的步伐。为了更好地适应当前绿色建筑人才培养跨越式发展的需要，探索和建立适合我国绿色建筑应用型人才培养体系，知识产权出版社联合中国城市科学研究会绿色建筑与节能专业委员会、中国建设教育协会、中国建筑学会建筑物理分会等，组织全国近 20 所院校的教师，编写出版了适应绿色建筑模拟技术应用型人才培养需要的教材。其培养目标是帮助学生既掌握绿色建筑相关学科的基本知识和基本技能，同时也擅长应用非技术知识，具有较强的技术思维能力，能够解决生产实际中的具体技术问题。

　　本套教材旨在充分反映"应用"的特色，吸收国内外优秀教材的成功经验，并遵循以下编写原则：

➤ 充分利用工程语言，突出基本概念、思路和方法的阐述，形象、直观地表达教学内容，力求论述简洁、基础扎实。

➤ 力争密切跟踪行业发展动态，充分体现新技术、新方法，详细说明模拟技术的应用方法，操作简单、清晰直观。

➤ 深入剖析工程应用实例，图文并茂，启发学生创新。

本套教材虽然经过编审者和编辑出版人员的尽心努力，但由于是对绿色建筑模拟技术应用教材的首次尝试，故仍会存在不少缺点和不足之处。我们真诚欢迎选用本套教材的师生多提宝贵意见和建议，以便我们不断修改和完善，共同为我国绿色建筑教育事业的发展作出贡献。

本书编委会
2018 年 1 月

前　　言

　　21 世纪全人类共同倡导的主题是可持续发展。传统上，城市建筑大都是高消费型，倡导可持续发展就是使传统模式转向高效绿色型发展模式，绿色建筑是当今世界建筑发展的必然趋势，是实施城市高效绿色的必由之路。绿色建筑在建筑的全寿命期内，最大限度地节约资源（节能、节地、节水、节材），保护环境，减少污染，为人们提供健康、适用和高效的使用空间，以及与自然和谐共生的建筑。人、建筑与环境三大基本要素的和谐发展是绿色建筑赖以发展的前提条件。基于生态、材料、数字化的发展新方向，绿色建筑充分利用自然条件和人工手段营造良好的居住环境，同时控制和减少对自然环境的影响和干扰，充分体现人、建筑与环境的和谐共处。

　　太阳光是地球能量的主要来源。太阳光直接照射到物体表面，我们把这种现象称为日照。它是我们人类生存和保障人体健康的基本要素之一。对于人来说，无论在生理上和心理上，日照都是不可缺少的。阳光直接照射到建筑物或者场地上的状况，称为建筑日照。建筑日照这门学科主要根据地球绕太阳运行的规律及太阳对地球做相对运动的理论，计算太阳在天体中运行位置的数据，来解决建筑设计中的日照问题。建筑日照是建筑物理环境的一个十分重要的组成部分，是涉及天文学、物理学、气象学、热工学、光学、几何学的一门综合学科。

　　建筑对日照的要求根据建筑的不同性质而定。需要争取日照的建筑，如病房楼、幼儿园等，它们对日照各有特殊的要求。病房和幼儿活动室主要要求中午前后的阳光，因这时的阳光含有较多紫外线，紫外线具有良好的天然杀菌作用。对于居住建筑，则要求一定时间的日照，目的是使室内有良好的卫生条件，起到消灭细菌与干燥潮湿房间的作用，以及在冬季使房间获得太阳辐射热而提高室温。

　　建筑的朝向和太阳方位有关。一般来说，为了获得良好的日照，温带和寒带地区的建筑多采取坐北朝南的布局，这是由建筑各个朝向表面的太阳辐射照度随季节的变化规律所决定的，坐北朝南的建筑在炎热的夏季得热相对较少，室内温度不至于过高，而在寒冷的冬季则能够吸收大量的辐射热，保持相对温暖的室内温度。中国北方传统民居，如北京四合院、东北大院、山西合院式民居都严格遵守坐北朝南的布局原则。对于居住建筑来说，建筑之间应该有足够的间距来保障基本的日照。

现阶段，城市人口急速增长，随着旧城更新、居住区的建设与发展、中心商务区的再造与重整等大量开发与建设，特别是居民维权意识的不断增强和国家对私有财产保护力度的逐步加大，使得建筑（尤其是住宅）遮挡引发的日照矛盾日益突出，阳光权纠纷成为困扰各级政府、规划主管部门的信访热点。作为一个人口众多、土地资源紧张的国家，合理利用资源、集约利用土地成为城市发展的主旨。伴随着城市建设的不断推进，如何保证城市资源的可持续发展，确保城市环境质量，同时又兼顾开发方的利益，成为政府、业主、使用者利益平衡的重要砝码。以城市住宅建设为例，政府追求城市的整体和谐发展，业主追求利益的最大化，使用者追求环境和配套……这些都要求规划管理部门综合平衡、规范审批，其中建筑日照设计成为住宅区规划建设的焦点。

因此，建筑日照设计的主要目的是根据建筑的不同使用要求，采取措施使建筑物房间内部获得适当的太阳直射光。建筑日照设计的任务主要是解决以下一些问题：

（1）按地理纬度、地形与环境条件，合理地确定城乡规划的道路网方位、道路宽度、居住区位置、居住区布置形式和建筑物的体型。

（2）根据建筑物对日照的要求及相邻建筑的遮挡情况，合理地选择和确定建筑物的朝向和间距。

（3）根据阳光通过采光口进入室内的时间、面积和太阳辐射照度等的变化情况，确定采光口及建筑构件的位置、形状及大小。

城市规划中，日照标准当属与居民切身利益关系最为密切的问题之一。日照标准根据建筑物所在的气候区、城市规模和建筑物的使用性质确定，规定在日照标准日（冬至日或大寒日）的有效日照时间范围内，以底层窗台面为计算起点的建筑外窗获得的日照时间。我国于1993年出台并于2016年修订的国家标准《城市居住区规划设计规范》（GB 50180—1993，2016年版）提出了不同地域范围城市住宅建筑日照标准，解决了我国住宅建筑日照标准有无的问题，

体现了国家对居民生活质量的关注。2005 年修订的《民用建筑设计通则》
(GB 50352—2005) 对不同类型建筑的日照标准有了明确的规定。《工程建设
标准强制性条文（城乡规划部分）》将住宅日照列入强制性条文，必须严格执
行。自 2006 年 4 月 1 日开始实施的《城市规划编制办法》（中华人民共和国建
设部令第 146 号）也明确规定：修建性详细规划必须对住宅、医院、学校和托
幼等建筑进行日照分析。

我国目前正在大力推广绿色建筑，《绿色建筑评价标准》(GB/T 50378—
2014) 中对于建筑日照作了明确的规定，要求建筑规划布局满足日照标准，且
不降低周边建筑的日照标准。

2014 年 1 月 9 日，住房和城乡建设部发布国家标准《建筑日照计算参数
标准》(GB/T 50947—2014)，该标准对于建筑日照计算的参数标准进行了较
为详尽的解读和规定。该标准的实施，将推动各地制定和完善日照分析管理
规定。

日照分析计算涉及时间、地点及建筑几何形体等多种复杂因素，建筑日照
设计在 20 世纪上半叶主要采用两类方法：①棒影图、正日影图、瞬时阴影图；
②缩尺模型分析（日照仪）。这些方法都难于处理复杂的建筑形体，耗时耗工。
20 世纪 80 年代，随着计算机辅助设计逐渐普及，国内很多软件公司都相继开
发出关于建筑日照的模拟设计软件，使日照分析更快捷、更精确。

计算机日照分析软件的开发和应用，可以更准确、有效地计算日照时间。
日照软件建立了完整的地球与太阳的数学模型，从几何和光学的角度利用计算
机进行大量的数学计算，从根本上解决了物体的阴影和影响的关系；可以准确
地分析出任意地点、任意时间的任意建筑物的详细状况，为规划审批提供科
学、直观的计算数据，从而可以达到节约宝贵的城市建设用地的目的。日照软
件可以轻松地对建筑群体间的相互影响进行分析，给出直观的结果。通过对结
果的分析利用可以在居住区范围内更加科学、合理地安排建筑物的位置，根据
日照时间选择不同的花草种植区域，甚至可以巧妙地利用建筑群体间的阴影进
行遮阳设计，为居住区创造出更加舒适的环境。

综上所述，建筑日照设计是城乡规划和建筑设计中必须考虑的重要因素。
随着城市化进程和建筑事业的发展，以及人们对环境质量要求的提高，建筑日
照设计的意义将更为广泛和深远。

本书根据不同地区不同的日照要求，将理论与实践相结合，进行了一系列

深入探讨。全书共分七部分：绪论主要介绍了绿色建筑中与建筑日照相关的内容；第1章和第2章主要介绍日照和建筑日照的基本原理；第3章比较详尽地阐述了建筑日照标准、建筑朝向、间距对日照的影响，建筑单体及总体设计中的日照问题；第4章主要介绍了日照图表及其应用；第5章主要结合专业软件探讨了计算机辅助建筑日照设计；第6章为日照设计实例分析。为方便读者查阅，本书附录收录了日照设计的相关数据。附录A为建筑日照设计常用名词与代号；附录B为全国主要城市太阳位置数据表，根据夏至、大暑、秋分、大寒、冬至五个代表性节气，日出到日落的逐时太阳位置的数据编制而成；附录C为全国主要城市的地理经纬度；附录D为全国主要城市日照时数及日照百分率表；附录E为时角与时间对照表；附录F为部分城市日照分析管理办法；附录G为建筑日照检测。

本书绪论部分及第1章、第5章和第6章由刘琦编写，第2章、第3章和第4章由王德华编写，编写过程中得到山东建筑大学、北京绿建软件有限公司、济南市规划局、湘潭设计院以及中国建筑科学研究院郝志华的大力支持，研究生孟庆凯、提姗姗完成了插图、表格的制作工作，在此一并表示感谢。

由于编写时间紧迫，书中疏漏之处在所难免，恳请广大读者在使用过程中批评、指正。

欢迎提出宝贵意见，联系方式：jinanshenlv@126.com。

编　者
2018 年 1 月

目　　录

绪论　绿色建筑与建筑日照

日照就是物体表面被阳光直接照射的现象，建筑日照就是阳光直接照射到建筑地段、建筑围护结构表面和房间内部的现象。阳光照射能引起动植物的各种光生物学反应，促进生物机体的新陈代谢。阳光中的紫外线能预防和治疗感冒、佝偻病、支气管炎等疾病。同时，阳光中还含有大量的红外线，冬季照射到室内所产生的辐射热能提高室温，具有良好的取暖和干燥作用。日照对建筑物的造型艺术也有一定的影响，适当的阴影能增强建筑物的立体感。因此，争取适当的日照对于建筑来说是非常重要的。

0.1　建筑日照的发展沿革

1. 我国的日照研究发展历史

在我国，自古就有重视日照环境的历史传统。早在周代就创造了"土圭之法"，就是将玉制的一尺五寸的短棒立起来，然后丈量它在不同方位影子的长度，用以定朝向，选址定城，正所谓"以土圭之法测土深，正日影以求地中"。又说地中是"天地之所合也，四时之所交也，风雨之所会也，阴阳之所和也，然则百物阜安，乃建王国焉"，历代相沿。可见，我国自古以来在城市规划和房屋建设中就十分重视朝向和日照。例如《营造算例》中规定，"每柱高一丈，得沿出平三尺，如柱高一丈一丈以外，得沿出平三尺三寸。"这样出沿的比例恰好与冬季和夏季太阳高度角的变化相吻合，使朝南房屋冬暖夏凉。

20世纪60年代初，我国针对基本建设中的浪费现象，提出了一系列节约用地的方法，如在建设中采用插建、压缩间距等方法。当时的日照研究大多是行列式。总体来说，日照与提高密度的矛盾并不十分突出，争论有却不激烈。

自20世纪70年代以来，城市用地紧张，逐步向空中发展，此时的主要措施是压缩住宅间距、提高住宅层数。因此,提高密度与保持一定的冬至日日照发生了冲突,此时提出了三种日照标准,分别是冬至日阳光照射到底层窗下沿、窗中和窗上。但是为了提高密度,70年代始终未突破压缩间距和降低日照标准。

进入20世纪80年代以后,对日照问题有了进一步的研究,主要集中在不同朝向居室的日照量与日照标准的关系、高层住宅节地效果的研究以及以人体所需的红斑剂量为卫生标准计算日照标准。

20世纪90年代以后,特别是随着住宅的商品化,房地产业迅猛发展,城市化进程也日益加快,同时高层建筑也越来越多,日照问题日益凸显。相关的建筑规范中对于日照问题也有了明确的规定,各地根据自己的实际情况制定了相应的日照管理办法。随着计算机辅助设计的普及以及日照分析软件的出现,替代了传统的作图法,建筑日照分析也变得更加快捷,规划部门及设计部门对于建筑日照的把控也日益细致和全面。

2. 国外的日照研究发展历史

国外最初由于人口稀少、建筑密度低,对日照问题的关注度不高,但随着大量人口涌入城市,在进行城市建设时日照问题仍没有得到重视,高密度、高容积率的住房由于不利于通风,缺少日照,室内常年潮湿,卫生状况恶化,从而导致了大规模传染疾病的暴发,造成了严重的后果[7]。

英国是最早对建筑日照问题进行研究的国家,1875年颁布《公共卫生法》,以法律的形式来确保在进行城市规划建设时建筑物享有基本充足的空气流通和日照的权利。1909年,随着一系列工作的推进,第一部城市规划法(The HousingTown Planning,etc Act,1909)在英国出现,标志着现代城市规划体系的建立。英国在1932年《时效法》中规定:"如果一个窗户在20年间能够保持连续不断的采光,则该项采光的享有权将变为永久性的。"

进入20世纪以后,医学上的新认识确定了自然光照对人生理及居住心理上的重要性。20世纪20年代的新建住宅的发展就以此为主题,在讨论的高峰期人们甚至认为日照比可居住的空间更为重要。1925年,弗兰茨·克劳泽在柏林建筑同行工会的图表中发表了他对太阳轨道及日照角度在每年的三个决定性阶段的研究。这不仅让人明白了日照状况,而且可通过其他图表来计算阴影长度与阴影面积,甚至坡地建筑也可算出如何改善遮挡阴影。阿道夫·贝内对达马斯托克住宅单一朝向进行了批评,首先指出:"新的城市规划不会机械地运用朝向原则来实现。"瓦尔特·施瓦根沙伊特比其他人更精确地对住宅作了研究与计算，并发表了根据太阳轨道设置房间的图表，成为住宅发展的重要基础。他的图表可以得出惊人的结论，东西向较南北向更能使住宅满足人们的期望值。1932 年在瑞典召开的第四届建筑师大会上，提出了"在冬季，保证住房每天有不小于 2 小时日照的必要性。对建筑师来说，阳光进入到住房，这是一个新的重要的任务。"此后的发展中，人们不断展开通过改善平面设计、建筑朝向获取更多日照的探讨。

由于各国国情的差异，对日照的研究思路、采用的方法和日照法规的规定与运用各有异同。20 世纪 60 年代以前更多从卫生的角度考虑住房应获得的最少日照，60 年代以后加强了对外部环境的考虑，着重研究如何限制住房对其临界地段的遮挡。

0.2　绿色建筑中建筑日照的要求

建筑日照是绿色建筑的重要组成部分。《民用建筑绿色设计规范》（JGJ/T 229—2010）建筑设计与室内环境一节中单独列出一节日照与天然采光，并指出进行规划与建筑单体设计时，应符合现行国家标准《城市居住区规划设计规范》（GB 50180）对日照的要求，应使用日照模拟软件进行日照分析。

《绿色建筑评价标准》（GB/T 50378—2014）的第四部分节地与室外环境4.1 控制项中 4.1.4 条规定：建筑规划布局满足日照标准，且不降低周边建筑的日照标准，此条适用于各类民用建筑的设计、运行评价。该条标准明确了建筑日照的评价要求，建筑室内的环境质量与日照密切相关，日照直接影响居住者的身心健康和居住生活质量。我国对居住建筑以及幼儿园、医院、疗养院等公共建筑都制定有相应的国家标准或行业标准，对其日照、消防、防灾、视觉卫生等提出了相应的技术要求，直接影响着建筑布局、间距和设计。建筑布局不仅要求本项目所有建筑都满足有关日照标准，还应兼顾周边，减少对相邻的住宅、幼儿园生活用房等有日照标准要求的建筑产生不利的日照遮挡。条文中的"不降低周边建筑的日照标准"是指：

（1）对于新建项目的建设，应满足周边建筑有关日照标准的要求。

（2）对于改造项目分两种情况：①周边建筑改造前满足日照标准的，应保证其改造后仍符合相关日照标准的要求；②周边建筑改造前未满足日照标准的，改造后不可再降低其原有的日照水平。

该条文的评价方法为：设计阶段审核设计文件和日照模拟分析报告；运行阶段在设计阶段评价方法之外还应核实竣工图及其日照模拟分析报告，或现场核实。

1 太阳辐射

太阳是距离地球最近的恒星，是太阳系的中心天体。太阳光（以下简称阳光）是天然的光源，也是地球上最主要的能源，它普照大地，使整个世界姹紫嫣红、五彩缤纷。阳光对地面上的一切物质都有物理、化学和生物学的作用，是人类等大部分生命赖以生活的基本条件。

阳光直接照射到物体表面的现象，称为日照。阳光直接照射到建筑物或者场地上的状况，称为建筑日照。建筑日照是建筑光学和热工学的重要组成部分，主要研究日照对建筑的作用和建筑对日照的要求。在规划和建筑设计中，采取合理技术措施，充分利用日照的有利因素并限制其不利因素，对于改善生活和工作环境，提高劳动生产率，增进使用者的身心健康，都具有十分重要的意义。

1.1 太阳辐射的特点

太阳是一个炽热的气态球体，它的直径约为 1.39×10^6 km，质量约为 2.2×10^{27} t，是地球质量的 3.32×10^5 倍，体积则比地球大 1.3×10^6 倍。其主要组成气体为氢（约 80%）和氦（约 19%）。由于太阳内部持续进行着氢聚合成氦的核聚变反应，所以不断地释放出巨大的能量，并以辐射和对流的方式由核心向表面传递热量，温度也从中心向表面逐渐降低。由核聚变可知，氢聚合成氦释放巨大能量的同时每 $1g$ 质量将亏损 $0.00729g$。根据目前太阳产生核能的速率估算，其氢的储量足够维持 600 亿年，因此太阳能可以说是用之不竭的。地球每年从太阳获得的辐射能量为 5.44×10^{24} J。太阳辐射直接决定地表空气的温度变化，并主导地球上几乎所有的气候现象。

太阳的构造如图 1.1 所示。在太阳平均半径 23%（$0.23R$）的区域内是太阳的内核，其温度为 $8 \times 10^6 \sim 4 \times 10^7$ K，密度为水的 $80 \sim 100$ 倍，占太阳全部

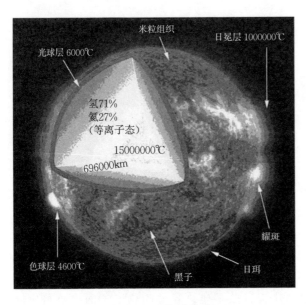

光球层 6000℃
米粒组织
日冕层 1000000℃

氢71%
氦27%
(等离子态)
15000000℃
696000km

色球层 4600℃
黑子
日珥
耀斑

图 1.1　太阳的构造

质量的 40％，占太阳总体积的 15％。这部分产生的能量占太阳产生总能量的 90％。氢聚合时放出 γ 射线，当它经过较冷区域时由于消耗能量，波长增长，变成 X 射线或紫外线及可见光。$0.23R \sim 0.7R$ 的区域称为"辐射输能区"，温度降到 1.3×10^5 K。$0.7R \sim 1.0R$ 称为"对流区"，温度下降到 5×10^3 K。太阳的外部是一个光球层，它就是人们肉眼所看到的太阳表面，其温度为 5762K，厚约 500km，它是由电离的气体组成的，太阳能绝大部分辐射都是由此向太空发射的。光球外面分布着不仅能发光，而且几乎是透明的太阳大气，称之为"反变层"。它由极稀薄的气体组成，厚数百公里，能吸收某些可见光的光谱辐射。"反变层"的外面是太阳大气上层，称为"色球层"，厚 $1 \times 10^4 \sim 1.5 \times 10^4$ km，大部分由氢和氦组成。"色球层"外是伸入太空的银白色日冕，温度高达 100 万摄氏度，高度有时达几十个太阳半径。从太阳的构造可见，太阳并不是一个温度恒定的黑体，而是一个多层的有不同波长发射和吸收的辐射体。

1.1.1　太阳辐射的特性

1. 太阳辐射光谱

在地球表面上，太阳光谱的波长范围为 $0.28 \sim 3.00 \mu m$。在这段波长范围内，又可分为三个主要区段，即紫外线、可见光和红外线，可见光波长为 $0.38 \sim 0.78 \mu m$，波长小于 $0.38 \mu m$ 的波段为紫外线，波长大于 $0.78 \mu m$ 的波段则为红外线。太阳辐射的能量主要分布在可见光区和红外线区，前者占太阳辐射总量的 50％，后者占 43％。紫外线区只占能量的 7％。在波长 $0.48 \mu m$ 的地方，太阳辐射的能力达到最高值（见图 1.2）。

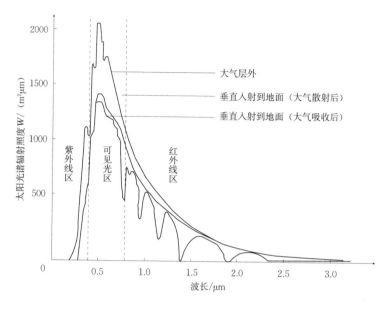

图 1.2 太阳辐射光谱

由于大气对不同波长的射线具有不同的反射和吸收作用，因此在不同的太阳高度角下，光谱成分是不同的。太阳辐射总量中各种辐射线的百分比，随着太阳高度角的大小而不同，如表 1.1 所示。从该表中看到，太阳高度角越高，紫外线及可见光的成分就越多；红外线恰好相反，它的成分随太阳高度角的增加而减少。可见光中蓝色光波反射得最多，所以我们看到的无云的天空是蓝色。

表 1.1　　　　　　　　　　　　太阳光线的成分

太阳高度角	紫外线	可见光	红外线
90°	4%	46%	50%
30°	3%	44%	53%
0.5°	0	28%	72%

资料来源：卜毅. 建筑日照设计. 北京：中国建筑工业出版社，1988：13.

2. 太阳常数和太阳辐射照度

太阳可看作是一个 5800K 的黑体向外辐射能量，太阳的输出能量并不是恒定的，在大气层上界的太阳辐射能随太阳与地球之间的距离以及太阳的活动而变化。地球以椭圆形轨道绕太阳运行，因此太阳与地球之间的距离不是一个常数，而且一年里每天的日地距离也不一样。众所周知，某一点的辐射照度与距辐射源的距离的平方成反比，这意味着地球大气上方的太阳辐射照度随日地间距离不同而异。然而，由于日地间距离太大（平均距离为 1.5×10^8 km），所以地球大气层外的太阳辐射照度几乎是一个常数。因此，人们就采用所谓"太阳常数"来描述地球大气层上方的太阳辐射照度。它是指在地球大气层外，太阳与地球的平均距离处，与太阳光线向垂直的表面上，单位面积、单位时间里所接受到的太阳辐射能（测量的平均值）。近年来，通过各种先进手段测得的太阳常数的标准值为 1353W/m²。一年中由于日地距离的变化所引起太阳辐射照度的变化一般不超过 3.4%。太阳常数也有周期性的变化，这可能与太阳黑子的活动周期有关。

太阳辐射因在透过大气到达地面的过程中受到大气层的吸收和反射而减弱，其中一部分穿过大气层直接辐射到地面上的称为直射辐射，被大气层吸收后再辐射到地面的称为散射辐射，直射辐射与散射辐射之和称为总辐射。物体表面在单位面积、单位时间所接受到的太阳辐射能，一般以辐射照度表示。辐射照度的计量单位名称为"瓦特/平方米"，表示符号为 W/m²。不同地区在地面上受到的太阳辐射照度随当地的地理纬度、大气透明度和季节及时间的不同而变化，表 1.2 给出了热带、温带和比较寒冷地带的太阳平均辐射照度。我国《民用建筑热工设计规范》（GB 50176—2016）给出了国内主要城市夏季各主要朝向的太阳辐射照度。

表 1.2 不同地区太阳平均辐射照度

地 区	太阳平均辐射照度/(W/m²)
热带、沙漠	210~250
温 带	130~210
阳光极少地区（北欧）	80~130

1.1.2 大气对太阳辐射的吸收、散射和反射

太阳照射到地平面上的辐射由两部分组成，即直接日射和漫射日射。太阳辐射穿过大气层而到达地面时，由于大气中空气分子、水蒸气和尘埃等对太阳辐射的吸收、反射和散射，不仅使辐射照度减弱，还会改变辐射的方向和辐射的光谱分布。因此，实际到达地面的太阳辐射通常是由直射和漫射两部分组成。直射是指直接来自太阳，其辐射方向不发生改变的辐射；漫射则是被大气

反射和散射后方向发生了改变的太阳辐射，它由太阳周围的散射（太阳表面周围的天空亮光）、地平面散射（地平面周围的天空亮光或暗光）及其他的天空散射辐射三部分组成。此外，非水平面也接收来自地面的反射辐射。

到达地面的太阳辐射主要受大气层厚度的影响。大气层越厚，对太阳辐射的吸收、反射和散射就越严重，到达地面的太阳辐射就越少。此外，大气的状况和大气的质量对到达地面的太阳辐射也有影响。显然，太阳辐射穿过大气层的路径长短与太阳辐射的方向有关。如图 1.3 所示，A 为地球海平面上的一点，当太阳在天顶位置 S 时，太阳辐射穿过大气层到达 A 点的路径为 OA。太阳位于 S' 点时，其穿过大气层到达 A 点的路径则为 $O'A$。OA' 与 OA 之比就称为"大气质量"。大气质量表示太阳辐射穿过地球大气的路径与太阳在天顶方向垂直入射时的路径之比，通常以符号 m 表示，并设定标准大气压和 0℃时海平面上太阳垂直射时，大气质量 $m=1$。从图 1.3 可知：

$$m = O'A/OA = \csc h_s = 1/\sin h_s$$

式中　h_s——太阳的高度角。

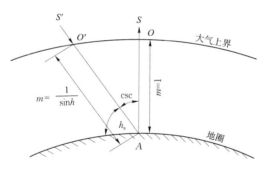

图 1.3　大气质量示意

1. 大气对太阳辐射的吸收

太阳辐射穿过大气层时，大气中某些成分具有选择吸收一定波长辐射性能的特性。大气中吸收太阳辐射的成分主要有水汽、氧、臭氧、二氧化碳及固体杂质等。太阳辐射被大气吸收后变成热能，因而使太阳辐射减弱。

水汽虽然在可见光区和红外区都有不少吸收带，但吸收最强的是在红外区，即 $0.93\sim2.85\mu m$ 范围内的几个吸收带。最强的太阳辐射能是短波部分，因此水汽从总太阳辐射里所吸收的能量是不多的。据估计，太阳辐射因水汽的吸收可以减弱 4%～15%，所以大气因直接吸收太阳辐射能而引起的增温并不显著。

大气中的主要气体是氮气和氧气，其中氧气能微弱地吸收太阳辐射。在波长小于 $0.2\mu m$ 处为一宽的吸收带，吸收能力较强；在 $0.69\mu m$ 和 $0.76\mu m$ 附近，各有一个窄的吸收带，吸收能力较弱。

臭氧在大气中含量虽少，但对太阳辐射的吸收能力很强。$0.2\sim0.3\mu m$ 为一强吸收带，使小于 $0.29\mu m$ 的太阳辐射不能到达地面。在 $0.6\mu m$ 附近又有一宽吸收带，吸收能力虽然不强，但因位于太阳辐射最强烈的辐射带，吸收的太阳辐射还是相当多的。

二氧化碳对太阳辐射的吸收比较弱，仅对红外区 $4.3\mu m$ 附近的辐射吸收较强，但这一区域的太阳辐射很微弱，其吸收对整个太阳辐射影响不大。

此外，悬浮在大气中的水滴、尘埃等杂质，也能吸收一部分太阳辐射，但其量甚微。只有当大气中尘埃等杂质很多（如有沙暴、烟幕或浮尘）时，吸收才比较显著。

大气对太阳辐射的吸收是具有选择性的，因而使穿过大气的太阳辐射光谱变得极不规则。由于大气主要吸收物质（臭氧和水汽）对太阳辐射的吸收带都位于太阳辐射光谱两端能量较小的区域，因而吸收对太阳辐射的减弱作用不大。也就是说，大气直接吸收的太阳辐射并不多，特别是对于对流层大气来说。因此，太阳辐射不是大气主要的直接热源。

2. 大气对太阳辐射的散射

太阳辐射通过大气时遇到空气分子、尘粒、云滴等质点时，都要发生散射。但散射并不像吸收那样把辐射能转变为热能，而只是改变辐射方向，使太阳辐射以质点为中心向四面八方传播开来。经过散射之后，有一部分太阳辐射不能到达地面。如果太阳辐射遇到的是直径比波长小的空气分子，则辐射的波长越短，被散射得越厉害。其散射能力与波长的对比关系是：对于一定大小的分子来说，散射能力和波长的四次方成反比，这种散射是有选择性的。例如，波长为 $0.7\mu m$ 时的散射能力为 1，波长为 $0.3\mu m$ 时的散射能力就为 30。因此，太阳辐射通过大气时，由于空气分子的散射，波长较短的光被散射得较多。雨后天晴，天空呈青蓝色就是因为辐射中青蓝色波长较短，容易被大气散射的缘故。如果太阳辐射遇到直径比波长大的质点，虽然也被散射，但这种散射是没有选择性的，即辐射的各种波长都同样被散射。例如，空气中存在较多的尘埃或雾粒，一定范围的长短波都被同样地散射，使天空呈灰白色。有时为了区别有选择性的散射和没有选择性的散射，我们将前者称为散射，将后者称为漫射。

3. 大气对太阳辐射的反射

大气中云层和较大颗粒的尘埃能将太阳辐射中的一部分能量反射到宇宙空间去。其中反射最明显的是云。不同的云量，不同的云状，云的不同厚度所发生的反射是不同的。高云平均反射为25%，中云平均反射为50%，低云平均反射为65%，很厚的云层反射可达90%。笼统地讲，云量反射平均达50%～55%。假设大气层顶的太阳辐射是100%，那么太阳辐射通过大气后发生散射、吸收和反射，向上散射占4%，大气吸收占21%，云量吸收占3%，云量反射占23%。

1.2 太阳辐射对人的影响

按照著名生物学家达尔文的生物进化论观点，人类是由最初的原始生命经过几十亿年的生物进化产生的。太阳辐射对原始生命的产生具有不可替代的作用。地球形成初期，仅是一个混沌星体，没有生命。地球表面大气环境中只有雾气，成分包括 N_2、CO_2、CO 和 H_2O，没有 O_2 和 O_3，阳光中的高能紫外线无阻碍地直射地球表面，经过数十亿年的照射作用，将大气圈中的上述无机物成分还原成简单的有机物，形成最简单的生命前体——原始生命。以后才开始漫长的生物进化，最终出现了人类。同时，我们赖以生存的地球可以被看作一个大的生态系统，其间存在着能量流动和物质循环。人类是以生产者为食物营养的顶级消费者，消费能量最终来源于植物的光合作用，即

$$mCO_2 + H_2O \longrightarrow m(CH_2O) + nO_2$$

在光合作用中，太阳辐射则起着决定性的作用，所产生的氧气同时是高等生物存在和进化的必要条件。

1.2.1 太阳辐射对人的生理影响

很久以前，人们就知道阳光的医疗作用了。古代在开罗附近的杰卢姆，就开设有用阳光和空气使人恢复健康的诊疗所。即使在现代，人们也还借助于阳光来治疗一些疾病，如骨结核。阳光中紫外线的"B"区光谱❶能增加甲状腺中的碘含量和血液中的铁含量，有助于血红素、白细胞、红细胞数量的增长。

---

❶ 紫外线光谱分区："C"区，波长100～280nm；"B"区，波长280～315nm；"A"区，波长315～400nm。

"A"区光谱能增加色素的形成。红外线和红色光能较深地穿透人体，加速伤口愈合，并能消除炎症。对于儿童来说，阳光对佝偻病的预防作用特别重要。这种儿童常见病是在骨骼形成阶段由于缺乏维生素 D，不能获得必要数量的钙酸盐而形成的。若得到太阳照射，使紫外线在皮肤中起作用，形成维生素 D，就可以预防佝偻病的发生。

众所周知，空气中存在着许多细菌和病毒，这些细菌和病毒在人体抵抗力减弱的时候，就会对人体健康产生危害。早在 1877 年，达翁斯（俄国）和勃隆托（俄国）就证明，某些细菌在阳光的曝晒下丧失了繁殖能力。短时间的阳光照射能加速细菌的发展，而较长时间的照射则是致命的。其中结核杆菌在阳光照射 11h 后死亡，西伯利亚溃疡的芽孢在阳光照射 29～54h 后死亡，伤寒菌在阳光照射 6～10h 后死亡。

太阳辐射中的紫外线具有良好的天然杀菌作用，它是人体健康和人类生活的重要条件。对紫外线最敏感的是白色葡萄球菌，其次是绿色链球菌、溶血链球菌等。室内细菌的灭菌率与进入室内的紫外线强度有关。表 1.3 为不同朝向居室的日照紫外线灭菌效果比较，我们可以看到：朝南的房间，阳光直接进入室内，其灭菌率大大高于朝北的房间。此外，灭菌率还随着日照时间的增加而增加。虽然人类的活动不受空间限制，必要时可以到阳光照射的室外场地上去，但仍应尽量利用太阳辐射来改善室内的卫生条件。太阳辐射不仅具有杀菌能力，而且还具有物理、化学、生物的作用，促进生物的成长和发展。因此，幼儿园、疗养院、医院病房、住宅等，都应该考虑室内有足够的直射阳光，争取扩大室内日照时间和日照面积，以改善室内卫生条件，有益于身体健康。

表 1.3　　　　　　　　不同朝向居室的日照紫外线灭菌效果比较

居室朝向	照射时间/h	灭 菌 效 率 （%）		
		白色葡萄球菌	绿色链球菌	溶血链球菌
南　　向	1	74.5	63.2	19.2
	2	90.8	73.0	49.5
	3	95.9	80.0	51.9
北　　向	1	12.4	36.6	1.4
	2	38.5	46.7	10.6
	3	52.3	48.5	26.0

资料来源：王立红．绿色住宅概论，北京：中国环境科学出版社，2003：112.

太阳辐射除了直接作用于人体之外，还影响着房间内以及附近的温度、空气的流动、照明和湿度，成为决定房间小气候的基本因素，并影响着城市气候、地区气候，这些又间接影响着人体的健康。

1.2.2　太阳辐射对人的心理影响

人是一种既有自然属性，又有社会属性的动物。人的自然属性决定了人不可能脱离自然，决定了人类具有向往自然的天性，正如心理学家麦肯尼（Mckenny）所言："如果一个人失去了与自然力量的接触而仍然能保持他身体上和精神上的健康，那将是有争议的事情。自然的力量形成了他生物学上的和精神的本性。人仍然是地上的，现世的，并且像希腊神话中的安泰（Anteus）那样，当他的双脚离开地面时，他就丢掉了他的力量。"环境可以给人以安全感、舒适感，也可以给人以烦躁感、孤独感。人类，从自然中演化而来，对自然界具有浓厚的、血缘般的情感，越接近自然，越会感到轻松、舒适；越远离自然，则越感到孤独、忧郁。太阳辐射正是一种重要的自然因素，个人的安全感、归属感、舒适感、创造欲……一切心理体验都可以从普照的阳光下产生。长期生活在没有阳光的地下室中的人们就容易产生沉闷、压抑的心理，而射入房间的太阳辐射能使人感到自然的温暖，体会到人与自然的沟通与交流，满足人们回归自然的心理需求。

人的心理受太阳光线影响很大，对它喜欢甚至渴望。灿烂的阳光令人感受到跳动性的能源，柔和的光则具有包容性，给人以温暖的感受。这种心理推动作用，是种潜藏人类心底的强大支配力量。阳光，在人们的心目中成为光明的象征，给人美好而崇高的视觉形象和感觉印象。黑暗，除了睡眠等私密性活动外，会令大多数人感到不安、恐惧，因而人们不愿在黑暗处停留。

感觉心理学认为：人在心理上具有向光性的特点。人类早在远古时就能够通过自然现象获取火光，人们借由光而相互聚集，光具有向心的诱导作用，本身成为场所的核心。时至今日，以光为活动核心及导向的功能深深烙印在人类心灵之中，成为人类的本能反应。而且向光性不仅人类具有，绝大多数生物包括单细胞的原生动物也有一定程度的表现。

情绪和心理上的紧张状态，常常与当时光线的质量有关。阳光明媚的日子使人精神舒畅，心情愉快。太阳辐射所能起到的积极作用因人而异，但有一点是可以肯定的，它是一系列活动的催化剂，能导致有益的心理反应。在这一点上，阳光是其他人工光源所无法取代的。夜间走进明亮照明的房间，总会感到缺少了那种白天才能有的良好情绪。一个人如果经常处在日照严重不足的房间，就会产生单调感，并伴随着敏感、忧郁、恐怖的感觉。

1.2.3 太阳辐射对人的不利影响

任何事物总是一分为二的。虽然太阳辐射对人们的生产和生活是不可缺少的，但是直射阳光对生产和生活也会产生不良的影响。

夏季直射阳光使室内温度过高，人们易于疲劳，尤其是直射阳光中的紫外线，能损伤眼睛的视觉功能。若在直射阳光下注视物品或阳光反射到人的视野范围内，其引起的显著明暗对比，会产生炫耀感觉，时间过长会使人头昏，降低劳动生产率，也容易造成质量和伤亡事故。因此，直射阳光的高度角低于30°时，或当反射光与工作面呈 40°～60° 夹角时，我们认为它是有害的。

过强的太阳辐射持久地作用于人体，可引起皮肤烧伤和体温调节障碍。紫外线强烈作用于人体裸露的皮肤，会使皮肤粗糙、干裂，以及皮下细胞变性受损，进而，会引起日光性皮炎、瘙痒、水疱和水肿等，甚至造成皮肤癌；在紫外线影响下，磷离子可能与衰老的晶状体中的钙离子结合，形成不可溶解的磷酸钙，从而导致晶体的硬化与钙化，这也是白内障的病因之一。过强的红外线辐射人体，可使皮肤温度升高到 40℃ 或更高，使皮肤发生变性，导致轻度烧伤，并引起机体的全身反应。强烈的红外线持续照射未防护的头部，可使颅骨和脑髓之间温度升高到 40～42℃，使脑膜和脑组织充血，形成日射病。

在博物馆、画廊、图书馆书库中，直射阳光对彩色展品、印刷品、纸张等都有破坏作用。在危险品库、油库、化学药品库等，由于直射阳光照射，易使物品及药品变质、老化、分解或燃烧。在纺织车间、精密仪器车间和恒温恒湿间等，都要求光线均匀，温湿度恒定，否则就会影响质量，甚至不利于生产。这要求采取必要措施，防止车间有直射阳光。

可见，太阳辐射直接影响人们的生产和生活。因此，在建筑设计中，要根据建筑使用性质的不同，充分利用太阳辐射有利的一面，控制和防止其不利的一面。

2 日照基本原理

2.1 地球绕太阳运行的规律

我们居住的地球一天中有白昼黑夜之分，而一年中又有春夏秋冬之分，周而复始，这种自然现象说明地球与太阳的运动有某种特定的规律。恩格斯说过："运动是物质存在的方式。"对于宇宙间的许多天体，无论是太阳，还是我们居住的地球，人们总是在不断地寻求它们的运动规律。人类经过漫长而又曲折的探索，已经掌握了地球绕太阳运行的基本规律。

我们现在已知，在地球表面上某一点所受日照的日变化和年变化，都是由于地球自转和它绕太阳公转所引起的。

2.1.1 地球的自转

地球的自转是指地球绕着通过它本身南极和北极的一根假想轴——地轴，自西向东自旋转。从北极点上空看地球自转呈逆时针方向的旋转，从南极点上空看地球自转呈顺时针方向的旋转。地球自转一周为 360°，需要 23 小时 56 分 4 秒（即一恒星日），我们习惯上称为 24 小时，即一昼夜。

2.1.2 地球的公转

地球在自转的同时，也按照一定的轨道绕太阳运动，即绕太阳做逆时针旋转（从地球的北极点上空看），我们称之为公转。地球绕太阳运行的轨道为椭圆形（接近于圆形），而太阳所处的位置稍有偏心，故太阳与地球的距离逐日变化。地球公转一周的时间为一年，计 365 日 5 小时 48 分 46 秒。这一周期天文学称为一回归年。地球公转的平面我们称之为黄道面。地轴相对于黄道面不是垂直的，而是倾斜的，地轴的倾斜角即地轴与黄道面的法线的交角始终保持在 23°27′。因此，太阳直射地球的范围，也在南北纬 23°27′之间做周期性的运动，从而形成一年春夏秋冬四季的更替。

2.1.3 太阳赤纬角

通过地心并和地轴垂直的平面与地球表面相交而成的圆，称为赤道。地球中心与太阳中心的连线和地球赤道平面的夹角称为赤纬 δ（或太阳赤纬角），如图 2.1 所示。赤纬从赤道平面算起，向北为正，向南为负。春分时，太阳光线与地球赤道面平行，赤纬为 0°，阳光直射赤道，并正好切过两极，南北半球的昼夜相等。春分以后，赤纬逐渐增加，到夏至达到最大，即 +23°27′，此时太阳光线直射地球北纬 23°27′，即北回归线上。以后赤纬一天天地变小，秋分日时的赤纬又变回到 0°。在北半球，从夏至到秋分为夏季，北极圈处在太阳一侧，北半球昼长夜短，南半球夜长昼短，到秋分时又是日夜等长。当阳光又继续向南半球移动时，到冬至日，赤纬达到 −23°27′，阳光直射南纬 23°27′，即南回归线。这种情况恰与夏至相反。冬至以后，阳光又向北移动返回赤道，至春分太阳光线与赤道面平行。如此周而复始，如图 2.2 所示。地球在绕太阳公转的行程中，春分、夏至、秋分、冬至是四个典型的季节日，分别为春夏秋冬四季中间的日期。从天球（详见本章 2.2 节）上看，这四个季节把黄道等分成四个区段，若将每一个区段再等分成六小段，则全年可分为二十四小段，每小段太阳运行大约为 15 天。这就是我国传统的历法——二十四节气。每个节气都对应着不同的太阳赤纬角，全年主要节气的太阳赤纬角 δ 值如表 2.1 所示。

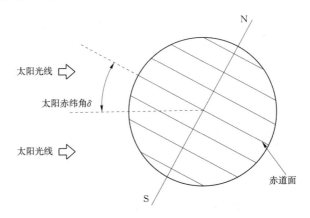

图 2.1 赤纬角

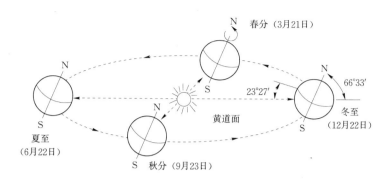

图 2.2 地球绕太阳运行图

表 2.1 一年主要节气的太阳赤纬角 δ 值

节气	日期	赤纬角	日期	节气
夏至	6 月 21 日或 22 日	$+23°27'$		
小满	5 月 21 日左右	$+20°00'$	7 月 21 日左右	大暑
立夏	5 月 6 日左右	$+15°00'$	8 月 8 日左右	立秋
谷雨	4 月 21 日左右	$+11°0'$	8 月 21 日左右	处暑
春分	3 月 21 日或 22 日	$0°$	9 月 22 日或 23 日	秋分
雨水	2 月 21 日左右	$-11°00'$	10 月 21 日左右	霜降
立春	2 月 4 日左右	$-15°00'$	11 月 7 日左右	立冬
大寒	1 月 21 日左右	$-20°00'$	11 月 21 日左右	小雪
		$-23°27'$	12 月 22 日或 23 日	冬至

注 每年的赤纬角都不一样,《建筑日照计算参数标准》(GB/T 50947—2014) 中以 2001 年为标准年,本表赤纬角采用 2001 年的数据。

一年中逐日的赤纬角的精确计算可以采用中国气象科学研究院王炳忠研究员的公式,即

$$\delta = 0.3723 + 23.2567\sin\theta + 0.1149\sin2\theta - 0.1712\sin3\theta -$$
$$0.758\cos\theta + 0.3656\cos2\theta + 0.0201\cos3\theta \tag{2.1}$$

其中
$$\theta = 2\pi t / 365.2422$$

$$t = N - N_0$$

$$N_0 = 79.6764 + 0.2422 \times (年份 - 1985) - INT[(年份 - 1985)/4]$$

式中 θ——日角;

N——积日,所谓积日,就是日期在年内的顺序号,例如,1 月 1 日其积日为 1,平年 12 月 31 日的积日为 365,闰年则为 366,等等。

17

二十四节气与建筑规划、建筑设计有着密切的关系。在夏至日,太阳在一年之中中午时高度角最大,昼最长,夜最短;而在冬至日,太阳在一年之中中午时高度角最小,昼最短,夜最长;在春分(秋分)日,昼夜时间则相等。这正是建筑日照设计的主要依据之一。

2.1.4 太阳的运行轨迹

在建筑日照设计中,两观测点虽在不同经度,但如果纬度相同,每天太阳运行轨迹是相同的。反之,虽在同一经度,但纬度不同,每天的太阳运行轨迹是不相同的。可见,每天的太阳运行轨迹因纬度不同而异,与经度无关,这一点在设计时尤其需要注意。

2.2 太阳位置及计算原理

2.2.1 天球图

为进一步确定太阳对地球上某点的相对位置,可以根据相对运动原理,假定地球不动而太阳绕地球旋转,以地球上的观测点为圆心 O,以任意长度为半径,做一假想球面,设天空中一切星体包括太阳均在此球面上做相对运动,这个球称为天球(见图2.3)。

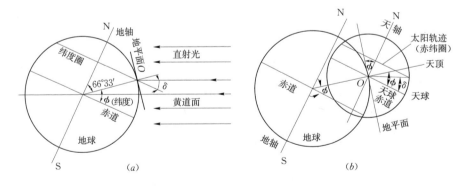

图 2.3 天球图

在天球图上,天轴与地轴平行,天球赤道面与地球赤道面平行,并以赤纬圈表示一天里太阳在天球上运行的轨迹。此外,过地球上观测点 O 作与地球的切面和天球相接成的大圆,即 O 点的地平面,从 O 点作一条与地平面相垂直的线与天球相交称为天顶。天顶线与天球赤道面的交角表示了观测点的地理纬度 ϕ。对观测者来说，任何一天、任何时刻的太阳位置，在天球图上均可用赤纬 δ 和时角 Ω 表示，称为天球坐标（见图 2.4）。

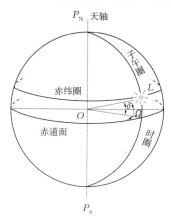

图 2.4　天球图上以赤纬时角表示太阳位置

2.2.2　太阳时角

太阳时角是按照地球自转一周（24h）相当于太阳在天球图上绕天轴一周即 360° 的原理，不同的时角可表示一天里不同时间的太阳位置，以其所在时圈的角度表示，即 1h 相当于时角 15°。并规定以太阳在观测点正南向，即当地时间 12:00 的时角为 0°，这时的时圈称为当地的子午圈，对应于上午的时角（12:00 以前）为负值，下午的时角为正值。

时角的计算公式为

$$\Omega = 15(t - 12) \tag{2.2}$$

式中　Ω——太阳时角，（°），正午 12:00 为 0°，上午为负值，下午为正值；

t——当地时间，或称为当地太阳时、地方太阳时，h，以 24h 计时。

例如，在 12:00，$t=12$：

$$\Omega = 15 \times (t-12) = 15 \times (12-12) = 0°$$

在 11:00，$t=11$：

$$\Omega = 15 \times (t-12) = 15 \times (11-12) = -15°$$

在 13:00，$t=13$：

$$\Omega = 15 \times (t-12) = 15 \times (13-12) = 15°$$

在不同的时间有不同的太阳时角,因此根据观察点在地球上所处的位置不同,通常是地理纬度(即该地垂直线与赤道面的夹角)ϕ值的不同,在各季节和各时段,从观察点看太阳在天空中的位置也各不相同。

2.2.3 太阳的高度角和方位角

人在地平面观测太阳位置,需用地平坐标,即以高度角和方位角表示太阳位置。太阳光线与地平面的夹角称为太阳高度角 h_s(见图 2.5),太阳光线在地平面上的投影线与地平面正南方向的夹角称为太阳方位角 A_s(见图 2.6)。

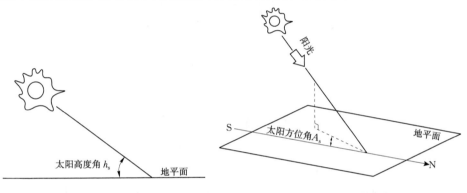

图 2.5 太阳高度角   图 2.6 太阳方位角

1. **太阳高度角**

太阳高度角的计算公式为

$$\sin h_s = \sin\phi\sin\delta + \cos\phi\cos\delta\cos\Omega \tag{2.3}$$

式中 h_s——太阳高度角,(°);

ϕ——地理纬度,(°);

δ——赤纬,(°);

Ω——时角,(°)。

任何一个地区,在日出、日落时,太阳高度角为零;一天中在正午,即当地太阳时为 12:00 的时候,高度角最大,在北半球此时的太阳位于正南。

2. **太阳方位角**

太阳方位角的计算公式为

$$\cos A_s = \frac{\sin h_s\sin\phi - \sin\delta}{\cos h_s\cos\phi} \tag{2.4}$$

太阳方位角以正南为 0°,顺时针方向的角度为正值,表示太阳位于下午的范围；逆时针方向的角度为负值，表示太阳位于上午的范围。在任何一天里，上、下午太阳的位置对称于中午，例如 13:00 对称于 11:00，两者的太阳高度角和方位角的数值相同，只是方位角的符号相反。

3. 日出、日没的时刻和方位角

日出、日没时太阳高度角 $h_s=0°$，代入式（2.3）和式（2.4）得

$$\cos\Omega = -\tan\phi\tan\delta \qquad (2.5)$$

$$\cos A_s = -\frac{\sin\delta}{\cos\phi} \qquad (2.6)$$

4. 中午的太阳高度角

中午时，$\Omega=15\times(t-12)=15\times(12-12)=0°$，代入式（2.3）得

$$h_s = 90° - |\phi-\delta| \qquad (2.7)$$

例 2.1

求北纬 35°地区在立夏日 15:00 的太阳高度角和方位角。

分析：已知 $\phi=+35°$，$\delta=+15°$，$\Omega=15\times(t-12)=15\times(15-12)=45°$，代入式（2.3）可得

$$\sin h_s=0.708, \ h_s=45°06'$$

将已知值代入式（2.4）可得

$$\cos A_s=0.255, \ A_s=75°15'$$

例 2.2

求北纬 35°地区夏至日的日出、日没时刻及方位角。

分析：已知 $\phi=+35°$，$\delta=+23°27'$，代入式（2.6）可得

$$\cos A_s = -\frac{\sin 23°27'}{\cos 35°} = -0.486, \ A_s=\pm119°04'$$

将已知值代入式（2.5）可得

$$\Omega = \pm107°45'$$

将其代入式 $\Omega=15\times(t-12)$，则 $t-12=\pm7$ 时 11 分，故日出、日没的方位角为 $\pm119°04'$，则

日出时刻为

$$12 \text{ 时} -7 \text{ 时 } 11 \text{ 分}=4 \text{ 时 } 49 \text{ 分}$$

日没时刻为

$$12 \text{ 时} +7 \text{ 时 } 11 \text{ 分}=19 \text{ 时 } 11 \text{ 分}$$

例 2.3

求广州地区（$\phi = 23°8'$）和北京地区（$\phi = 40°$）夏至日中午的太阳高度角。

分析： 夏至日的 $\delta = +23°27'$，广州地区 $\phi = +23°8'$，$\phi < \delta$，广州的太阳高度角可按式（2.7）得

$$h_\mathrm{s} = 90° - |\delta - \phi| = 90° - |23°27' - 23°8'| = 89°41'$$

故太阳位置在观察点的北面。

北京地区 $\phi = +40°$，$\phi > \delta$，北京的太阳高度角可按式（2.7）得

$$h_\mathrm{s} = 90° - |\delta - \phi| = 90° - |40° - 23°27'| = 73°27'$$

故太阳位置在观察点的南面。

2.2.4　太阳时与标准时

在以上计算太阳高度角和方位角的公式中，时角 Ω 所用的时间为观测点的当地太阳时，也称为"真太阳时"，即太阳在当地正南时为 12:00，地球自转一周，太阳又回到当地正南时为一天。

各地区所采用的标准时间是各国按所处地理经度位置以某一中心子午线的时间为标准时。我国标准时是以东经 120° 作为北京时间的标准。国际上在 1884 年经过各国协议，以穿过英国伦敦格林尼治（Greenwich）天文台的经线为本初经线，是经度的零度线，由此向东和向西各分为 180°，称为东经和西经。

当地太阳时与标准时之间的转换关系为

$$T_0 = T_\mathrm{m} + 4(L_0 - L_\mathrm{m}) \tag{2.8}$$

式中　T_0——标准时间，时（h），分（min）；

　　　T_m——地方平均太阳时，时（h），分（min）；

　　　L_0——标准时间子午圈所处的经度，（°）；

　　　L_m——当地子午圈所处的经度，（°）；

　　　4——换算系数，分［min/（°）］。

由于地球自转一周按 24h 计，地球的经度分为 360°，所以每转过经度 1° 为 4min。地方经度在中心经度以西时，经度每差 1°，地方时比标准时提前 4min；地方经度在中心经度以东时，经度每差 1°，地方时比标准时推后 4min。

例 2.4

求济南地区地方平均太阳时 12:00 相当于北京标准时几时几分？

分析：已知北京标准时间子午圈所处的经度为东经120°，济南所处的经度为东经117°，按式（2.8）得

$$T_0 = T_m + 4 (L_0 - L_m)$$
$$= 12 + 4 \times (120° - 117°)$$
$$= 12:12$$

所以，济南地区地方平均太阳时 12:00 相当于北京标准时 12:12，两地的时差为 12 分钟。

2.3 建筑日照

2.3.1 日照和建筑日照

我们将阳光直接照射到物体表面的现象称为日照，而将阳光直接照射到建筑地段、建筑物围护结构表面和建筑内部房间的现象称为建筑日照。建筑日照设计是建筑物理环境的重要组成部分，它主要依照日地相对运动的原理，根据太阳与地球之间的运动规律以及太阳在天空中的运行轨迹，研究如何满足建筑物的日照，以解决城市规划和建筑设计中的日照问题。

2.3.2 建筑日照设计的主要任务

现阶段，随着城市化进程的加快及城市人口的快速增长，城市建设任务日益增加。特别是近年来房地产业迅猛发展，因用地紧张而导致地价逐步升高，高层建筑日益增多，但高层建筑对于建筑日照的遮挡是比较严重的。随着居民维权意识的不断提高和国家对私有财产保护力度的逐步加大，因建筑日照问题所产生的司法诉讼和信访在各类民事纠纷案件中有上升的趋势。因此，建筑日照问题成为规划管理部门、建筑设计部门和房地产开发商越来越重视的问题。

在城市规划中，住宅建筑日照标准当属与居民切身利益关系最为密切的问题之一。众所周知，于1993年出台并于2016年修订的国家标准《城市居住区规划设计规范》（GB 50180—1993，2016 版）提出了不同地域范围城市住宅建筑日照标准，解决了我国住宅建筑日照标准有无的问题，体现了国家对居民生活质量的关注。同时，《工程建设标准强制性条文（城乡规划部分）》也将住宅日照列入强制性条文。强制性条文的内容是工程建设现行国家和行业标准中直

接涉及人民生命财产安全、人身健康、环境保护和公共利益的条文,同时考虑了提高经济和社会效益等方面的要求,列入强制性条文的所有条文都必须严格执行。

在这种背景下,全国各地的很多规划管理部门以及设计部门在建筑日照管理方面均采取了各种措施,目的就是在建筑日照方面对建筑间距、建筑布局进行控制,希望妥善解决日照问题,避免各种因日照遮挡引起的纠纷的产生。

总体来说,建筑日照设计的任务主要包含以下几方面的内容:

(1)按照当地的地理纬度、地形条件、建筑物周围环境,分析对阳光的遮挡情况及建筑物阴影的变化,合理地确定城乡规划的道路网的方位、道路宽度、街坊的位置、街坊布置形式和建筑体型。

(2)根据日照标准中对建筑物各房间日照的要求,分析邻近建筑物阴影遮挡情况,合理地选择和确定建筑物的朝向和间距,以保证建筑物内部的房间有充足的日照。

(3)根据阳光通过采光口进入室内的时间、面积和太阳辐射照度等变化的情况,确定采光口及建筑构件的位置、形状及其大小。

(4)正确设计遮阳构件及计算其遮阳效果。

2.3.3 建筑日照设计的重要意义

随着国民经济建设的高速发展,基本建设任务日益增加,如何节省建筑用地,不但具有经济意义,也具有政治意义。因此,在做建筑日照设计时,必须结合当地总体规划的具体情况,选择适当的日照标准,确定合理的日照间距,使建筑布局紧凑合理,既满足日照的要求,又节省建筑用地,降低工程造价,多快好省地完成基本建设任务。

多年来,我国各地的规划管理部门为了行之有效地解决建筑日照问题,先后采用了多种方法(间距系数法、手工日照分析等),这也从侧面反映出规划管理工作朝着越来越细致、全面、完善的方向发展。特别是日照评估 CAD 类软件的出现,更加快了这种良性发展的速度。同时,随着国家经济的增长,城市化进程的加快,建筑日照这个课题将会不断地延续下去。

3 建筑日照设计

建筑日照设计是规划和单体设计中非常重要的一个环节。设计人员在设计过程中，一定要同时进行日照测算，并根据测算结果对规划和单体设计进行必要的调整，使最终设计方案既能满足使用的要求，同时也能满足日照的要求。建筑日照设计需要考虑的因素很多，主要有建筑日照标准、建筑朝向和建筑间距等。

3.1 建筑日照标准

3.1.1 建筑日照标准简介

在城市规划和建筑设计中，如何有效地使建筑物获得充足的日照是保证居室卫生、改善居室小气候、提高舒适度等居住环境质量的重要因素。建筑日照标准是根据建筑物（场地）所处的气候区、城市规模和建筑物（场地）的使用性质，在日照标准日的有效日照时间带内阳光应直接照射到建筑物（场地）上的最低日照时数。

建筑日照标准作为民用建筑设计的卫生标准之一，如今已在规划和单体设计之中被广泛应用。世界各国由于地理位置、气候条件、生活习惯、居住卫生要求和节约用地原则的不同，每个国家的建筑日照标准都不一样。苏联提出，采用普通玻璃窗的居住建筑，在夏季应有不少于 4～5h 的日照，春秋季应有不少于 1.5h 的日照。德国柏林建筑法则规定，所有居住面积每年须有 250d 且每天有 2h 日照。美国公共卫生协会推荐至少应有一半居住用房在冬至日中午有 1～2h 日照。

我国幅员辽阔，特别是南北向纬度差很大，气候相差悬殊，故不能简单地用统一的建筑日照标准来加以规范。制定建筑日照标准，需根据气候划分区域，并经过分析论证，方能制定出适合各个地区的建筑日照标准。我国根据各个地方区域的气象、气候等因素，划分为七个建筑气候区，如表3.1所示（也可参考中国建筑气候区划图）。

表 3.1 中国建筑气候区划分

气候区	代 表 城 市
I	哈尔滨、长春、沈阳、呼和浩特、乌兰浩特、张家口、黑河、漠河、嫩江、满洲里、齐齐哈尔、四平、鸡西、大同
II	北京、天津、大连、营口、承德、丹东、太原、西安、郑州、银川、延安、兰州、济南、青岛、枣庄、石家庄、沧州
III	成都、重庆、上海、南京、合肥、武汉、长沙、桂林、温州、杭州、三明、平顶山
IV	广州、福州、泉州、百色、南宁、海口、汕头、三亚、台北、香港
V	西昌、昆明、贵阳、丽江、大理、攀枝花、个旧
VI	拉萨、西宁、康定、甘孜、格尔木
VII	乌鲁木齐、阿克苏、二连浩特、吐鲁番、喀什、张掖、哈密

《民用建筑设计通则》（GB 50352—2005）第5.1.3条规定：每套住宅至少应有一个居住空间获得日照，该日照标准应符合现行国家标准《城市居住区规划设计规范》（GB 50180—1993，2016版）的有关规定。

《住宅设计规范》（GB 50096—2011）第7.1.1条规定：每套住宅应至少有一个居住空间能获得冬季日照。

《城市居住区规划设计规范》（GB 50180—1993，2016版）中规定：宿舍半数以上的居室，应能获得同住宅居住空间相等的日照标准；托儿所、幼儿园的主要生活用房，应能获得冬至日不少于3h的日照标准；老年人住宅、残疾人住宅的卧室、起居室，医院、疗养院半数以上的病房和疗养室，中小学半数以上的教室应能获得冬至日不少于2h的日照标准。

《城市居住区规划设计规范》（GB 50180—1993，2016版）第5.0.2条指出：住宅日照标准应符合表5.0.2－1的规定，对于特定情况还应符合下列规定：①老年人居住建筑不应低于冬至日日照2h的标准；②在原设计建筑外增加任何设施不应使相邻住宅原有日照标准降低；③旧区改建的项目内新建住宅日照标准可酌情降低，但不应低于大寒日日照1h的标准（见表3.2）。

表 3.2   住宅建筑日照标准

建筑气候区划	Ⅰ、Ⅱ、Ⅲ、Ⅶ气候区		Ⅳ气候区		Ⅴ、Ⅵ气候区
	大城市	中小城市	大城市	中小城市	
日照标准日	大寒日				冬至日
日照时数/h	≥2		≥3		≥1
有效日照时间带/h	8~16				9~15
日照时间计算起点	底层窗台面				

注   1. 此表引自《城市居住区规划设计规范》(GB 50180—1993，2016 版)第 5.0.2 条表 5.0.2-1，底层窗台面指距室内地坪 0.9m 高的外墙位置。

      2. 有效日照时间带采用的是真太阳时，因而进行日照计算时也应采用真太阳时。

3.1.2 日照计算相关参数标准

1. 日照基准年

日照基准年是在建筑日照计算中规定的相关太阳数据的取值年份。为了避免因采用不同的年份计算建筑日照而使计算结果不同的后果，需选取一个相对公平的日照基准年来计算建筑日照。根据历年的天文年历资料，主要从天文学标准历元和太阳赤纬角的因素来考虑确定。

首先，为了确定一颗恒星的位置，天文界需要注明所使用的赤经、赤纬的时间。1976 年国际天文学联合会通过了新的天文常数系统，并规定从 1984 年开始正式使用这一系统。该系统除根据新的观测资料对 1964 年系统中的各种天文常数值作了修改外，还把计算天文常数的标准历元由 1900 年改为 2000年。新的标准历元是公元 2000 年 1 月 1.5 日，即儒略日 2451545.0，记为 J2000。因此，从 1984 年后的天文年历上的黄经总岁差、黄赤交角、章动常数等都采用 2000 年为标准历元。

其次，查阅历年的天文年历可以发现，太阳在冬至日与夏至日的回归点的赤纬角变化值很小，而在大寒日的赤纬角变化较大。仔细分析 1984~2007 年赤纬角的数据，可以发现它的变化存在一定的规律，变化周期为 4 年，且与一个闰年周期重合，大寒日的赤纬角在闰年最大，然后以每年约 3′的角度递减；冬至日的赤纬角在闰年最大，闰年后的第一年最小，然后逐年以不超过 15″的角度递增。因此，闰年的建筑日照计算结果与常年的计算结果会有较大的不同，不具代表性，应予排除，而根据赤纬角的变化规律，选择闰年后的第一年、第二年较为合理。

综合以上因素，以 2001 年为日照基准年较为科学与合理。

2. 日照标准日

日照标准日是在制定建筑日照标准时，为了测定和衡量日照时间，根据纬度、建筑气候分区等因素在一年中选择的某个或某几个特定日期。许多国家也都按其国情采用不同的日照标准日：苏联北纬 58°以北的北部地区以清明日（4 月 5 日）为日照标准日（清明日照 3h），北纬 48°～58°的中部地区以春分日、秋分日（3 月 21 日、9 月 23 日）为标准日，北纬 48°以南的南部地区采用雨水日（2 月19 日）为标准日（参照苏联建筑规范 СНипⅡ－60－75）；联邦德国的标准日相当于雨水日；欧美采用的标准日为 3 月 1 日（低于雨水日，高于春分日、秋分日）等。我国则采用了两个日照标准日——冬至日和大寒日。

过去全国各地一律以冬至日为日照标准日，而我国有关文件曾规定"冬至日住宅底层日照不少于 1 小时"。因冬至日太阳高度角最低，照射范围最小，如果冬至日能达到一小时的日照标准，那么一年中其他天数就能达到一小时以上的标准，但从实际实施情况来看，全国绝大多数地区的大、中、小城市均未达到这个标准。大多数城市的住宅，冬至日前后底层有一个月至两个月无日照；东北地区大多数城市的住宅，冬至日日照遮挡到三层、四层。由表 3.3 可以看到，若要达到同样的日照时间，冬至日正午太阳高度角约比大寒日高 3°～4°，因而无法以冬至日为标准日的地区只能采用大寒日为标准日。

表 3.3　　　　　全国部分城市大寒日及冬至日正午太阳高度角比较

城市名称	所在建筑气候分区	纬 度	大寒日正午太阳高度角	冬至日正午太阳高度角
哈尔滨	Ⅰ	北纬 45°45′	24°01′	20°48′
沈　阳	Ⅰ	北纬 41°46′	28°00′	24°47′
北　京	Ⅱ	北纬 39°57′	29°49′	26°36′
济　南	Ⅱ	北纬 36°41′	33°05′	29°52′
南　京	Ⅲ	北纬 32°04′	37°42′	34°49′
福　州	Ⅳ	北纬 26°05′	43°41′	40°28′
广　州	Ⅳ	北纬 23°08′	46°46′	43°33′
海　口	Ⅳ	北纬 20°00′	49°46′	46°33′

3. 有效日照时间带的确定

有效日照时间带是指根据日照标准日的太阳方位角、太阳辐射照度和室内日照状况等条件确定的时间区段，用真太阳时表示。有效日照时间带的主要影响因素是太阳照射的"量"和"质"。太阳照射的"量"是以日照时间来衡量的，日照时数越多所得到的太阳辐射能量就越多。太阳照射的"质"主要指太阳辐射照度。一天当中，正午太阳高度角最大，太阳直接辐射最强，紫外线杀菌力也最强；而接近早晨及傍晚的太阳高度角最低，太阳直接辐射最弱，紫外线能量很少，阳光的强度无法满足卫生等方面的要求，因此需要确定一个有效的日照时间段。在编制《城市居住区规划设计规范》以前，我国过去常以（冬至日）9：00～15：00 共 6h 为有效日照时间带。随着日照标准由冬至日一个档次改为冬至日和大寒日两个档次，有效日照时间带也相应作了调整，确定以冬至日为日照标准日的，有效日照时间带为 9：00～15：00，以大寒日为日照标准日的，其有效日照时间带为 8：00～16：00。从阳光质量看，北京地区的实验表明，大寒日上午 8：00 的阳光紫外线已具有一定的杀菌作用，又从北京市 1984 年、1985 年两年拍摄的日影效果看，大寒日上午 8：00 的阳光强度与冬至日上午 9：00 的阳光强度相接近，已具有良好的日照效果。

世界上许多国家特别是发达国家也都因地制宜地确定本国的有效日照时间带，一般均与日照标准日相对应，而不是一个统一的常数。例如，苏联南部地区以雨水日为日照标准日，有效日照时间带为 7：00～17：00（共 10h）；日本的北海道采用 9：00～15：00 为有效日照时间带，而日本其他地区则为 8：00～16：00。

4. 城市经纬度的选择

在建筑日照计算中，一般取当地政府公布的城市经纬度来进行计算。但是，当一个城市的地域范围南北或东西跨度较大，建筑实际位置与政府公布的城市经纬度距离超过一定的允许范围时，计算结果与实际日照时间会有较大差异。在这种情况下，一个城市确定 2 个或 2 个以上的经纬度的取值就成为一种合理的选择。在设置经纬度取值时，城市纵向允许范围主要受太阳高度角的允许误差的限制，城市横向允许范围则主要受计算时间与真太阳运行时间的允许误差的限制。纵横向距离允许范围与地理纬度高低成反比，即纬度越低的城市，纵横向距离的允许范围越大。需要另行确定经纬度取值时，既可以采用建筑所在的真实位置，也可以对城市进行区域划分，在不同的区域范围内取不同的经纬度值。

5. 采样点的选择

进行日照计算分析的基本途径是设置窗户、建筑或场地上的采样点，通过判定采样点是否被遮挡来判断其日照状况。不同的采样点间距将影响日照分析的最终结果，所以，日照分析时应根据计算方法、区域大小及分析对象确定采样点间距，减少因采样点间距不合理带来的计算误差。一般来说，采样点间距较大时，其计算结果的误差也较大，采样点间距较小时，计算的结果更为精确。需要特别注意的是，对同一个项目，在不同的建设阶段采用不同的采样点间距，其结果可能会不一致。

以窗户洞口为分析对象时，一般是将窗台面（线）的两个端点作为起点和采样点，对窗台面（线）按一定间距布置采样点进行采样分析。以建筑外轮廓或立面为分析对象时，采样点间距是指建筑外轮廓或立面上每两个采样点之间的距离，以建筑外轮廓线或某一段的端点作为起点位置。以场地为分析对象时，采样点间距是指日照分析的场地平面区域内每两个采样点之间的距离。

6. 日照时间的累计与连续

为争取室内有足够的直射阳光，规范规定的日照时数以采取连续日照为好。但是，受实际间距条件的限制，连续日照往往难以做到。现以济南（北纬 $36°41'$）某社区 E 区部分住宅为例（见图 3.1），对此加以说明。研究建筑 A，对其形成日照遮挡的建筑为其南侧的建筑 1、建筑 2、建筑 3，建筑层高均为 3.0m，女儿墙高 1.0m。用软件分析建筑 A 一层窗户的日照情况，如表 3.4 所示。

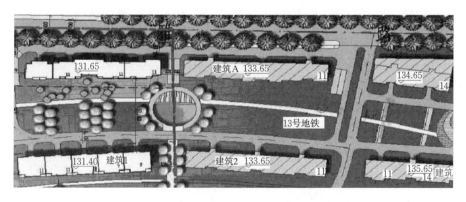

图 3.1　济南某社区 E 区局部平面

表 3.4　建筑 A 一层窗户大寒日累计、连续日照时间对照（真太阳时）

窗户编号	窗户大小/（宽×高，m×m）	累计日照时间（全部参与累计）	连续日照时间
C1	2.1×1.5	3：08（08：13～08：19，11：55～12：09，10：51～11：18，12：33～14：54）	2：21（12：33～14：54）
C2	2.1×1.5	3：29（10：50～11：45，12：18～12：46，12：59～15：05）	2：06（12：59～15：05）
C3	2.1×1.5	2：59（08：32～08：43，11：03～12：00，13：20～15：11）	1：51（13：20～15：11）
C4	2.1×1.5	3：09（10：26～11：04，11：38～12：35，13：59～15：33）	1：34（13：59～15：33）
C5	2.1×1.5	2：09（08：57～09：15，10：57～11：18，11：55～12：03，14：16～15：37，15：38～15：39）	1：21（14：16～15：37）
C6	2.1×1.5	2：10（09：17～09：42，10：16～10：17，10：53～11：48，12：21～12：47，14：41～15：04）	0：55（10：53～11：48）
C7	2.1×1.5	2：14（09：31～10：02，10：07～10：11，10：35～10：42，11：17～12：13，15：09～15：45）	0：56（11：17～12：13）
C8	2.1×1.5	2：21（09：51～11：13，11：45～12：44）	1：22（09：51～11：13）
C9	2.1×1.5	1：53（11：04～12：09，12：35～13：23）	1：05（11：04～12：09）
C10	2.1×1.5	2：05（10：34～12：18，12：50～13：11）	1：44（10：34～12：18）

由表 3.4 可以看出，以累计日照时间为衡量基准，除 C9 外，其他 9 个窗户均满足规范要求。假设以连续日照时间为衡量基准，仅 C1 与 C2 满足，其他 8 个窗户不满足规范要求。由此可见，累计日照时间或连续日照时间对结果影响很大。因此，国内绝大多数城市目前都以累计日照时间为衡量基准，某些地区在此基础上也增加了累计日照时间中需要一定的连续日照时间。《建筑日照计算参数标准》（GB/T 50947—2014）第 5.0.5 条规定：可计入的最小连续日照时间不应小于 5min。

7. 扫掠角

扫掠角是太阳光线与窗、墙面的夹角。在进行窗日照分析、立面等时线分析时，如果太阳光与窗或墙面的夹角小于该角度，则认为该时刻没有有效日照，不计入有效日照时间。最小方位夹角又称为最小扫掠角。当光线与墙面的夹角很小时，该束光线认为是无效的。

一般来说，对于东西向有日照要求的建筑，尤其需要考虑扫掠角的问题。由外墙外表面左下角窗洞边缘至外墙内表面右上角窗洞边缘连接入射光线，可以看出该入射光线与外墙面夹角为光线通过窗洞射入室内的最小临界角度，小于该角度时入射光线将照射于窗洞两端的立墙上，无法射入室内。当入射光线夹角大于该角度时光线均可以照入室内，且该角度越接近 90°，光线越能完全进入，获得日照的效果也越好（见图 3.2）。

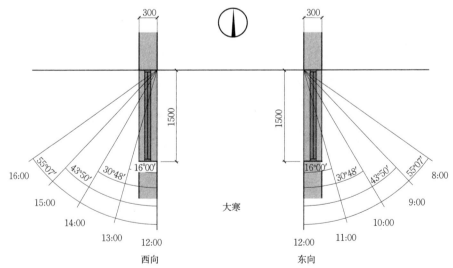

图 3.2　平面扫掠角示意

对于扫掠角的设置可以根据建筑朝向、建筑墙体和窗户形式来确定，以北京市为例，参考的数值如表3.5所示。

表3.5　　　　　　　　　　　　　扫掠角设置参考数值

窗宽/mm	墙厚/mm				
	200	240	300	370	490
600	19°	22°	27°	32°	40°
900	13°	15°	18°	23°	29°
1200	10°	12°	14°	18°	23°
1500	8°	10°	11°	14°	19°
1800	7°	8°	9°	12°	16°
2100	6°	7°	8°	10°	14°
2400	5°	6°	7°	9°	12°
2700	5°	6°	6°	8°	11°
3000	4°	5°	6°	8°	10°
3300	4°	5°	5°	7°	9°
3600	4°	4°	5°	6°	8°

3.2　建筑朝向对日照的影响

我国在1953年发现的西安半坡遗址中，发掘出6000多年前新石器时代母系氏族聚落遗迹。考古工作者发现，所有的房屋朝向及门口，大致都是南向的。这说明人类在长期实践当中得出经验，建筑朝向是争取良好日照的先决条件。

通常，我们只是根据传统经验和习惯来选择建筑朝向。例如，我国地处北半球中纬度和低纬度地区，人们习惯上认为建筑物朝向正南方向是满足建筑日照的最佳选择，而事实却并非如此。随着当前总体规划和建筑设计的要求日趋严格，必须深入细致地考虑建筑朝向，以便根据需要和可能来选择适宜的朝向。

在规划设计中，影响建筑朝向的因素有很多，如地理纬度、地段环境、局部气候特征及建筑用地条件等。原则上，建筑朝向的选取应考虑以下几个方面：

（1）冬季有适量并具有良好质量的阳光射入室内，炎热夏季尽量减少太阳直射室内。

（2）夏季有良好的通风，冬季避免冷风吹袭。

（3）充分利用地形并注意节约用地。

（4）考虑居住建筑组合的需要。

建筑朝向的选择涉及当地气候条件、地理环境、建筑用地情况等，必须全面考虑。首先在节约用地的前提下，要满足冬季能争取较多的日照、夏季避免过多的日照并有利于自然通风的要求。从长期实践经验来看，南向在全国各地区都是较为适宜的建筑朝向。但在建筑设计时，建筑朝向受各方面条件的制约，不可能都采用南向。这就应结合各种设计条件，因地制宜地确定合理建筑朝向的范围，以满足生产和生活的要求。表3.6为全国部分地区适宜和最佳朝向范围。由该表可以看出，各个地区由于其所在位置的差异，朝向的选择不尽相同。在影响各个地区建筑朝向的因素中，争取足够的日照时间以及尽可能地避免西晒成为主要因素。

表3.6 全国部分地区适宜和最佳朝向范围

地　　区	适宜朝向范围	最佳朝向范围
北　　京	南偏东45°—南偏西35°	正南—南偏东30°
长　　春	南偏东45°—南偏西45°	南偏东30°—南偏西10°
乌鲁木齐	南偏东—南偏西	南偏东40°—南偏西30°
沈　　阳	东—南—西	正南—南偏东20°
银　　川	南偏东34°—南偏西20°	正南—南偏东23°
石 家 庄	正南—南偏东30°	南偏东15°
太　　原	南偏东—东	南偏东15°
西　　宁	南偏东30°—南偏西30°	正南—南偏西30°
济　　南	正南—南偏东30°	正南—南偏东10°
青　　岛	南偏东15°—南偏西15°	正南—南偏东5°
大　　连	南偏东45°—南偏西—西	正南—南偏东15°
郑　　州	正南—南偏东25°	南偏东15°
西　　安	正南—南偏东15°	南偏东10°
南　　京	正南—南偏东30°	正南—南偏东8°
合　　肥	南偏东15°—南偏西5°	南偏东5°—15°
上　　海	南偏东30°—南偏西15°	正南—南偏东15°

续表

地　区	适宜朝向范围	最佳朝向范围
成　都	南偏东45°—南偏西30°	南偏东45°—南偏西15°
重　庆	南偏东30°—南偏西15°	南偏东15°—南偏西10°
武　汉	南偏东30°—南偏西30°	正南—南偏东15°
杭　州	正南—南偏东30°	南偏东10°—18°
长　沙	正南—南偏东15°	南偏东9°
福　州	正南—南偏东20°	南偏东5°—10°
南　宁	南偏东25°—南偏西5°	正南—南偏东15°
昆　明	东—南—西	南偏东25°—56°
桂　林	南偏东22.5°—南偏西20°	南偏东10°—南偏西5°
拉　萨	南偏东15°—南偏西10°	南偏东10°—南偏西5°
厦　门	南偏东22.5°—南偏西10°	南偏东5°—10°
广　州	南偏东25°—南偏西15°	南偏东15°—南偏西5°

1. 争取足够的日照时间

在建筑朝向的选择中，如何让建筑物获得足够的日照时间是首要因素。我们可从夏季和冬季两个代表性的季节来加以分析。在夏季，由于太阳方位角变化的范围较大，各朝向的墙面上都能获得一定日照时间，以东南和西南朝向获得日照时间较多。在夏至日南偏东及偏西60°朝向的范围内，日照时间均在8h以上。而在冬季，由于太阳方位角变化的范围小，在各朝向墙面上获得的日照时间的变化幅度很大。以济南地区为例，在建筑物无遮挡情况下，以南墙面的日照时间最长，自日出至日没，都能得到日照。北墙面则全日得不到日照。在南偏东（西）30°朝向的范围内，冬至日可有超过9h的日照，而东、西朝向只有不到5h的日照。

2. 避免西晒

在夏季，西晒会造成西向建筑物室内温度过高，尤其是在炎热地区。夏季的最高气温一般出现在13:00～17:00，而此时太阳位于建筑物西侧方位。在建筑朝向南偏西45°～90°的范围内，西晒是比较强烈的。从表3.6中不难看出，所有地区的建筑物南偏西朝向角度选择均在45°以内。在北方地区，为了满足日照时间，这一角度可以适当增加。而在南方地区，这一角度则尽量减小。

3. 其他因素

住宅建筑的朝向根据住宅内部房间的使用要求、当地的主导风向、太阳辐射、基地周围道路等因素确定。我国南方地区夏季气候炎热，应考虑住宅建筑的长轴方向垂直于夏季主导风向，才能获取较理想的穿堂风，而北方地区冬季寒冷，住宅建筑的长轴方向应平行于冬季主导风向。住宅建筑墙面上的日照时间决定墙面接受太阳辐射热量的多少。因为冬季太阳方位角变化的范围小，在各朝向墙面上获得的日照时间的变化幅度很大；夏季由于太阳方位角变化的范围较大，各朝向的墙面上都能获得一定日照时间。以东南和西南朝向获得日照时间较多，北向较少。夏至日南偏东及偏西 60°朝向的范围内，日照时间均在 8h 以上。住宅建筑室内的日照情况与外墙面上的日照情况大体相似。因此，结合地区气象特点，通过调查研究、分析评价可以找到当地的最佳建筑朝向、适宜朝向和不宜朝向。南偏东的住宅朝向往往较正南北住宅具有更佳的日照质量。总体来讲，最佳朝向为南偏西或偏东 15°~30°；适宜朝向为南偏西或偏东 45°以内。但是从经济角度分析，坐北朝南的日照间距最大，例如，高纬度地区间距是房高的 1.8 倍，低纬度地区间距是房高的 1~4 倍。若按此布置，空地面积显然过大。

通常情况下，东西向住宅有其自身明显的缺陷，尤其在南方，夏季西晒十分严重。但从另一方面看，东西向住宅在冬季可两面受阳，而南北向住宅中北向的居室却是终年不见阳光。另外，适当增加东西向住宅不但可增加建房面积，还可扩大南北向住宅的间距，形成庭院式的室外空间。采取东西向住宅和南北向住宅拼接时，必须考虑两者接受日照的程度和相互遮挡的关系。

设计中采取措施克服西晒缺点的方法如下：

（1）将次要房间放在西面，加大西向房间的进深。

（2）在西边设置进深较大的阳台，不让太阳一晒到底；同时减小西窗面积。设遮阳设施，在西窗外种植枝大叶茂的落叶乔木。

（3）凡是朝西户都有东面居室，严格避免纯朝西户的出现，从而组织好穿堂风，以便日落后风能把余热吹走，人们晚上就能更好地休息。

布置塔式或点式住宅时，应注意争取每户都能有良好朝向。为了节约用地，塔式住宅往往做到一梯 8 户，设计中总有 1~2 户朝向不好，十字形或风车形塔楼正着放总有一条腿的朝向不好，受另两条腿的遮挡，如果转 45°布置会好一些，各户都有南偏东或偏西的居室。Y 形住宅只有其中一条腿朝南时比较好，因为有两户朝南，其他几户不是面向东南就是面向西南，还是比较好的朝向。

居民的日照要求不仅局限于居室内部,室外活动场地的日照同样重要。在住宅布置中不可能在每幢住宅之间留出许多日照标准以外不受遮挡的开阔地,但有可能在一组住宅里开辟一定面积的宽敞空间,让居民活动时获得更多的日照。例如,在行列式布置的住宅组团中去掉1～2个单元就能为组团内的居民提供适当的活动场地。尤其是托儿所、幼儿园、老年活动站等建筑的前面应有更为开阔的场地获得更多的日照。《民用建筑设计通则》(GB 50352—2005)中规定,这类建筑应能获得冬至日满窗日照不少于3h。

3.3 建筑间距对日照的影响

3.3.1 日照间距

在城乡规划和建筑设计中,如果建筑物布置不当,即使建筑物朝向较好,也可发生建筑物互相遮挡的状况,从而不能满足建筑物房间内获得充足的日照。为了避免出现这种情况,在前后相邻的建筑之间,为保证北侧建筑符合日照标准,南侧建筑的遮挡部分与北侧建筑须保持一定的间隔距离,称为日照间距(见图3.3)。

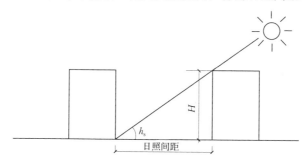

图 3.3 建筑物的日照间距

3.3.2 日照间距系数

根据日照标准确定的日照间距 D 与遮挡计算高度 H 的比值称为日照间距系数,即

$$L = D/H \tag{3.1}$$

式中 L——日照间距系数;

D——日照间距;

　　H——遮挡计算高度，即遮挡建筑的遮挡部分的高程和被遮挡住宅首
　　　　层地面的高程的差值，如果遮挡建筑和被遮挡住宅有高差时，
　　　　则相应减去两建筑室内坪之高差，尤其在山地地区，更需注意。

　　日照间距系数主要是针对城市住宅而出现的参数。由于各地所处纬度不
同，气候条件也不同，故不可能制定各地都能运用的统一的日照间距系数，应
由当地城市规划行政主管部门按照日照标准制定相应的日照间距系数。在规划
控制中，日照间距系数是简便的保证日照标准要求的一种计量，主要是针对板
式的遮挡建筑，多以多层板式建筑为主。

　　日照间距系数是利用太阳高度角原理，选择使日照间距最小的满足日照要
求的时间段推导出来的。能够达到日照时数且日照间距为最小的时刻为中午左
右。同时，规范要求，以大寒日这一天在有效日照时间带内，太阳光应以满窗
状态照射到住宅首层 2h 或 3h 为准；以冬至日这一天在有效日照时间带内，太
阳光应以满窗状态照射到住宅首层 1h 为准。

　　不难得出，在大寒日，能够达到太阳光的 2h 满窗状态照射标准中，日照
间距最小的是在 11:00～13:00，那么 11:00（13:00）的太阳高度角为计算临
界值。能够达到太阳光的 3h 满窗状态照射标准中，日照间距最小的是在
10:30～13:30，那么 10:30（13:30）的太阳高度角为计算临界值。在冬至
日，能够达到太阳光的 1h 满窗状态照射标准中，日照间距最小的是在
11:30～12:30，那么 11:30（12:30）的太阳高度角为计算临界值。

　　结合住宅建筑方位角（即墙面法线与正南形成的建筑方位角）和此时太阳
方位角 A_s 的差值，可得日照间距系数计算公式（见图 3.4）：

$$L = D/H = \cos(A_s - \alpha)\coth_s \tag{3.2}$$

式中　*L*——日照间距系数；

　　　D——日照间距；

　　　H——遮挡计算高度，即遮挡建筑的遮挡部分的高程和被遮挡住宅首层
　　　　　　地面处（即计算起点）的高程的差值；

　　　A_s——计算时刻的太阳方位角；

　　　α——住宅建筑方位角（即墙面法线与正南方向的夹角）；

　　　h_s——大寒日要求 2h 满窗日照时为 11:00（13:00）的太阳高度角，要
　　　　　　求 3h 满窗日照时为 10:30（13:30）的太阳高度角，冬至日要求
　　　　　　1h 满窗日照时为 11:30（12:30）的太阳高度角。

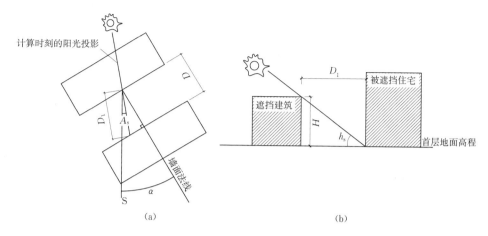

图 3.4 日照间距系数计算

（a）同阳光投影方向的平面；（b）同阳光投影线方向的剖面

例 3.1

处于Ⅱ类建筑气候区的北纬 36°41′的济南市，要求计算正南朝向平行排列的建筑的日照间距系数。

分析： 查表 3.2 得，Ⅱ类建筑气候区的大城市的住宅建筑日照标准为大寒日中有效日照时数不少于 2h，即在大寒日时，11:00（13:00）的太阳高度角能够达到太阳光的 2h 满窗状态照射标准。

首先计算出在大寒日时，11:00（13:00）的太阳高度角 h_s 在北纬 $\phi = 36°41′$，在当地时间 11:00，根据式（2.2）得太阳时角为

$$\Omega = 15(t-12) = 15 \times (11-12) = -15°$$

从表 2.2 查得大寒日的太阳赤纬角 $\delta = -20°00′$，则把这些已知数值代入太阳高度角 h_s 的计算公式（2.3）得

$$
\begin{aligned}
\sin h_s &= \sin\phi\sin\delta + \cos\phi\cos\delta\cos\Omega \\
&= \sin 36°41′ \times \sin(-20°) + \cos 36°41′ \times \cos(-20°) \times \cos(-15°) \\
&= 0.597 \times (-0.342) + 0.802 \times 0.940 \times 0.966 \\
&= 0.524
\end{aligned}
$$

得出在大寒日 11:00（13:00），太阳高度角为 $h_s = 31°36′$。

将已知数值代入太阳方位角的计算公式（2.4）可得

$$\cos A_s = \frac{\sin h_s \sin\phi - \sin\delta}{\cos h_s \cos\phi}$$

$$= \frac{\sin 31°36' \times \sin 36°41' - \sin (-20°)}{\cos 31°36' \times \cos 36°41'}$$

$$= \frac{0.524 \times 0.597 + 0.342}{0.852 \times 0.802}$$

$$= 0.958$$

根据日照间距系数计算公式（3.2）可得

$$L = D/H = \cos(A_s - \alpha)\cot h_s = \cos(A_s - 0°) \times \cot 31°36' = 0.958 \times 1.625 = 1.56$$

提示： 正南方向平行排列的建筑方位角为0°，即济南市正南朝向的日照间距系数是 1.56（目前济南市规划局现行采用标准为 1.5）。

［例 3.1］得出的结果是正南朝向平行排列的建筑的日照间距系数。对于非正南朝向的住宅，也可采用表 3.7 所示的不同方位间距折减系数换算。

表 3.7 　　　　　　　　　　　**不同方位间距折减换算**

方位	0°~15°（含）	15°~30°（含）	30°~45°（含）	45°~60°（含）	>60°
折减值	1.0L	0.9L	0.8L	0.9L	0.95L

注　1. 本表引自《城市居住区规划设计规范》（GB 50180—1993，2016 版）第 5.0.2.2 条。

　　2. 表中方位为正南向（0°）偏东、偏西的方位角。

　　3. L 为当地正南向住宅的标准日照间距，m。

　　4. 本表指标仅适用于无其他日照遮挡的平行布置条式住宅之间。

根据全国各地各自的地理位置，可推算出其相应的日照间距系数。表 3.8 是全国各主要城市根据各地的日照标准采用的日照间距系数。该表作为推荐指标供规划设计人员参考，对于精确的日照间距和复杂的建筑布置形式需另作测算。

表 3.8 　　　　　　　　**全国主要城市不同日照标准的日照间距系数**

序号	城市名称	纬度（北纬）	冬至日		大寒日				现行采用标准
			正午影长率	日照1h	正午影长率	日照1h	日照2h	日照3h	
1	漠　河	53°00′	4.14	3.88	3.33	3.11	3.21	3.33	—
2	齐齐哈尔	47°20′	2.86	2.68	2.43	2.27	2.32	2.43	1.8~2.0
3	哈 尔 滨	45°45′	2.63	2.46	2.25	2.10	2.15	2.24	1.5~1.8
4	长　春	43°54′	2.39	2.24	2.07	1.93	1.97	2.06	1.7~1.8

续表

序号	城市名称	纬度（北纬）	冬至日		大寒日				现行采用标准
			正午影长率	日照1h	正午影长率	日照1h	日照2h	日照3h	
5	乌鲁木齐	43°47′	2.38	2.22	2.06	1.92	1.96	2.04	—
6	多 伦	42°12′	2.21	2.06	1.92	1.79	1.83	1.91	—
7	沈 阳	41°46′	2.16	2.02	1.88	1.76	1.80	1.87	1.7
8	呼和浩特	40°49′	2.07	1.93	1.81	1.69	1.73	1.80	—
9	大 同	40°00′	2.00	1.87	1.75	1.63	1.67	1.74	—
10	北 京	39°57′	1.99	1.86	1.75	1.63	1.67	1.74	1.6~1.7
11	喀 什	39°32′	1.96	1.83	1.72	1.60	1.61	1.71	—
12	天 津	39°06′	1.92	1.80	1.69	1.58	1.61	1.68	1.2~1.5
13	保 定	38°53′	1.91	1.78	1.67	1.56	1.60	1.66	—
14	银 川	38°29′	1.87	1.75	1.65	1.54	1.58	1.64	1.7~1.8
15	石 家 庄	38°04′	1.84	1.72	1.62	1.51	1.55	1.61	1.5
16	太 原	37°55′	1.83	1.71	1.61	1.50	1.54	1.60	1.5~1.7
17	济 南	36°41′	1.74	1.62	1.54	1.44	1.47	1.53	1.5
18	西 宁	36°35′	1.73	1.62	1.53	1.43	1.47	1.52	—
19	青 岛	36°04′	1.70	1.58	1.50	1.40	1.44	1.50	—
20	兰 州	36°03′	1.70	1.58	1.50	1.40	1.44	1.49	1.1~1.2；1.4
21	郑 州	34°40′	1.61	1.50	1.43	1.33	1.36	1.42	—
22	徐 州	34°19′	1.58	1.48	1.41	1.31	1.35	1.40	—
23	西 安	34°18′	1.58	1.48	1.41	1.31	1.35	1.40	1.0~1.2
24	蚌 埠	32°57′	1.50	1.40	1.34	1.25	1.28	1.34	—
25	南 京	32°04′	1.45	1.36	1.30	1.21	1.24	1.30	1.0；1.1~1.8
26	合 肥	31°51′	1.44	1.35	1.29	1.20	1.23	1.29	1.2
27	上 海	31°12′	1.41	1.32	1.26	1.17	1.21	1.26	0.9~1.1
28	成 都	30°40′	1.38	1.29	1.23	1.15	1.18	1.24	1.1
29	武 汉	30°38′	1.38	1.29	1.23	1.15	1.18	1.24	0.7~0.9；1.0~1.1
30	杭 州	30°19′	1.36	1.27	1.22	1.14	1.17	1.22	0.9~1.0；1.1~1.2
31	拉 萨	29°42′	1.33	1.25	1.19	1.11	1.15	1.20	—

续表

序号	城市名称	纬度（北纬）	冬至日		大寒日				现行采用标准
			正午影长率	日照1h	正午影长率	日照1h	日照2h	日照3h	
32	重 庆	29°34′	1.33	1.24	1.19	1.11	1.14	1.19	0.8～1.1
33	南 昌	28°40′	1.28	1.20	1.15	1.07	1.11	1.16	—
34	长 沙	28°12′	1.26	1.18	1.13	1.06	1.09	1.14	1.0～1.1
35	贵 阳	26°35′	1.19	1.11	1.07	1.00	1.03	1.08	—
36	福 州	26°05′	1.17	1.10	1.05	0.98	1.01	1.07	—
37	桂 林	25°18′	1.14	1.07	1.02	0.96	0.99	1.04	0.7～0.8；1.0
38	昆 明	25°02′	1.13	1.06	1.01	0.95	0.98	1.03	0.9～1.0
39	厦 门	24°27′	1.11	1.03	0.99	0.93	0.96	1.01	—
40	广 州	23°08′	1.06	0.99	0.95	0.89	0.92	0.97	0.5～0.7
41	南 宁	22°49′	1.04	0.98	0.94	0.88	0.91	0.96	1.0
42	湛 江	21°02′	0.98	0.92	0.88	0.83	0.86	0.91	—
43	海 口	20°00′	0.95	0.89	0.85	0.80	0.83	0.88	—

注 1. 本表引自《城市居住区规划设计规范》（GB 50180—1993，2016 版）条文说明表1。

2. 本表按沿纬向平行布置的六层条式住宅（楼高 18.18m，首层窗台距室外地面 1.35m）计算。

3. "现行采用标准"为20世纪90年代初调查数据。

3.4 建筑总体规划设计中的日照问题

影响建筑总体规划设计的主要因素包括地形、日照、风向、气温、降水等。这些因素在很大程度上决定着城市各个部分的相互位置、街道方向和绿化布置等。下面仅就总体规划中有关日照的问题加以阐述。

3.4.1 日照与街道方位的关系

街道不仅是交通的动脉，而且还是阳光和空气的渠道。在规划城乡居住区街道时，除保证交通需要等条件外，还要保证多数住宅得到较好的日照条件。日照条件在一定程度上决定于规划的街道网的方位。因为通常大多数的建筑物，特别是商业服务性建筑物和行政办公大楼，都是沿着街道布置的。这些道路的方位，预先决定了建筑物的朝向，同时也决定了其日照条件。因此，在确定街道网的方位时，除考虑交通需要外，主要应当使规划区域内居住建筑物能得到良好的日照条件。如果街道网方位已定，沿街布置的建筑物有的朝向不好，得不到直射阳光时，可将建筑物垂直于街道的方向布置。为了考虑街景，还可将垂直于街道的几栋建筑物在沿街处用一层建筑连接，如图3.5所示。一层建筑物作为商业使用，这样既满足了居住建筑的日照条件，又丰富了街景。

图 3.5 垂直于街道布置的建筑物

沿子午线方位规划的街道，在北方寒冷地区，其优点是街道可以得到充沛的阳光。但当设计一个居住区时，有南北向街道，就必然有东西向街道，这样就有一半的建筑物是朝北的。在北方寒冷地区，北向房间是最不好的朝向，为了避免上述情况，从日照要求考虑，当规划居住区时，宜使城乡的街道采取南北向和东西向的中间方位，也就是使街道采取与子午线成 30°～60°的方位，如图3.6所示。这样，规划方格形街坊时，街道方向将是东南、西南、东北和西北四个方向。

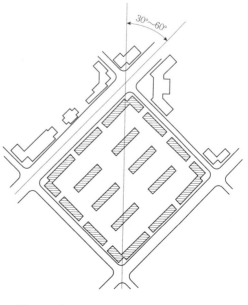

图 3.6 街道方位与子午线成 30°～60°

这就保证了整个居住区街道两侧所有建筑物，都有比较好的日照条件。可见，在确定街道网方位时，充分考虑建筑日照问题，就为合理解决建筑朝向创造了有利条件。

建筑物的日照条件优劣，还与大气透明度有直接关系，空气污浊直接影响日照效果。在城市规划分区设计时，宜使居住区离开工业区，或争取在工业区的主导风向的上风向，这些地方大气透明度高，居住区可以获得良好的日照条件。

3.4.2 日照与街道宽度的关系

在街道的方位确定后，除根据交通运输量、街道绿化、埋设地下管道以及建筑艺术要求等条件考虑街道的宽度以外，还要考虑街道宽度对日照的影响。为了使街道两侧的建筑物有足够的日照和良好的通风条件，街道宽度与沿街的建筑物高度要有适当的比例。这个比例与各地区的日照要求和规划区域的地理纬度有关。以北京和长沙为例，北京位于北纬 $39°57'$，长沙位于北纬 $28°15'$，在冬至日正午的太阳高度角分别为 $26°36'$ 和 $38°18'$。两地区在同一天同一时刻的太阳高度角相差 $11°42'$，如图 3.7 所示。两地同样东西向街道，要求冬至日正午的太阳照射到建筑物的脚下时，设建筑物高度为 H，则北京街道宽度应为 $2H$，而长沙街道宽度为 $1.28H$ 即可满足。显而易见，如果两地要求的日照条件相同，由于所处地区不同，道路宽度与建筑物高度的比例就要有很大差别。因此，考虑日照因素来确定道路的宽度时，宜按规划地区的地理纬度及日照要求进行计算。

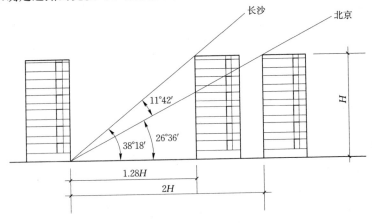

图 3.7 北京、长沙街道的日照情况

仍以北京为例，取全年日照最短一天（冬至日）为计算依据，沿街建筑物墙面要求一天有 4h（10：00～14：00）日照时间，则东西方向街道宽度应为建筑物高度的 2.3 倍，南北方向街道宽度则为 1.3 倍。北京地区的街道宽度与建筑层数的关系列于表 3.9。

表 3.9   不同方向街道宽度与建筑层数的关系（北京地区）   单位：m

建筑层数	二层	三层	四层	五层	六层	七层	八层
东西向街道宽度	19	27	35	43	50	59	61
南北向街道宽度	10	15	20	24	29	34	38

注 本表引自《建筑日照设计》（卜毅，中国建筑工业出版社，1988，1）第 135 页。

在规划建筑红线间的宽度或道路宽度时，不应小于按日照计算确定的宽度。在居住区道路两侧，若有高层建筑物，但交通量小，不需要宽阔道路时，可将沿街的高层建筑物退入红线以内，使建筑物的间距满足日照要求的宽度，建筑物前的空地可布置绿化。

目前，我国城市兴建的高层建筑日益增多，如何合理布局使其附近建筑群不受高层建筑阴影的遮蔽而能获得必要的日照，是规划设计中需要研究解决的问题。

3.4.3 日照与街坊建筑布置方式的关系

城乡小区规划街坊建筑布置方式通常有行列式、周边式、混合式、自由式四种，它们对建筑日照有不同的影响。

1. 行列式

建筑物成排成行地布置，能够争取最好的建筑朝向，使大多数居住房间得到良好的日照，并有利于通风，形式上也比较整齐，是目前我国城乡中广泛采用的一种布置方式，如图 3.8 所示。

2. 周边式

建筑物沿街道周边布置（见图 3.9），虽然可使街坊内空间集中开阔，但有相当多数的居住房间得不到良好日照，对自然通风也不利。位于十字路口转角的建筑物造成自身阴影遮蔽，使很多房间终日见不到阳光。在北方寒冷地区，农村居住建筑有"三南"（南向、南炕、南开门）的生活要求，冬季要求能得到较多的日照时间，以保证室内的温暖。周边式布置方式不能满足这些要求。因此，在北方寒冷地区的居住区规划中，不宜采用这种布置方式。在南方炎热地区，因其对自然通风不利，亦不宜采用。

3. 混合式

混合式是行列式和周边式两种方式混合在一起的布置方式，如图 3.10 所示。这种布置方式同时具有行列式、周边式两种布置方式的优点。但在沿街周边布置的建筑物，仍有一部分朝向不好，室内得不到良好的日照，尤以转角处的建筑物为甚。在这些地方宜设置商业服务性的公共建筑物，既解决了居民生活的需要，也丰富了街景。在街坊内部的建筑物，可选择向阳的朝向，庭院和居住房间的日照及自然通风均容易保证。

图 3.8　行列式布置方式

图 3.9　周边式布置方式

4. 自由式

当地形比较复杂时，密切结合地形构成自由变化的布置形式，如图 3.11 所示。这种布置方式，可以充分利用地形特点，便于采用多种平面形式和高低层长短不同的体型组合，根据日照要求选择合理的朝向，避免互相遮挡阳光，对日照及自然通风有利，同时也能节约用地，是一种常用的布置方式。

图 3.10 混合式布置方式

图 3.11 自由式布置方式

3.5　建筑单体设计中的日照问题

在建筑单体设计中，建筑体形和构件对建筑物的日照有较大的影响，故在建筑单体设计中应加以注意。在设计中，应根据日照的要求而合理地选择建筑体形和建筑构件，否则会造成自身遮挡，这样一来，即使建筑具有合理的朝向，也可能得不到预期的日照效果。

建筑物的体形和构件对日照的影响表现在两方面：一方面是建筑物阴影对周围场地的遮蔽；另一方面是建筑体形及构件阴影对建筑物自身室内日照的影响。被其他建筑物遮挡而得不到日照的情况称为互遮挡，而由于本幢建筑物的某部分的遮挡造成没有日照的现象称为自遮挡。由于建筑的互遮挡和自遮挡，有些地方在一天中都没有日照，这种现象称为终日日影；同样在一年中都没有日照的现象称为永久日影。为了居住者的健康，也为了建筑物的寿命起见，终日日影和永久日影都应该避免。

3.5.1　建筑体形对日照的影响

建筑物周围的阴影和建筑物自身阴影在墙面上的遮蔽情况与建筑物平面体形、建筑物高度和建筑朝向有关。从日照角度来考虑建筑的体形，期望冬季建筑阴影范围小，使建筑周围的场地能接受比较充足的阳光，至少没有大片的永久阴影区；在夏季最好有较大的建筑阴影范围，以便对周围场地起到一定的遮阳作用。

常见的建筑平面体形有正方形、长方形、L形及凹形等种类，它们在周围各朝向场地产生的冬季终日阴影、永久阴影和自身阴影遮蔽的示意图，如图 3.12～图 3.14 所示。

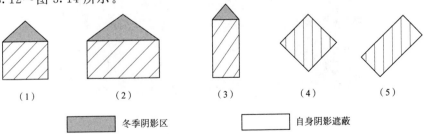

| （1） | （2） | （3） | （4） | （5） |

冬季阴影区　　　　　自身阴影遮蔽

图 3.12　正方形、长方形建筑阴影区示意

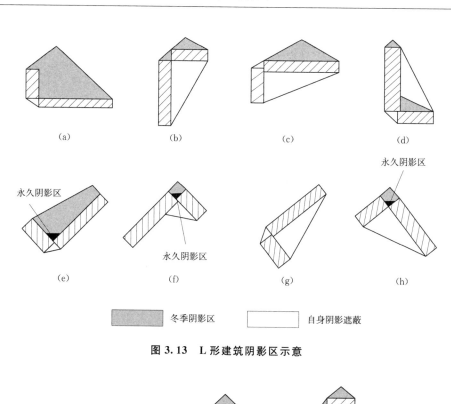

（a）　　　　　　　（b）　　　　　　　（c）　　　　　　　（d）

（e）　　　　　　　（f）　　　　　　　（g）　　　　　　　（h）

永久阴影区

永久阴影区

永久阴影区

冬季阴影区　　　　　　　自身阴影遮蔽

图 3.13　L 形建筑阴影区示意

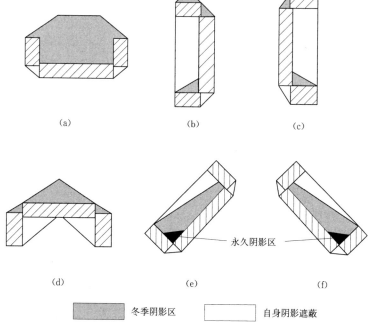

（a）　　　　　　　（b）　　　　　　　（c）

（d）　　　　　　　（e）　　　　　　　（f）

永久阴影区

冬季阴影区　　　　　　　自身阴影遮蔽

图 3.14　凹形建筑阴影区示意

49

正方形和长方形是最常用的较简单的平面体形，其最大的优点都是没有永久阴影和自身阴影遮蔽情况。正方形体形由于体积小，在各朝向上冬季的阴影区范围都不大，能保证周围场地有良好日照。正方形和长方形体形，如果朝向为东南和西南，不仅场地上无永久阴影区，而且全年无终日阴影区和自身阴影遮蔽情况，单从日照的角度来考虑时，是最好的体形和朝向。

L 形体形的建筑会出现终日阴影和建筑自身阴影遮蔽情况。同时，由于 L 形平面是不对称的，在同一朝向，因转角部分连接在不同方向上的端部，其阴影遮蔽情况也有很大的变化，也会出现局部永久阴影区。

若建筑体形较大，并受场地宽度的限制或其他原因，会采用凹形建筑。这种体形虽然南北方向和东西场地无永久阴影区，但在各朝向因转角部分的连接方向不同，都有不同程度的自身阴影遮蔽情况。

长方形、L 形和凹形这三种体形，处于南北朝向时，冬季阴影区范围较大，在建筑物北边有较大面积的终日阴影区；夏季阴影区范围较小，建筑物南边终年无阴影区。处于东西朝向时，冬季阴影区范围较小，场地日照良好；夏季阴影区都很大，上午阴影区在西边，下午阴影区在东边。处于东南或西北朝向时，阴影区范围在冬季较小，在夏季较大；上午阴影区在建筑物的西北边，下午在东南边。处于西南或东北朝向时，阴影变化情况与东南朝向相同，只是方向相反。

3.5.2 建筑构件对日照的影响

建筑物室内日照程度，主要是以阳光通过窗口照射到室内的持续时间和照射面积来衡量的。因此，对窗口有遮挡作用的建筑构件，如阳台、凹廊、天窗以及窗口形状和大小等，都对建筑物室内日照有一定的影响。

1. 阳台对日照的影响

窗口上面挑出的阳台，会减少室内阳光的照射深度，因而可能缩短日照时间并减少日照面积。影响的大小与阳台的长度、宽度及建筑朝向有关。在冬季，由于太阳高度角低，各朝向室内的日照时间并不因有阳台而缩短，只是日照面积略有减少，如图 3.15 所示。在夏季，由于太阳高度角增大，不仅因挑出阳台使阳光照射深度和日照面积减少，而且在南向及接近南向的房间，还会缩短室内日照时间，可以减弱或消除夏季阳光对室内的西晒，如图 3.16 所示。在南方炎热地区，阳台起着遮阳作用。

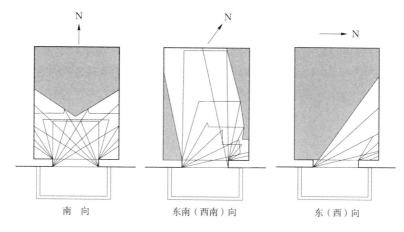

图 3.15　挑出阳台对室内日照的影响（冬季）

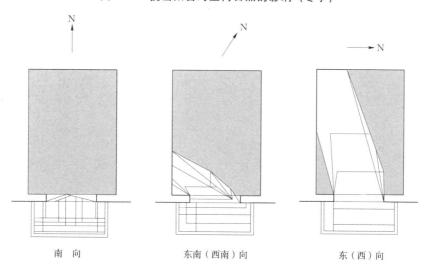

图 3.16　挑出阳台对室内日照的影响（夏季）

2. 凹廊对日照的影响

在住宅设计时，常采用凹入的阳台。它在垂直方向和水平方向上都限制阳光射入室内，使居室内的日照时间和日照面积都比较显著地减少，其影响程度与凹入深度、宽度及建筑朝向有关。在冬季，除正南朝向的影响不大外，其他各个朝向室内日照时间都缩短很多，如图 3.17 所示。在夏季，对室内阳光遮挡较大，特别是南向及接近南向的凹廊，可发挥水平与垂直综合遮阳作用。在东、西朝向，虽然室内日照时间减少不多，但日照面积减少很多。

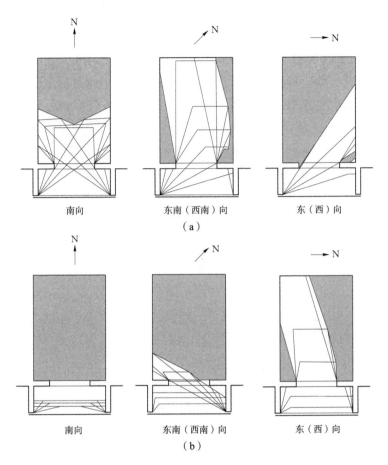

图 3.17　凹廊对室内日照的影响

（a）冬季；（b）夏季

3. 窗开口对日照的影响

窗口朝向、位置、形状、大小、窗扇构造以及外墙厚度等，都对日照有一定影响。

（1）窗口朝向、位置的影响。窗口在房间外墙的位置不同，可以增加或减少室内日照面积，但不影响日照时间。图 3.18 所示为冬季大寒日窗口不同位置的室内日照面积图，由该图可知，对南向影响不大，影响多在东、西朝向和东南（西南）朝向，窗口位置在中间比偏右的日照面积大，越偏南日照面积越大。图 3.19 为夏季大暑日室内日照面积图，由该图可知，南向影响不大，东南（西南）和东（西）朝向，窗口位置在中间比偏右的日照面积大，越偏南日照面积越大。

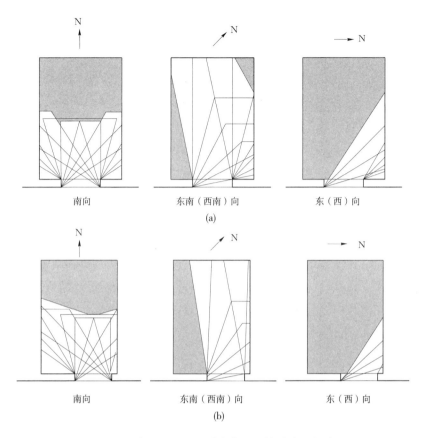

南向　　　　　　东南（西南）向　　　　　东（西）向
(a)

南向　　　　　　东南（西南）向　　　　　东（西）向
(b)

图 3.18　窗口位置不同对室内日照的影响（冬季）

（a）窗口的位置在中间；（b）窗口的位置偏在右侧

（2）窗口形状的影响。窗口面积一定时，窗口形状不同，对室内的日照时间和日照面积也有一定影响。以冬季室内日照情况分析，扁形窗比长形窗能获得较多的日照时间。窗口在南向的日照面积，长形窗比扁形窗大；窗口在东南、西南和东、西朝向的日照面积，扁形窗比长形窗大。正方形窗的日照时间及日照面积处于两者之间。

（3）窗口宽度和高度的影响。窗口的高度相同，则窗开口越宽，日照时间越长，日照面积也增加。如果窗口的宽度相同，则窗口越高，日照面积越大，但日照时间并不增加。

综合本节所述，在建筑日照设计中，从平面、立面的体形以及建筑物构件方面来解决日照问题是非常重要的，而且也容易收到良好的效果。

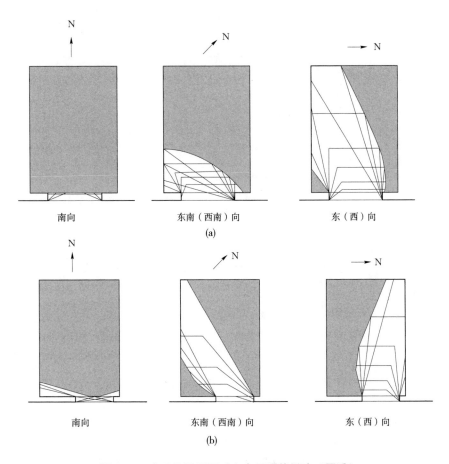

南向　　　　　东南（西南）向　　　　东（西）向

(a)

南向　　　　　东南（西南）向　　　　东（西）向

(b)

图 3.19　窗口位置不同对室内日照的影响（夏季）

（a）窗口的位置在中间；（b）窗口的位置在右侧

4 日照图表及应用

4.1 棒影日照图及其应用

棒影日照图是检测建筑物受到太阳光照详细情况的参考工具，也是城市规划中确定日照间距系数等要求的根据。它是以棒和棒影的基本关系来描述太阳运行规律的。尽管我们所见到的建筑形态各异，但都可以看作由立于水平面上的一根根棒组成的。因此，建筑日照的问题完全可以简化为对棒的日照间距来加以考虑。已知太阳高度角、赤纬角，通过计算可以得到某天任何时刻棒影的长度，根据主要棒影长度来绘制出棒影日照图。

4.1.1 棒影长度的计算

如图 4.1 所示，假设垂直于水平地面上的任意棒的棒高为 H，该棒在某一时刻棒影的长度为 L。根据影长 L 随棒高 H 与太阳高度角变化而变化的关系，得到棒影长度的计算公式为

$$L = H \times \cot h_s \tag{4.1}$$

式中　L ——棒影长度；

　　　H——棒的高度；

　　　h_s——太阳高度角。

棒影方位角 A 是棒影与正北方向的夹角，和太阳方位角 A_s 相差 $180°$，两者的关系公式为

$$A = A_s + 180° \tag{4.2}$$

式中　A ——棒影方位角；

　　　A_s——太阳方位角。

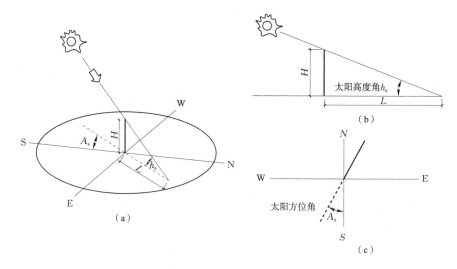

图 4.1　棒影长度的计算

（a）棒影图计算原理；（b）：计算太阳高度角；（c）计算太阳方位角

例 4.1

计算济南地区在冬至日这天，在当地时间为 12：00，其高度为 1 的棒产生的棒影长度。

分析：济南地区的地理纬度 $\phi=36°41'$，冬至日的赤纬角为 $-23°27'$，当地 12：00，时角 $\Omega=0°$；棒高 $H=1$。

先计算此时的太阳高度角，根据式（2.7）可得

$$h_s = 90° - |\phi - \delta| = 90° - |36°41' + 23°27'| = 29°52'$$

代入式（4.1）可得

$$L = 1 \times \cot 29°52' = 1.74$$

4.1.2　棒影日照图

棒影日照图是利用棒影长度计算原理，相当于对棒上一点在水平地面上的对应影子的移动轨迹记录，主要原理是把区域内每天受日照遮挡时间相等的点连接起来，绘成曲线，可以用来指明任何地方的日影时间多少。

绘制某一天的棒影日照图，如冬至日或大寒日，可以为确保居住区日照环境质量提供依据，并了解其日照质量不够的地方而进行方案调整。尤其对于高层建筑物，可以根据棒影日照图考察其是否会对周围环境造成不被允许的遮挡，避免产生不符合规定的日照遮挡。

在很多国家和地区，根据棒影日照图的要求，设计人员在设计方案时必须绘制棒影日照图。我国要求设计者提供日照时数分析图。人工绘制棒影日照图比较费工费时，现在大多借助日照分析软件来绘制，更方便和快捷。但对于建筑师来说，还需要明白其工作原理。现介绍某一天棒影日照图的绘制过程（见图4.2）。

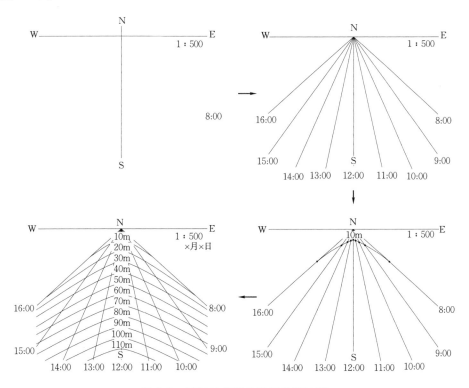

图 4.2　某天的棒影日照图绘制过程

第1步，选择一个合适的比例，作直角坐标，标注东西南北四个方向。先设在原点的棒高为10m。选择该日日照有效时间，例如，冬至日为9：00～15：00，大寒日为8：00～16：00，并按照一定时间间隔划分为各时间点（一般时间间隔为1h）。特别要注意的是，此时间采用的是当地时间（真太阳时）。

第2步，按式（2.3）计算出这一天中各时间点的太阳高度角 h_s，按式（2.4）计算出各时间点的太阳方位角 A_s。以原点为出发点，按照计算出的各时间点的太阳方位角 A_s，在平面上做出各时间点的方位射线，同时把时间标注在方位射线上。

第 3 步，根据各时间点的太阳高度角 h_s，以式（4.1）计算棒在各时间点时的棒影长度，此时 $H=10m$。在每个方位射线上，分别以相应时间的棒影长作为距原点的距离，并标出各个点。将得到的点以平滑曲线连接，得到棒高 $H=10m$ 时的棒影日照图。

第 4 步，绘制棒高 $H=20m$ 时的棒影日照图。在各时间点方位射线上标注每个点，使其与原点的距离为棒高 $H=10m$ 时产生的棒影长度的 2 倍长。

第 5 步，按照同样原理绘制棒高 $H=30m$，40m，…时的棒影日照图。标注比例、日期，在 y 轴上标注相应棒高，完成棒影日照图的绘制。

在第 2 步中，以 12：00 的放射线为对称轴，上午和下午的太阳高度角和太阳方位角各自对应相同，即 11：00 和 13：00 相同、10：00 和 14：00 相同、9：00和15：00 相同、8：00 和 16：00 相同。只要计算出上午（或下午）的太阳高度角和太阳方位角，便同时得知全天的太阳高度角和太阳方位角。

虽然绘制某地区某一天的棒影日照图是比较费时的工作，但是对于一个地区来说，只要绘制出冬至日或大寒日这两天的棒影日照图，就可以作为常用工具进行日照分析工作。

例 4.2

按 1：300 的比例绘制出北纬 31°地区在冬至日的棒影日照图。

分析： 先计算出在北纬 31°地区各个时间的冬至日的太阳高度角和太阳方位角（见表 4.1）。根据我国日照规范要求，在冬至日取 9：00～15：00 的时间作为日照有效时间。

表 4.1　　　　　　　　　北纬 31°地区冬至日的太阳高度角和太阳方位角

时　　刻	12：00	11：00 13：00	10：00 14：00	9：00 15：00
太阳高度角 h_s	35°33′	33°41′	28°26′	20°33′
太阳方位角 A_s	±0°	±16°35′	±31°26′	±43°51′
棒高 $H=1$ 时的棒影长	1.40	1.50	1.85	2.67

根据表 4.1 所得参数，按照上述棒影日照图的绘制过程进行棒高 $H=10m$ 时的棒影日照图的绘制，然后绘制棒高 $H=20m$、$H=30m$、$H=40m$ 的棒影日照图，完成北纬 31°地区在冬至日这天的棒影日照图，如图 4.3 所示。

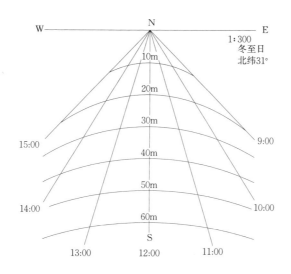

图 4.3 北纬 31°地区冬至日棒影日照图

4.1.3 棒影日照图的应用——建筑物阴影区的确定

例 **4.3**

试求北纬 40°地区一栋 20m 高、平面呈 U 形、开口部分朝北的平屋顶建筑物（见图 4.4），在夏至日上午 10：00，周围地面上的阴影区。

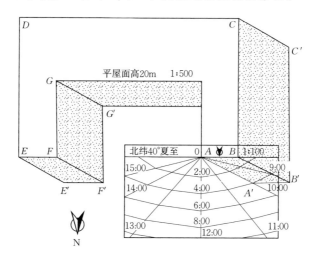

图 4.4 建筑物阴影区的确定

分析：首先将绘于透明纸上的平屋顶房屋的平面图覆盖于棒影图上，使平

面上欲求的 A 点与棒图上的 0 点重合,并使两图的指北针方向一致。平面图的比例最好与棒影图的比例一致,较为简单。但亦可以随意,当比例不同时,要注意棒影图上影长的折算。例如,选用 1:100 时,棒高 1cm 代表 1m;选用 1:500 时,棒高 1cm 代表 5m,以此类推。若平面图上 A 为房屋右翼北向屋檐的一端,高度为 20m,则它在这一时刻的影就应该落在 10:00 这根射线的 4cm 点 A' 处(建筑图比例为 1:500,故棒高 4cm 代表 20m),连接 AA' 线即为建筑物过 A 处外墙角的影。

用相同的方法将 B、C、E、F、G 诸点依次与 0 点重合,可求出它们的阴影 B'、C'、E'、F'、G',根据房屋的形状依次连接 A、A'、B'、C'、C 和 E、E'、F'、G' 所得的连线,并从 G' 作与房屋东西向边平行的平行线,即求得房屋影区的边界,如图 4.4 所示。

同理,我们可以画出任何一栋建筑该日其他各时间的阴影区。以 12:00 的阴影为对称,上午和下午的各个时间的阴影区各自对应相同,即 11:00 和 13:00 相同、10:00 和 14:00 相同、9:00 和 15:00 相同、8:00 和 16:00 相同。只要画出上午(或下午)的阴影区,便可同时画出全天的各个时刻的阴影区,如图 4.5 所示。

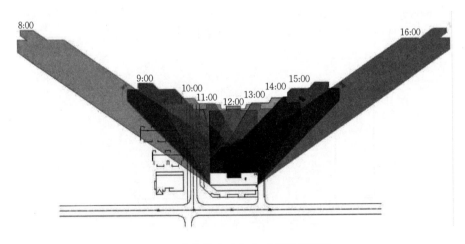

图 4.5　建筑物全天各个时间的阴影区

4.1.4　棒影日照图的应用——建筑被遮挡检验

在总平面设计中,必须考虑本项目对其周围环境的影响。利用棒影日照图，可以检验被遮挡建筑是否满足日照要求。根据日照标准，选择大寒日或冬至日作为日照标准日。

被遮挡建筑位于建筑群中相对的北面，因为在北半球上的大寒日和冬至日里，阳光从南向北照射。

1. 建筑被遮挡的检验分析步骤

如图 4.6 所示，建筑被遮挡的检验分析步骤具体如下：

（1）根据日照标准选择当地大寒日或冬至日的棒影日照图。以棒影日照图的比例来决定平面图的比例，或者以平面图的比例绘制棒影日照图的比例，使两者的比例相同。

（2）使棒影日照图中的南北向与平面图的南北向相同。把被遮挡建筑上所要考察的点 A（平面上）和日照曲线图的原点重合。

（3）确定各个遮挡建筑物及障碍物等与 A 点的相对高度，并标注在各个遮挡建筑物及障碍物等的上面。其相对高度 H 等于建筑物及障碍物的高程减

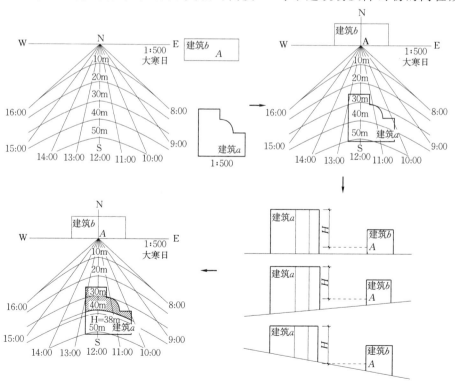

图 4.6 建筑被遮挡的检验分析步骤

去 *A* 点的高程。这里 *A* 点的高程一般指外墙面的底层窗台处，即距首层室内地面 0.9m 高的外墙位置。

提示：在分析过程中会不经意地把遮挡建筑物高度及障碍物高度作为相对高度，忽略了 *A* 点的相对高度，则分析的结果会产生误差。

（4）棒影日照图上，遮挡建筑物及障碍物位于棒影日照图中相同高度的日照曲线以北的部分，为遮挡原点（即 *A* 点）的部分，与此对应的时间即为被遮挡时间，即日影时间；遮挡建筑物及障碍物位于相同高度的日照曲线以南的部分，为不遮挡原点（即 A 点）的部分，与此对应的时间即为日照时间。

如果相对高度 *H* 不是棒影日照图上标注的数值，可以在图上勾画出数值为 *H* 的曲线，然后就可以对该曲线进行分析。

2. 单栋建筑的遮挡

当考察点 *A* 南面只有一栋建筑时，只要分析此单栋建筑对考察点 *A* 的影响即可，按照建筑被遮挡的检验步骤进行分析。

例 4.4

在北纬 31°的某地区，已知住宅建筑 *ABCD* 和办公楼 *EFGH*，其位置如图 4.7 所示。办公楼 *EF* 边建筑高度为 32m，*EF* 边的室外高程为 119.0m。住宅建筑 *CD* 边的室外高程为 121.5m。被遮挡考察点为住宅建筑 *CD* 上的 *M* 点，即 *CD* 中点处的首层窗台高处，此窗台距室外地面为 2.5m，要求计算 *M* 点在冬至日时的日照情况（见图 4.7）。

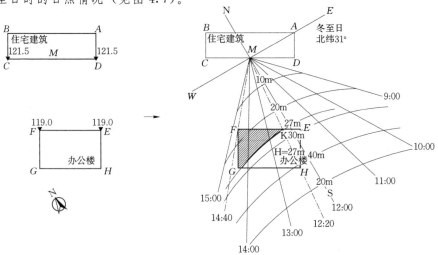

图 4.7　[例 4.4] 图

分析：按照相同的比例准备冬至日这天的棒影日照图，或参考已有的棒影日照图缩放平面图。

计算办公楼 EF 处外墙高与 M 点的相对高度，也可以利用剖面图进行分析。

办公楼 EF 处建筑高度为 32m，其 EF 边的室外高程为 119.0m，则办公楼 EF 处外墙顶的高程为 119.0＋32＝151.0（m）。

住宅建筑上 M 点距室外地面为 2.5m，CD 边的室外高程为 121.5m，则 M 点的高程为 121.5＋2.5＝124.0（m）。所以，产生遮挡的 EF 处外墙的相对于 M 点的高度 $H＝151.0－124.0＝27$（m）。

把棒影日照图的原点和平面图中的 M 点重合，棒影日照图的南北向与平面图的南北向相同。

棒影日照图上标注有 20m 和 30m 的日照线，利用内插法，绘制 27m 日照辅助线。

棒影日照图上，EF 线和 27m 日照辅助线交于 K 点，EF 线位于棒影日照图中 27m 日照辅助线以北的部分，即 FK 段为遮挡 M 点的部分，与此对应的时间即为被遮挡时间（即日影时间）。

连接 F 点和原点（即 M 点），FM 线在 14：00 和 15：00 之间，利用角度内插法，得到 FM 线的时间为 14：40。连接 K 点和原点（即 M 点），KM 线在 12：00 和 13：00 之间，利用角度内插法，得到 KM 线的时间为 12：20。

因而产生遮挡时间带（日影时间带）为 12：20～14：40，即遮挡时间为 2 小时 20 分钟。由于冬至日有效日照时间带是当地时间（真太阳时）9：00～15：00，即有效日照时间 6h，则 M 点得到的日照时间为 3 小时 40 分钟。

3. 多栋建筑的遮挡

当考察点 A 南面有多栋建筑时，必须同时考虑所有这些建筑对考察点 A 的影响，才能客观得到 A 点准确的日照情况。

例 4.5

在［例 4.4］的相同条件下，将在办公楼 $EFGH$ 的东南侧建高度为 45m 的新楼 L，其位于高程 118.0m 的地面上。要求计算 M 点在冬至日时的日照情况（见图 4.8）。

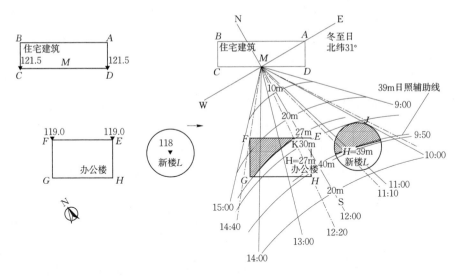

图 4.8 ［例 4.5］图

分析： ［例 4.4］中分析得到办公楼 *EFGH* 对 *M* 点的日照影响情况。现在针对新楼 *L* 进行分析。

新楼 *L* 建筑高度 *EF* 处为 45m，其室外高程为 118.0m，则新楼 *L* 外墙顶的高程为 118.0＋45＝163.0（m）。又知 *M* 点的高程为 124.0m，则新楼 *L* 外墙顶相对于 *M* 点的高度为 *H*＝163.0－124.0＝39（m）。

棒影日照图上利用内插法，绘制 39m 日照辅助线。

棒影日照图上，新楼 *L* 外墙和 39m 日照辅助线交于 *J* 点和 *P* 点。新楼 *L* 外墙位于日照曲线图中 39m 日照辅助线以北的部分，为遮挡 *M* 点的部分，与此对应的时间即为被遮挡时间（即日影时间）。

连接 *J* 点和原点（即 *M* 点），*JM* 线在 9：00 和 10：00 之间，利用角度内插法，得到 *JM* 线的时间为 9：50。连接 *P* 点和原点（即 *M* 点），*PM* 线在 11：00 和 12：00 之间，利用角度内插法，得到 *PM* 线的时间为 11：10。

由此可得新楼 *L* 对原点（即 *M* 点）产生遮挡时间带（日影时间带）为 9：50～11：10，即遮挡时间为 1 小时 20 分钟。

由 ［例 4.4］ 可知，办公楼 *EFGH* 对原点（即 *M* 点）遮挡时间带（日影时间带）为 12：20～14：40，即遮挡时间为 2 小时 20 分钟，那么原点（即 *M* 点）总共受到的遮挡时间为 3 小时 40 分钟，则 *M* 点在冬至日得到的日照时间为 2 小时 20 分钟。

当基地北侧有居住建筑时，除了考虑本基地内的建筑对居住建筑的日照影响要满足该居住建筑的日照标准外，还要根据四周基地的规划综合考虑对居住建筑的日照影响。否则，在本基地能符合日照要求的建筑建成后，会造成其他基地的建筑为达到被遮挡建筑的日照标准而必须极大缩小规模甚至无法建设，建设权益势必受到侵犯。

例如，某城市繁华地带基地 A、基地 B 和基地 C 中，基地 A 已有居住建筑一栋。当基地 B 先建设高层建筑，使基地 A 中的居住建筑 M 点在冬至日得到 1 小时 20 分钟的日照，刚刚符合日照标准。但是对于基地 C 却是不公平的，由于不能再减少基地 A 中的居住建筑 M 点的日照时数，所以基地 C 只能建多层建筑或体形极不完整的高层建筑，使其容积率和基地 B 的容积率相差极大，权益受到侵犯。经过协调后才能体现公平原则（见图 4.9）。

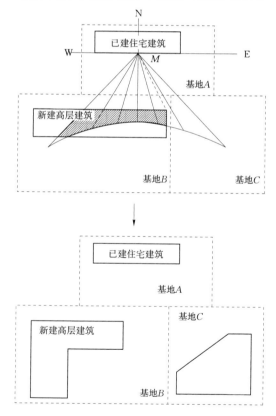

图 4.9 某城市基地间因日照而协调的示例

规划部门对于这个问题尤应加以注意，并发挥协调作用。

4. 高低体量组合建筑的遮挡

对于高低体量组合建筑的遮挡，可以看作相当于几个高度不同的多栋建筑的遮挡；对于不同高度应各自计算分析相应的棒影日照图。

例 4.6

在北纬 31°的某地区，已知住宅建筑 $ABCD$ 及办公楼 $EFRJGH$ 和办公楼 $JKLG$，两者的室外标高相同，其位置如图 4.10 所示。办公楼 $EFRJGH$ 部分建筑高度为 21m，办公楼 $JKLG$ 部分建筑高度为 45.5m。被遮挡考察点为住宅建筑 $ABCD$ 上的 M 点首层窗台高处，此窗台距室外地面为 2.5m。要求计算 M 点在冬至日时的日照情况（见图 4.10）。

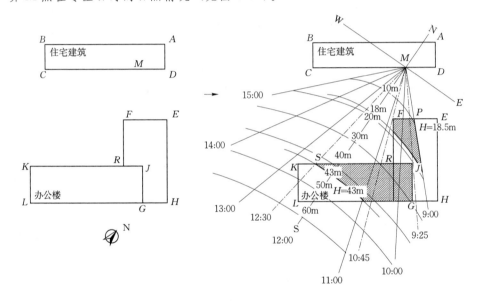

图 4.10 ［例 4.6］图

分析：按照相同的比例准备冬至日这天的棒影日照图，或参考已有的棒影日照图缩放平面图。

计算办公楼两部分外墙高与 M 点的相对高度。

办公楼 $EFRJGH$ 部分建筑高度为 21m，办公楼 $JKLG$ 部分建筑高度为 45.5m，M 点距室外地面 2.5m，由于两栋建筑室外标高相同，那么产生遮挡的办公楼 $EFRJGH$ 部分外墙相对 M 点的高度为 $H=21-2.5=18.5$（m）；产生遮挡的办公楼 $EFRJGH$ 部分外墙相对于 M 点的高度为 $H=45.5-2.5=43$（m）。

将棒影日照图的原点和平画图中的 M 点重合，棒影日照图的南北向与平面图的南北向相同。

首先分析办公楼 $EFRJGH$ 部分对 M 点的遮挡情况。

在棒影日照图上利用内插法绘出 18.5m 日照辅助线。位于 18.5m 日照辅助线以北的部分产生遮挡，即 PF 段为遮挡 M 点的部分，与此对应的时间即为被遮挡时间（即日影时间）。

9:00 放射线和 EF 交于 P 点。PM 线即时间为 9:00。连接 F 点和原点（即 M 点），FM 线在 10:00 和 11:00 之间，利用角度内插法，得到 FM 线的时间为 10:45。

因而办公楼 $EFRJGH$ 部分产生遮挡时间带（日影时间带）为 9:00～10:45。

其次，分析办公楼 $JKLG$ 部分对 M 点的遮挡情况。

在棒影日照图上利用内插法绘出 43m 日照辅助线。

棒影日照图上，KJ 和 43m 日照辅助线交于 S 点。43m 日照辅助线以北的部分为遮挡 M 点的部分，与此对应的时间即为被遮挡时间（即日影时间带）。

连接 S 点和原点（即 M 点），SM 线在 12:00 和 13:00 之间，利用角度内插法得到 SM 线的时间为 12:30。连接 G 点和原点（即 M 点），GM 线在 9:00 和 10:00 之间，利用角度内插法得到 GM 线的时间为 9:25。

因而办公楼 $JKLG$ 部分产生遮挡时间带（日影时间带）为 9:25～12:30。

综合以上两部分的遮挡时间带，得到 M 点被遮挡时间带（日影时间带）为 9:00～12:30，即遮挡时间为 3 小时 30 分钟。由于冬至日有效日照时间带是当地时间（真太阳时）9:00～15:00，即有效日照时间 6h，则 M 点得到的日照时间为 2 小时 30 分钟。

5. 同一建筑自身的遮挡

有的建筑本身形成前后体量关系，则其北侧部分很可能被遮挡。对这种自身的遮挡情况同样可以用棒影日照图进行分析。

例 4.7

在北纬 31°的某地区，某住宅建筑呈"工"字形，其周边的室外标高相同，位置如图 4.11 所示。$ABCD$ 部分建筑高度为 34m，$EFGH$ 部分建筑高度为 15m，被遮挡考察点为住宅建筑北面体块上的 M 点首层窗台高处，此窗台距室外地面为 2m。要求计算 M 点在冬至日时的日照情况（见图 4.11）。

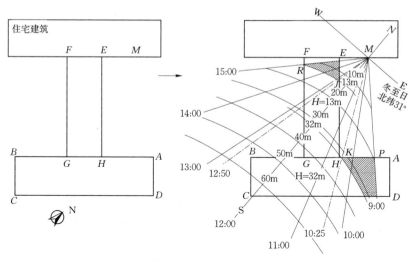

图 4.11 ［例 4.7］图

分析：按照相同的比例准备冬至日这天的棒影日照图，或参考已有的棒影日照图缩放平面图。

计算 ABCD 部分和 EFGH 部分外墙高与 M 点的相对高度。

ABCD 部分建筑高度为 32m，EFGH 部分建筑高度为 15m，M 点距室外地面为 2m，由于建筑周边的室外标高相同，那么产生遮挡的 ABCD 部分外墙相对于 M 点的高度 $H=34-2=32$（m）；产生遮挡的 EFGH 部分外墙相对于 M 点的高度 $H=15-2=13$（m）。

把棒影日照图的原点和平面图中的 M 点重合，棒影日照图的南北向与平面图的南北向相同。

棒影日照图上，观察可知 AB 线和 EH 线为产生遮挡的部分。

首先，分析 ABCD 部分对 M 点的遮挡情况。

在棒影日照图上利用内插法绘出 32m 日照辅助线。

AB 线和 9:00 放射线交于 P 点，AB 线和 32m 日照辅助线交于 K 点。位于 32m 日照辅助线以北的 PK 段为遮挡 M 点的部分，与此对应的时间即为被遮挡时间（即日影时间）。

P 点位于 PM 线上，即 9:00 时间线。连接 K 点和原点（即 M 点），KM 线在 10:00 和 11:00 之间，利用角度内插法得到 KM 线的时间为 10:25。

因而 ABCD 部分产生遮挡时间带（日影时间带）为 9:00～10:25。

其次，分析 EFGH 部分对 M 点的遮挡情况。

在棒影日照图上利用内插法绘出 13m 日照辅助线。

EH 线和 15:00 放射线交于 R 点，EH 线和 13m 日照辅助线交于 J 点。EH 线位于棒影日照图中 13m 日照辅助线以北的部分，即 RJ 段为遮挡 M 点的部分，与此对应的时间即为被遮挡时间（即日影时间）。

R 点位于 RM 线上，即 15:00 时间线。连接 J 点和原点（即 M 点），JM 线在 12:00 和 13:00 之间，利用角度内插法得到 JM 线的时间为 12:50。

因而 $EFGH$ 部分产生遮挡时间带（日影时间带）为 12:50～15:00。

综合以上两部分的遮挡时间带，得到 M 点被遮挡时间带（日影时间带）为 9:00～10:25 和 12:50～15:00，即遮挡时间为 3 小时 35 分钟。由于冬至日有效日照时间带是当地时间（真太阳时）9:00～15:00，即有效日照时间 6 小时，则 M 点得到的日照时间为 2 小时 25 分钟。

6. 坡屋顶建筑的遮挡

对坡屋顶建筑产生的遮挡进行分析，当屋顶是曲面时，应做适当的高度辅助线，相应进行日照分析，综合得到分析结果。

例 4.8

在北纬 31°某地区，某住宅建筑南面是一个双坡顶建筑 $ABCD$。两者的室外标高相同，位置如图 4.12 所示。坡顶建筑屋顶为曲面，屋脊处建筑高度为 18.5m，屋檐处建筑高度为 15.5m。被遮挡考察点为住宅建筑的 M 点首层窗台高处，此窗台距室外地面为 1.5m。要求计算 M 点在冬至日时的日照情况（见图 4.12）。

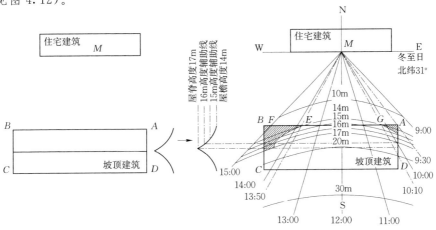

图 4.12 ［例 4.8］图

分析：按照相同的比例准备冬至日这天的棒影日照图，或参考已有的棒影日照图缩放平面图。

分别计算坡顶建筑 $ABCD$ 的屋脊处和屋檐处与 M 点的相对高度。

坡顶建筑 $ABCD$ 的屋脊处建筑高度为 18.5m，屋檐处建筑高度为 15.5m，M 点距室外地面为 1.5m，由于两者的室外标高相同，那么产生遮挡的坡顶建筑 $ABCD$ 的屋脊处相对于 M 点的高度 $H=18.5-1.5=17$（m），产生遮挡的屋檐处相对于 M 点的高度 $H=15.5-1.5=14$（m）。

在坡屋顶的屋脊线和屋檐线之间，按照 1m 的高度差分别作 15m 的高度辅助线、16m 的高度辅助线，利用屋顶坡面示意图得到这些高度辅助线的平面位置。

将棒影日照图的原点和平面图中的 M 点重合，棒影日照图的南北向与平面图的南北向相同。

在棒影日照图上利用内插法绘制 17m 日照辅助线、16m 日照辅助线、15m 日照辅助线、14m 日照辅助线。然后分别对屋脊线相对高度（17m 高）、16m 的高度辅助线、15m 的高度辅助线和屋檐线（14m）这四条线对 M 点遮挡情况进行分析。

由此可以得到在坡顶建筑 $ABCD$ 上对 M 点产生遮挡处为 EF 线和 GA 线，即 13:50～15:00 和 9:30～10:10，即遮挡时间为 1 小时 50 分钟。由于冬至日有效日照时间带是当地时间（真太阳时）9:00～15:00，即有效日照时间 6 小时，则 M 点得到的日照时间为 4 小时 10 分钟。

4.2　建筑日影图、日照时间图

建筑日影图，是直观表现遮挡建筑日影线在地面上的移动情况，根据有效时间内每个主要时刻的太阳高度角和太阳方位角，把此时刻遮挡建筑的阴影区外轮廓（即此时刻日影线）勾画出来，也可以通过日影曲线图来确定每个时刻的日影线。

首先选出与研究地点纬度相一致的日影曲线，再将建筑物高度 H 作为单位长度，以此比例将平面图缩放，最后将建筑物的主要点 A 与日影曲线的原点 O 相重合，并且方位一致。现以某地大寒日 9:00 为例，可以确定 A 点（日影曲线的原点 O）的日影 A_0；然后同样确定出 B_0、C_0、D_0，则其轮廓线 $A—A_0—B_0—C_0—C$ 为建筑物 $ABCD$ 在 8:00 的日影。其他时刻的日影以同样的方法取得，如图 4.13 所示。

　　获得相同日照时数（或阴影时数）的日影点相连，称为等时间日影线。第
n 个小时的就称为 n 小时日影线。将各个特定小时的等时间日影线有系统地描
绘出来就称为日影时间图，如图 4.14 所示。

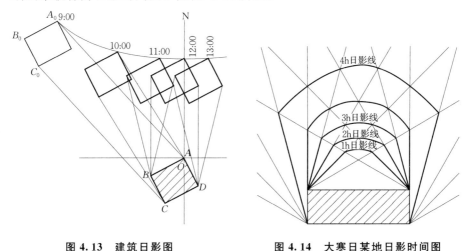

图 4.13　建筑日影图　　　　　图 4.14　大寒日某地日影时间图

　　一般的日影时间图上标注的是相同日照时数。特殊时标注的是阴影时间，
如某个在两高层之间的日影时间图，标注的是相同阴影时数，图上应注明清
楚，如图 4.15 所示。

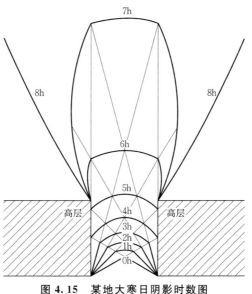

图 4.15　某地大寒日阴影时数图

根据日影时间图原理，可以灵活方便地对某些特殊情况进行日照分析。

例 4.9

在Ⅱ类建筑气候区北纬 40°的某中型城市的某基地内，已建一座 148m 的高层建筑 $ABCD$，欲在剩下的面积内新建多层住宅，要求标明新建多层住宅的最大可建面积，如图 4.16 所示。

分析：从《城市居住区规划设计规范》（GB 50180—1993，2016 版）表 5.0.2—1 得知：Ⅱ类建筑气候区上的该中小城市的住宅建筑日照标准为大寒日中有效日照时数不少于 3h，有效日照时间带为 8:00～16:00。

当遮挡高层建筑的高宽比值较高时，可以根据日影时间图原理进行日照分析。

在拐角 A 点和 C 点处标出日影线，来获得日照 3h 的日影线，即在此日影线范围外为满足新建多层住宅的日照标准区域。

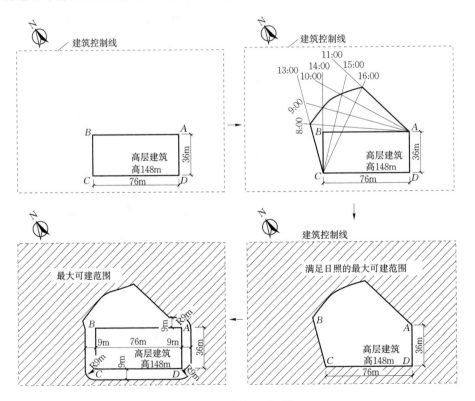

图 4.16 ［例 4.9］图

查附录 A 可得该市在大寒日的各个时刻太阳方位角（见表 4.2）。

表 4.2 　　　　　北纬 40°地区在大寒日各个时刻的太阳方位角

时　　刻	12:00	11:00	10:00	9:00	8:00
		13:00	14:00	15:00	16:00
太阳方位角	±0°	±16°00′	±30°48′	±43°50′	±55°07′

根据表中的角度，从 A 点做出 8:00、9:00、10:00、11:00 的日影线，从 C 点做出 16:00、15:00、14:00、13:00 的日影线。

提示：要清楚平面上的指北针方向。

在 11:00 的日影线和 13:00 的日影线基础上，做出获得日照 3h 的日影线。该日影线范围内为小于 3h 日照时数的部分，范围外为大于 3h 日照时数的部分。由此得到满足日照的最大可建范围。

然后考虑防火间距。根据相关要求，多高层的防火间距为 9m，则在 ABCD 四周做出 9m 的平行线，以半径 9m 的 1/4 圆弧相连接，结合满足日照的最大可建范围，得到多层住宅的最大可建面积，如图 4.16 中的斜线所示。

4.3　日照仪及其应用

手工棒影日照图的绘制比较费工费时，而根据棒影日照图原理制作的日照仪并借助建筑模型来绘制则显得更为直观，从而更便于我们对建筑物的日照进行分析研究。

4.3.1　日照仪的原理及沿革

日照仪是对建筑物模型在不同纬度的地区及不同时间所产生的阴影和遮挡情况进行直接测量的工具，是借助模型试验来研究建筑日照的一种最为直观的方法。在自然阳光的照射中，由于地球绕太阳转动和地球的自转，太阳的高度角和方位角也在随着持续变化，其变化值取决于测量时间、测量地点的纬度和赤纬度这三个主要参数。三参数日照仪就是依据以上原理设计而成的。图 4.17 所示为 JT—Ⅱ型三参数日照仪，可用来绘制棒影图，并可通过模型直接观察出该地、该日的建筑物的阴影变化情况，室内的日照时间、日照面积和遮阳板的遮蔽情况也可用来观察建筑物朝向与间距的关系。

大概在春秋中叶（公元前 600 年左右），我国已开始用土圭来观测日影长短的变化，表为立竿，圭为卧尺，测日影长度，以定冬至和夏至的日期。那时把冬至称为"日南至"，以有日南至之月为"春王正月"。宋代沈括还制造了测日影的圭表（见图 4.18），而且改进了测影方法。

图 4.17　JT—Ⅱ型日照仪

图 4.18　圭表

日晷又称"日规"，是我国古代利用日影测得时刻的一种计时仪器。"日"指太阳，"晷"表示影子，"日晷"的意思是太阳的影子。它由晷盘和晷针组成。晷盘是一个圆盘，晷面上有刻度；晷针安装在晷盘中央与盘面垂直。太阳照到针上，在盘面上产生投影。用日晷测时间不是根据日影的长度，而是根据日影的方向。按照晷盘面放置位置的不同，日晷分为赤道日晷、地平日晷、立晷和斜晷。赤道日晷的晷盘面平行于赤道面，晷针指向南北极；地平日晷的晷盘面平放于当地的地平面上；立晷的晷盘面垂直于地平面；斜晷的晷平面指向任一方向。图 4.19 所示是置于北京故宫博物院太和殿前的清朝赤道日晷。

图 4.19　日晷

目前，我国各地的气象台站使用的日照仪多为康培尔-斯托克日照仪（Campbell - Stokes sunshine recorder），如图 4.20 所示。其原理是用玻璃球使太阳光聚焦，在记录卡上留下烧焦的痕迹，如图 4.21 所示。

图 4.20　康培尔-斯托克日照仪

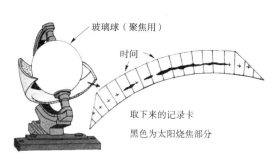

玻璃球（聚焦用）

时间

取下来的记录卡

黑色为太阳烧焦部分

图 4.21　康培尔-斯托克日照仪工作原理

4.3.2　用日照仪研究建筑日照

1. 日照仪实验

（1）所需仪器设备：三参数日照仪（见图 4.22）、平行光源（建议用不低于 500W 的探照灯代替）、建筑模型（模型重量应不大于 1kg）。

（2）实验步骤：

1）打开光源。在日照仪的地平面中心插上一根按一定比例制作的细棒。将日照仪三个参数的指针分别置于 0°的位置。移动日照仪，使地平面上所立棒处于无影的状态。

2）转动纬度盘，使地平面处于设计所在地的纬度。

3）转动调节赤纬度的刻度

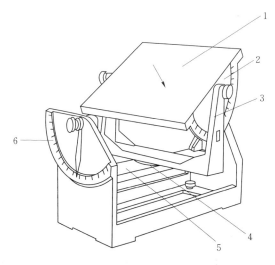

图 4.22　三参数日照仪

1—地平面；2—纬度盘；3—地球自转架；

4—时间刻度盘；5—控制赤纬度的转动支架；

6—赤纬度刻度盘

盘，使赤纬度位于要测试的日期上。

4）在地平面上铺纸、立棒，转动时角刻度盘，可画出当地、当日的棒影轨迹。

5）把预先按一定比例制作好的建筑模型放在地平面上，使其朝向与设计朝向一致。转动时间刻度盘，即可观察该地、该天建筑物周围的阴影变化情况、室内日照时间及日照面积，以及遮阳板的工作情况，也可用来观察建筑朝向与间距的关系。

2. 日照仪的应用

日照仪使用方便，且非常直观，可用于方案设计阶段的修改和调整。具体说来，日照仪主要有以下三方面的用途：

（1）求日照时间（见图 4.23）。方法是按照设计朝向和间距把建筑模型放到日照仪代表地平面的平板上，调整纬度和赤纬度，使其与当地纬度和测试日期相符，转动时角刻度盘，模型不被遮挡的时数即为日照时间。

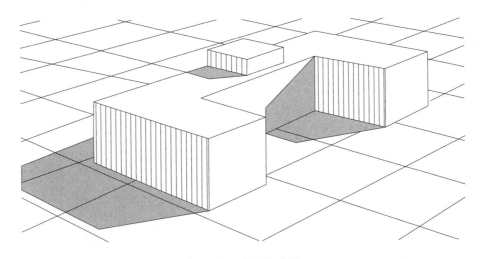

图 4.23　求日照时间

（2）检验遮阳效果（见图 4.24）。方法与求日照时间相同，在转动时角刻度盘的过程中，便可从建筑物模型上看到遮阳效果。

（3）求建筑的阴影（见图 4.25）。采用相同方法，在转动时角刻度盘的过程中，便可从建筑物模型上看到各时间的阴影变化。

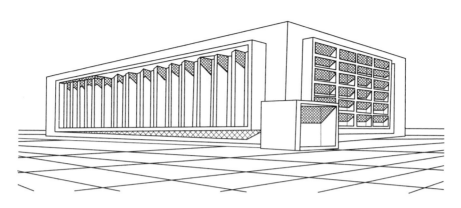

图 4.24 检验遮阳效果

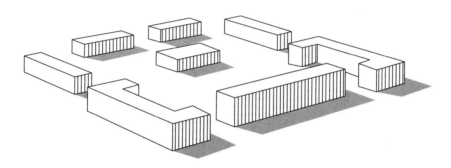

图 4.25 求建筑物的阴影

5 计算机辅助建筑日照设计

建筑日照设计在 20 世纪上半叶主要采用两类方法：一类方法是棒影图、正日影图、瞬时阴影图；另一类方法是缩尺模型分析（日照仪）。这些方法难以处理复杂的建筑形体，耗时耗工，而且很容易出现与实际情况产生偏差的情况。到 20 世纪 80 年代，开始采用计算机辅助建筑日照设计，最初主要采用计算机绘制阴影图及日照等时线图。后来随着 CAD 技术的普及，国内设计部门较多地应用以 AutoDesk 公司的 AutoCAD 软件作为支撑平台二次开发出的建筑日照软件，解决了全国各地任何时段的日照分析问题，计算科学准确，使用简单方便。目前，我国的日照软件的开发已非常普遍，国内已经有多家公司在日照分析软件的开发方面取得了显著的成绩，比较知名的如北京绿建软件有限公司绿建日照分析软件 SUN、洛阳众智软件有限公司日照分析软件、鸿业日照分析软件、建研科技股份有限公司 Sunlight 日照分析软件、飞时达软件公司的 Fast SUN 日照分析软件等。

越来越多的城市规划管理部门开始引进并使用计算机日照软件，如上海、杭州、石家庄、西安、沈阳、天津、北京、南京、济南等地。在规划审批中采用日照软件具有重要意义：

（1）提高审批土地的使用效率。我国各地的规划部门原先大都是以建筑物高度系数控制法来确定建筑间距的。这一方法的优点是容易掌握、审批速度快，但其缺陷也是显而易见的。

1）系数法在制定时就考虑了"安全"系数，偏于保守。

2）该方法对于具体审批建筑的实际情况（高层、异型、非正南北方向等）考虑不全面，只能在审批过程中由承办人员去"拍脑袋"，遇到特别的案例，不同人员的认识理解和所把握的分寸各有不同，并且由于承办人员的职责原因基本上又都有富余考虑。

3）国家规范的要求是对建筑物的窗户日照时间的控制。因而，如果在被遮挡处没有窗户，或者有窗户而没被遮挡的情况下完全可以压缩建筑物的间距，系数法却没有提供相应的方法。日照软件建立了完整的地球与太阳的数学模型，从几何和光学的角度利用计算机进行大量的数学计算，从根本上解决了物体的阴影和影响的关系。日照软件还可以准确地分析出任意地点、任意时间的任意建筑物的详细状况，为规划审批提供科学直观的计算数据，从而可以达到节约宝贵的城市建设用地的目的。

（2）改善居住环境。日照软件可以轻松地对建筑群体间的相互影响进行分析，给出直观的结果。通过对结果的分析利用可以在居住区范围内更加科学合理地安排建筑物的位置，根据日照时间选择不同的花草种植区域，甚至可以巧妙地利用建筑群体间的阴影进行遮阳设计，为居住区创造出更加舒适的环境。

（3）提高科学管理水平。传统日照系数法是因为技术手段落后的原因而产生的一种简化计算法，其本身就是一种近似的方法。又由于其无法考虑审批过程中具体的建筑形式而导致审批结果可能会因人而异，难以形成统一、合理、公正的尺度。这是技术原因导致的一种粗放的和不规范的管理模式。若采用软件法，则所有的结果都由软件计算得出，同一案例的结论只有一个，彻底消除了人为的因素，不但提高了审批结果的准确性而且能改善管理手段、提高管理水平。

本章结合北京绿建软件有限公司绿建日照分析软件 SUN，系统地讲解计算机辅助日照设计。

5.1　日照设计计算方法

日照设计的基本原理是根据建筑物所在的地点、节气和时间确定纬度、赤纬、时差、时角等参数，利用基本计算公式进行太阳位置计算，获得太阳的高度角、太阳方位角等数值，然后通过投影原理计算阴影轮廓或用光线返回法判断某个位置是否被遮挡。

5.1.1　日照分析采样法

日照时间的采样一般使用离散化采样方法：太阳位置在整个日照过程中是不断变化的，程序以一定的时间间隔 d 对其进行离散采样。假定在某一时刻的前 $d/2$ 时间到后 $d/2$ 时间内，太阳位置恒定；d 越小，这样的假设越有效，计算所得的日照时间误差不超过 $d/2$。日照分析从起始时刻 S 到终止时刻 E,采样 t($t=S$,$S+d$,$S+2d$,…,E)代表时刻 t_1 到 t_2 时刻的时段,且 t_1 和 t_2 分别为

$$t_1 = \max(t - d/2, S)$$
$$t_2 = \min(t + d/2, E)$$

由于日照的结果精确到分钟,如果 d 为基数,则可能出现小数点。在给出日照时间的时候,采用忽略小数或采用四舍五入法进位。

5.1.2 数学公式推导法

太阳在天球上的位置如图 5.1 所示。

根据"太阳位置计算公式"推导出的日照圆锥面方程组为

$$
\begin{cases}
x = \dfrac{L(\sin^2\phi\sin\delta + \sin\phi\cos\phi\cos\delta\cos t - \sin\delta)}{\cos\phi} \\
y = L\cos\delta\sin t \\
z = L(\sin\phi\sin\delta + \cos\phi\cos\delta\cos t)
\end{cases}
$$

再将建筑物的每一个面用方程的形式表达出来,如圆弧墙面的方程组为

$$
\begin{cases}
x = R\sin\beta \\
y = R\cos\beta
\end{cases}
$$

对这两个方程组合并,求出方程组的解,就可以直接得到日照圆锥面与圆弧墙面相交点对应的日照时间。我们只需要先推导出直平面、圆弧墙面、空间平面(异型屋顶)与日照圆锥面的通用方程组的解,并编写成一个数学函数库,就可以快速得到日照分析的计算结果。

不同的建筑日照软件可能采用不同的计算方法。其

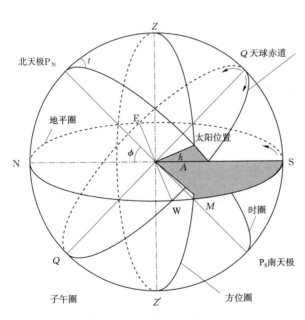

图 5.1 太阳在天球上的位置

中离散化采样方法计算速度较慢，并存在计算误差。数学公式推导法计算速度
快且精度较高。

5.2　建筑日照软件的系统安装与配置

建筑日照软件首先要完成系统的安装与配置，然后才能应用软件进行日照
设计。

5.2.1　软件和硬件环境

建筑日照软件是基于 AutoCAD 的应用而开发的，因此对软硬件环境的要
求取决于 AutoCAD 平台的要求。只是由于用户的工作范围不同，硬件的配置也
应有所区别。对于只绘制工程图，不关心三维表现的用户，Pentium 3＋256M 内
存这一档次的计算机就足够了；如果要用于三维建模，在本机使用 3D MAX
渲染的用户，推荐使用 Pentium 4/2GMz 以上＋512M 以上内存以及使用支持
OpenGL 加速的显示卡，例如，NVidia 公司 GeForce 系列芯片的显示卡，可
以在具有真实感的着色环境下顺畅进行三维设计。

CAD 软件倚重于滚轮进行缩放与平移，没有滚轮的鼠标效率会大大降低，
要确认鼠标支持滚轮缩放和中键（滚轮兼作中键用）平移。显示器屏幕的分辨
率是非常关键的，建议在 1024×768 以上的分辨率下工作，如果达不到这个条
件，则可以用来绘图的区域将很小。

5.2.2　软件的安装与启动

建筑日照专业软件多以光盘的形式发行，安装之前请阅读自述说明文件。
在安装日照软件前，首先要确认计算机上已安装 AutoCAD 软件，并能够正常
运行。

不同发行版本的 Sun 软件安装过程的提示可能会有所区别，不过都很直
观，如果有注意事项，请查看安装盘上的说明文件。

程序安装后，将在桌面上建立启动快捷图标"日照分析 Sun"，运行该快
捷方式即可启动 Sun。

如果计算机上安装了多个符合 Sun 要求的 AutoCAD 平台，那么首次启动
时将提示用户选择 AutoCAD 平台。如果不喜欢每次都询问 AutoCAD 平台，

可以选择"下次不再提问",这样下次启动时,就直接进入 Sun 软件了。若用户安装了更合适的 AutoCAD 平台,或由于工作的需要而变更 AutoCAD 平台,只需要更改 Sun 目录下的 startup. ini,SelectAutoCAD=1,或者用另一个更加方便的方法,即在屏幕菜单的【帮助】下使用【选择平台】命令,即可恢复到可以选择 AutoCAD 平台的状态。

5.2.3 用户界面

Sun 对 AutoCAD 的界面进行了必要的扩充,如图 5.2 所示,这里做必要的介绍。

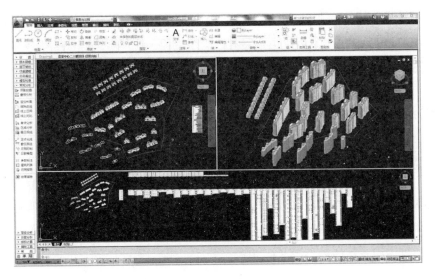

图 5.2 Sun 用户界面

1. 屏幕菜单

Sun 的主要功能都列在屏幕菜单上,屏幕菜单分为"总图日照/单体日照/太阳能"三个子菜单,利用底部的"总/单/辐"按钮切换。菜单采用"开合式"三级结构,第一级菜单可以单击展开第二级菜单,任何时候最多只能展开一个一级菜单,展开另一个一级菜单时,原来展开的菜单自动并拢,二级菜单和三级菜单是真正可以执行任务的菜单,大部分菜单项都有图标,以方便用户更快地确定菜单项的位置。当光标移到菜单项上时,AutoCAD 的状态行会出现该菜单项功能的简短提示。

2. 右键菜单

在此介绍的是绘图区的右键菜单，其他界面上的右键菜单见有关章节，过于明显的菜单功能不再进行介绍。Sun 的功能不是都列在屏幕菜单上，有些编辑功能只在右键菜单上列出。右键菜单有两类，一类是模型空间空选右键菜单，列出绘图任务最常用的功能；另一类是选中特定对象的右键菜单，列出该对象相关的操作。

3. 命令行按钮

在命令行的交互提示中，有分支选择的提示，都变成局部按钮，可以单击该按钮或单击键盘上对应的快捷键，即进入分支选择。用户可以通过设置，关闭命令行按钮和单键转换的特性。

4. 文档标签

AutoCAD 平台是多文档的平台，可以同时打开多个 DWG 文档，当有多个文档打开时，文档标签出现在绘图区上方，可以点取文档标签快速地切换当前文档。用户可以配置关闭文档标签，把屏幕空间还给绘图区。

5. 模型视口

Sun 通过简单的鼠标拖放操作，就可以轻松地操纵视口，不同的视口可以放置不同的视图。

（1）新建视口。当光标移到当前视口的 4 个边界时，光标形状发生变化，此时开始拖放，就可以新建视口。

提示：光标稍微位于图形区一侧，否则可能是改变其他用户界面，例如，屏幕菜单和图形区的分隔条和文档窗口的边界。

（2）改视口大小。当光标移到视口边界或角点时，光标的形状会发生变化。此时，按住鼠标左键进行拖放，可以更改视口的尺寸，通常与边界延长线重合的视口也随同改变，若不需改变延长线重合的视口，可在拖动时按住 Ctrl 键或 Shift 键。

6. 删除视口

更改视口的大小，使它某个方向的边发生重合（或接近重合），视口会自动被删除。

7. 放弃操作

在拖动过程中如果想放弃操作，可按 ESC 键取消操作。如果操作已经生效，则可以用 AutoCAD 的放弃（UNDO）命令处理。

5.3 建筑日照设置

建筑日照分析的量化指标是计算建筑窗户的日照时间，这需要在建筑布局确定之后才可以进行，而建设项目的规划是动态可变的，合理地修改拟建建筑的布局，可以改善已建建筑和拟建建筑的日照状况。因此，还需要一系列的辅助工具来帮助设计师进行建筑的布局规划。

5.3.1 日照标准

建筑日照标准是根据建筑物（场地）所处的气候区、城市规模和建筑物（场地）的使用性质，在日照标准日的有效日照时间带内阳光应直接照射到建筑物（场地）上的最低日照时数。

"日照标准"屏幕菜单命令：

【定制设置】→【日照标准】（RZBZ）

Sun用"日照标准"来描述日照计算规则，全面考虑了各种常用日照分析设置参数，以满足各地日照分析标准不相同的情况。用户根据项目所在地的日照规范建立日照标准，并且将其设为当前标准，用于规划项目的日照分析。"日照标准"设置对话框如图5.3所示。

（1）标准名称：本系统中默认包含了几个常用日照标准，用户可以根据工程所在地的地方日照规定设定下列参数自建标准，然后命名存盘。

（2）有效入射角：有三种设定方式。

1）设定日光光线与含窗体的墙面之间的最小水平投影方向夹角。

2）根据窗宽和窗体所在墙的墙厚计算日光光线照入室内的最小夹角。

3）按上海市政府规定的表格内容执行。

（3）累计方法。

1）总有效日照（累计）：以"最长时段不小于××分钟时，累计不小于××分钟的时段"为条件，提供三种方式：

• 全部：累计满足条件的所有有效日照时间段。

• 最长两段：累计满足条件的最长两段有效日照时段。

• 最长三段：累计满足条件的最长三段有效日照时段。

提示：不满足条件时，不累计时段。

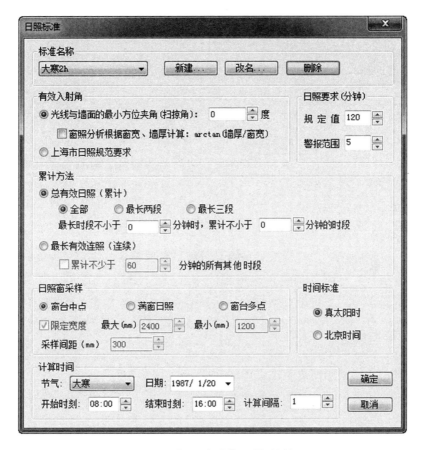

图 5.3　"日照标准"设置对话框

2）最长有效连照（连续）。

• 不勾选"累计不少于××分钟的所有其他时段"时，只计算最长一段时段。

• 勾选"累计不少于××分钟的所有其他时段"时，则在计算最长一段时段的基础上，把满足条件的所有其他时段累计进来。

（4）日照窗采样：有三种采样方法。

1）窗台中点：当日光光线照射到窗台外侧中点处时，本窗的日照即算作有效照射。

2）满窗日照：当日光光线同时照射到窗台外侧两个下角点时，算作本窗的有效照射。

3）窗台多点：当日光光线同时照射到窗台多个点时，算作本窗的有效照射。

（5）计算时间：进行日照分析的日期、时间段及计算间隔设置。

1）日期：计算采用的节气日期。

2）时间段：开始时刻和结束时刻。大寒日 8：00～16：00，冬至日 9：00～15：00。

3）计算间隔：间隔多长时间计算一次。计算间隔越小结果越精准，计算耗时也更多。

（6）时间标准：分为真太阳时和北京时间。所谓真太阳时是太阳连续两次经过当地观测点的上中天（正午 12：00，即当地当日太阳高度角最高之时）的时间间隔为 1 真太阳日，1 真太阳日分为 24 真太阳时，通常应使用真太阳时作为时间标准。

（7）日照要求：最终判断日照窗是否满足日照要求的规定日照时间，低于此值不合格，在日照分析表格中用红色标识。警报时间范围可以设置临界区域，即危险区域，接近不合格规定，在日照分析表格中用黄色标识。

5.3.2　地理位置

地理位置用于确定分析地点的经纬度。

单击主界面中的"城市"按钮，弹出主要城市的经度和纬度对话框，如图 5.4 所示。可选框中提供了全国大部分城市的经度和纬度。选择相应的城市，点击"确定"按钮，其经纬度值自动加入主界面对应的经度和纬度小框中。经

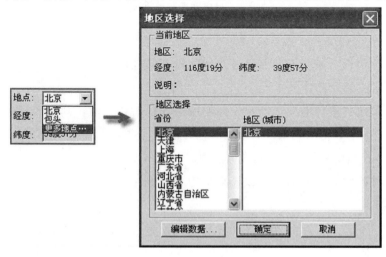

图 5.4　"地区选择"对话框

纬度单位为度、分、秒，显示时各单位之间用“:”隔开。在每个分析项中都有选择建筑物所在地理位置的选项。

Sun 用经纬度描述位置，用户可以点击“编辑数据”按钮来增加新的城市，如图 5.5 所示。

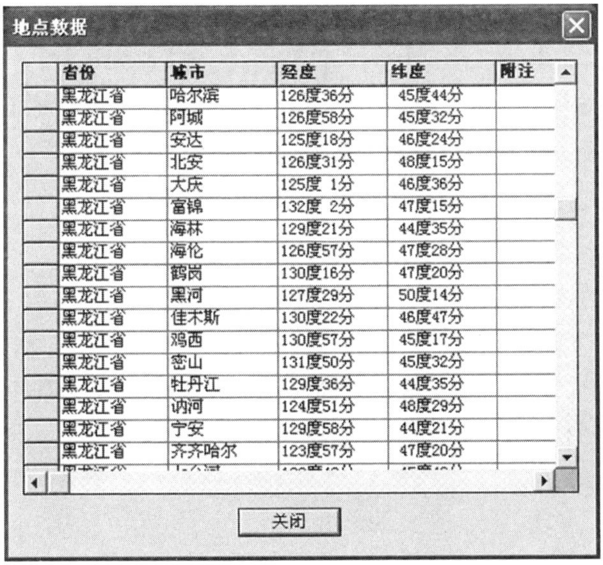

省份	城市	经度	纬度	附注
黑龙江省	哈尔滨	126度36分	45度44分	
黑龙江省	阿城	126度58分	45度32分	
黑龙江省	安达	125度18分	46度24分	
黑龙江省	北安	126度31分	48度15分	
黑龙江省	大庆	125度 1分	46度36分	
黑龙江省	富锦	132度 2分	47度15分	
黑龙江省	海林	129度21分	44度35分	
黑龙江省	海伦	126度57分	47度28分	
黑龙江省	鹤岗	130度16分	47度20分	
黑龙江省	黑河	127度29分	50度14分	
黑龙江省	佳木斯	130度22分	46度47分	
黑龙江省	鸡西	130度57分	45度17分	
黑龙江省	密山	131度50分	45度32分	
黑龙江省	牡丹江	129度36分	44度35分	
黑龙江省	讷河	124度51分	48度29分	
黑龙江省	宁安	129度58分	44度21分	
黑龙江省	齐齐哈尔	123度57分	47度20分	

图 5.5 编辑和增加新地理位置的“地点数据”对话框

如果城市经纬度列表中没有录入需要计算的城市，则可以在相应位置增加，也可以直接在主界面对应的经度和纬度小框中输入。

增加城市的方法是在城市所在的省名称上单击右键弹出“添加、编辑、删除”列表条，按提示操作即可。输入经度和纬度时，点击鼠标至相应经纬度的度、分、秒数字上，输入新值或按击键盘上的上下箭头移动键进行调整。

5.3.3 单位设置

“单位设置”的屏幕菜单命令：

【定制设置】→【单位设置】(DWSZ)

Sun 用于日照分析的建筑模型支持米制和毫米制两种单位制，“单位设置”命令可用来切换设置当前图形的单位制。

提示：“单位设置”命令只修改当前图形用于日照分析计算的系统变量，对图中已有的模型不进行缩放，若要改变已有模型的大小，请使用 AutoCAD

的"Scale"命令进行缩放,并且必须保证环境单位与模型尺寸单位一致,才能获得正确的日照分析结果。

5.3.4　比例设置

"比例设置"的屏幕菜单命令:

【定制设置】→【当前比例】(DQBL)→【改变比例】(GBBL)

无论是在屏幕上显示观察还是输出打印,比例的设置都是需要考虑的。日照分析通常与规划图相关,因此一般设置绘图比例为1∶500～1∶1000较为合适,图面上的标注符号显示将在正常范围内。

提示:线上日照和区域分析以数字符号中心的夹点为准,而等照时线以数字符号左下角的夹点为准。

"当前比例"命令:设置当前的比例,对设置后输入的注释类字符有效。

"改变比例"命令:改变模型空间中某一个范围的图形的出图比例,使其图形内的文字、符号等注释类对象与输出比例相适应,同时系统自动将其置为新的当前比例。

5.4　建筑日照建模

建筑日照建模是依据日照计算数据建立几何模型,模型的内容应包括计算范围内的遮挡建筑、被遮挡建筑(场地)、地形及其相互关系。

日照计算数据应符合表5.1的要求。

表 5.1　建筑日照计算数据

数据类别	数 据 内 容
地　形	地表轮廓数据
总平面	遮挡建筑、被遮挡建筑(场地)的平面定位,竖向设计高程,有日照要求的场地边界位置
建筑单体	遮挡建筑、被遮挡建筑(场地)的外轮廓,有日照要求建筑的户型与有计算需要的窗户定位,有日照要求建筑的首层室内坪高程

日照计算数据来源应包括测量数据、存档数据和报批数据,数据来源的选取顺序宜根据工程建设阶段,按表5.2确定。

表 5.2　　　　　　　　　　数据来源选取顺序

建设阶段	建筑实测图	建筑竣工图	地形图(1:500~1:2000)	建筑施工图	建筑方案图	修建性详细规划图	报批图
已建建筑	I	II	III	IV	—	—	—
在建建筑	—	—	—	I	II	—	—
已批未建建筑	—	—	—	I	II	III	—
规划拟建建筑	—	—	—	—	—	—	I

注　1. Ⅰ、Ⅱ、Ⅲ、Ⅳ表示优先选用的次序，当计算对象处于不同的建设阶段时，分别选取相应的数据来源。

2. 实测图应由具有测量资质的机构按现行国家标准测绘。

3. 表中的建筑实测图为测量数据，审批通过的修建性详细规划图、建筑方案图、建筑施工图、建筑竣工图、地形图为存档数据，待审批的各类报批图为报批数据。

下面结合软件对基本建模、屋顶坡地、体量模型及其编辑进行说明。

5.4.1　基本建模

日照模型最基本部分由建筑轮廓、日照窗、阳台构成。

1. 建筑高度

"建筑高度"的屏幕菜单命令：

【基本建模】→【建筑高度】（JZGD）

"建筑高度"命令用于创建代表建筑体量部分的建筑轮廓，主要有两个功能：一是把代表建筑物轮廓的闭合 PLINE 赋予一个给定高度和底标高，生成三维的建筑轮廓模型；二是对已有建筑轮廓重新编辑高度和标高。"建筑高度"建模功能不能为模型命名和编组，但编辑已有建筑轮廓时已经命名和编组的信息将保留。

建筑高度表示的是竖向恒定的拉伸值，如果一个建筑物的高度分成几部分参差不齐，可分别赋给高度。圆柱状甚至是悬空的遮挡物，都可以用"建筑高度"命令建立。生成的三维建筑轮廓模型属于平板对象，用户也可以用建筑设计 Arch 中的【平板】建模，放在规定的图层即可。用户还可以调用 OPM 特性表设置 PLINE 的标高（ELEVAION）和高度（THICKNESS），并放置到规定的图层上作为建筑轮廓。

建筑轮廓的平面形态上用闭合线段描述，可用夹点拖拽或与闭合的 PLINE 做布尔运算进行编辑；竖向上则用底标高、顶标高和高度描述，【模型

检查】→【标高开/关】（或【高度开/关】）用
于控制是否显示这三个参数。当开关打开时，
从俯视图上可看到底标高、高度和顶标高数
值，直接点击修改标高和高度参数，模型同步
联动自动更新，也可以双击进行对象编辑改变
高度和标高，如图 5.6 所示。

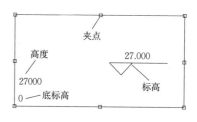

图 5.6 建筑轮廓的编辑

2. 创建模型

"创建模型"的屏幕菜单命令：

【基本建模】→【创建模型】（CJMX）

"创建模型"命令与"建筑高度"命令相似，也是创建建筑轮廓的工具。
不同的是，"创建模型"命令交互在对话框上实现，且支持建筑命名和编组，如
图 5.7 所示。模型按对话框中的建筑高度和底部标高生成，建筑名称和编组名称
不是必填项目，如果填写就附带完成了命名和编组，否则为无名无组模型。

图 5.7 "创建模型"对话框

3. 绘女儿墙

"绘女儿墙"的屏幕菜单命令：

【基本建模】→【绘女儿墙】（HNEQ）

"绘女儿墙"命令在建筑轮廓顶部的边线上自动绘制女儿墙，生成的女儿
墙闭合且外皮与建筑轮廓平齐。

4. 导入建筑

"导入建筑"的屏幕菜单命令：

【基本建模】→【导入建筑】（DRJZ）

"导入建筑"命令支持导入建筑设计 Arch 绘制的完整建筑模型，支持内
部楼层表和外部楼层表（楼层框）两种情况。

导入建筑的必要条件如下：

（1）建筑图中每层都有建筑轮廓对象。

（2）有正确的楼层表（内部楼层表或楼层框），层号无重叠、无间断。

5. 多层阳台

"多层阳台"的屏幕菜单命令：

【基本建模】→【多层阳台】（DCYT）

"多层阳台"命令创建阳台模型，当需要阳台参与日照分析时采用本命令创建阳台。软件提供四种绘制方式，可根据重复层数一次创建同列的 N 层阳台。"阳台"对话框如图 5.8 所示。

图 5.8　"阳台"对话框

软件提供的四种绘制方式简介如下：

（1）直线阳台：绘制平行于直外墙的直线型阳台，适于直墙。从阳台的起点到终点为阳台长度，对话框上的挑出距离为阳台偏移出墙距离。

（2）偏移生成：绘制从外墙向外等距偏移的阳台，适合沿任意形状的墙体，如图 5.9 所示。

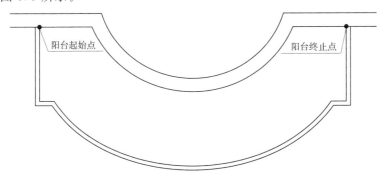

图 5.9　外墙偏移生成的阳台平面图

（3）基线生成：绘制任意形状的阳台，适于各种形状墙体。依据事先绘制的 PLINE 作为阳台轮廓线与墙体外边线围成的区域生成阳台，起始点和终止点需落在外墙的外皮上。这种方式适用范围比较广，可创建直线阳台、转角阳台、阴角阳台、凹阳台、弧线阳台等复杂形状的阳台。

（4）自绘阳台：这种方式与"基线生成"方式的本质是一样的，区别在于这种方式的 PLINE 阳台轮廓线"现用现绘"，而不是事先绘制好的，如图 5.10 所示。

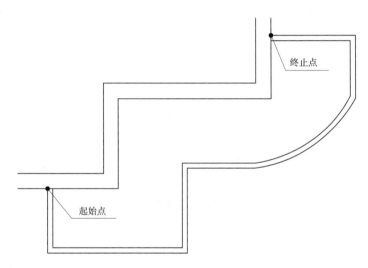

图 5.10 "现用现绘"阳台平面图

设置"阳台"对话框的操作要点如下：

（1）设置阳台参数。

（2）确定重复层数和层高。

（3）根据需要，在四种绘制方式中选择一种方式。

6. **顺序插窗**

"顺序插窗"的屏幕菜单命令：

【基本建模】 → 【顺序插窗】（SXCC）

在建筑物轮廓上点取某个边，在这个边所代表的面上按顺序插入一系列日照窗，并附有编号。对于立面凸凹不平的建筑物，每面墙上需要单独插入，不可连续。点取轮廓边线后，弹出"顺序插窗"对话框，如图 5.11 所示。

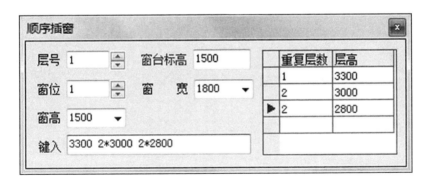

图 5.11　"顺序插窗"对话框

（1）对话框选项和操作解释：

1）层号和窗位：框内数值为本次插入的日照窗的起始编号，其他所有的日照窗以此为起始号顺序排列，编号格式为"层号－窗位"，如"8－2"表示8层2号位的窗户。可以在三维或立面视图中查看编号情况，平面图中仅显示窗位号。插入时，窗位号框内的序号随插入而递增更新，下次插入时可不必设置接着进行。

2）重复层数：插入的日照窗按给定层高生成的层数，表中自上而下对应1，2，…

3）窗台标高：首层日照窗台距建筑轮廓底部的高度。

4）层高：楼层高度，相邻两层日照窗的间距，支持不等层高。

5）窗高：插入的日照窗高度。

6）窗宽：插入的日照窗宽度。

（2）操作步骤：

1）点取体量模型的外墙线，系统搜索出插入起点。

2）在对话框上填入正确的数据。

3）命令行提示：

输入窗间距或［点取窗宽（W）/取前一间距（D）］：（按需要输入数值、字母或在图中点取）

4）可以一次插入单层、等高多层和不等高多层。

图 5.12 为建筑轮廓和日照窗模示意图。

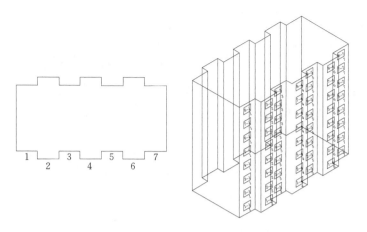

图 5.12   建筑轮廓和日照窗模示意

7. 两点插窗

"两点插窗"的屏幕菜单命令：

【基本建模】→【两点插窗】（LDCC）

在建筑物轮廓上把窗台的左起始点到右结束点作为窗宽（面向室内），以对话框给定的层号和窗位作为起始编号，插入一系列日照窗。这种方式特别适合满墙插窗。图 5.13 为"两点插窗"对话框。

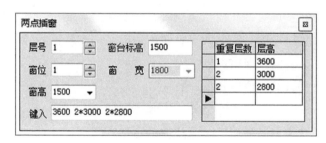

图 5.13   "两点插窗"对话框

8. 等分插窗

"等分插窗"的屏幕菜单命令：

【基本建模】→【等分插窗】（DFCC）

本命令在一面墙上按给定的数量均等插入一组日照窗。起始和终止的间距等于中间间距的一半，如图 5.14 所示。

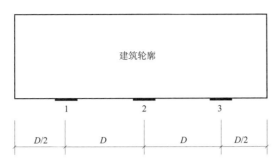

图 5.14 等分插窗示意

9. 映射插窗

"映射插窗"的屏幕菜单命令：

【基本建模】→【墙面展开】（QMZK）

【基本建模】→【映射插窗】（YSCC）

本组命令分为两步插日照窗，"墙面展开"把建筑轮廓的某个墙面按立面展开，在展开的矩形轮廓内绘制日照窗，"映射插窗"命令把这些窗逐层地映射到墙面上，如图 5.15 所示。

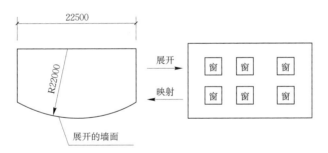

图 5.15 映射插窗示意

点取准备插窗的墙面后生成一个矩形，其高度等于建筑模型的高度，宽度等于点取的这个边的展开长度，在展开的立面上用 PLINE 闭合矩形布置立面窗，再用"映射插窗"命令把日照窗映射到三维模型上，窗编号按自下而上、自左而右的顺序自动编排，如图 5.16 所示。

"映射插窗"功能通常用于行列不规则的日照窗建模，或将实测日照窗映射到建筑模型上。

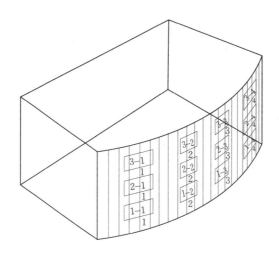

图 5.16 映射插入的日照窗

10. **投影插窗**

"投影插窗"的屏幕菜单命令：

【基本建模】→【提取立面】（TQLM）

【基本建模】→【投影插窗】（TYCC）

本组命令利用已有建筑立面图为日照模型插窗，相当于生成建筑立面图的反过程，"投影插窗"和"映射插窗"的区别在于，投影不展开墙面而是按某个视向将建筑立面图中的窗投射到墙面上。

操作要点如下：

（1）利用"提取立面"命令生成建筑轮廓某个视向的立面轮廓线。

（2）将生成的立面轮廓线重叠置于建筑立面图上。

（3）执行"投影插窗"命令，并按提示交互操作。

请选取建筑轮廓线＜退出＞：（选取准备插窗的建筑轮廓）

请输入立面方向＜正立面＞：（确定立面图投影到建筑轮廓上的方向）

立面展开图的左下角点＜退出＞：（选取立面轮廓线的左下角）

输入起始窗号＜1＞：（插入的日照窗起始编号）

输入起始层号或［自动确定层号（A）］＜1＞：（输入始层号，也可自动排好）

（4）选择待映射的窗轮廓：选取建筑立面图上的立面窗，投影插窗的结果如图 5.17 所示。

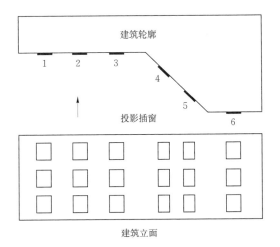

图 5.17　投影插窗示意

11. 窗属轮廓

"窗属轮廓"的屏幕菜单命令：

【基本建模】→【窗属轮廓】（CSLK）

"窗属轮廓"命令用于定义某部分建筑轮廓附属于某日照窗，定义后该建筑轮廓对该日照窗的遮挡忽略不计。该命令一般用于转角型窗户简化后的日照窗与转角处建筑轮廓的定义，采用这种计算方法的有上海、杭州、宁波、无锡、东莞、合肥等地。

图 5.18 中的 5 号转角窗原本是 L 形，按一般的日照标准可简化成如图形式，先将建筑命名为 A 和 B 两部分，然后用本功能定义 5 号窗附属于建筑轮廓 B，则轮廓 B 对 5 号窗的遮挡忽略不计，但仍保留对其他建筑轮廓的遮挡。

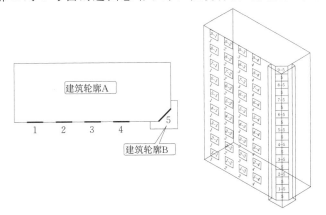

图 5.18　窗属轮廓实例

5.4.2 屋顶坡地

1. 人字坡顶

"人字坡顶"的屏幕菜单命令：

【屋顶坡地】→【人字坡顶】（RZPD）

以闭合的 PLINE 为边界，按给定的屋脊位置，生成标准人字坡屋顶。"人字坡顶"对话框如图 5.19 所示。屋顶坡面的坡度可输入角度或坡度，可以指定屋脊的标高值。由于允许两坡具有不同的底标高，因此使用屋脊标高来确定屋顶的标高。

图 5.19 "人字坡顶"对话框

绘制人字坡顶的操作步骤如下：

（1）准备一封闭的 PLINE 作为人字屋顶的边界。

（2）执行命令，在对话框中输入屋顶参数，在图中点取 PLINE。

（3）分别点取屋脊线起点和终点，如取边线则为单坡屋顶。

理论上只要是闭合的 PLINE 就可以生成人字坡屋顶，用户依据屋顶的设计需求确定边界的形式，也可以生成屋顶后，使用右键中的"布尔编辑"菜单对人字坡屋顶与闭合的 PLINE 进行布尔运算生成复杂的屋顶。图 5.20 为单个的人字坡屋顶，图 5.21 为组合的人字坡屋顶。

图 5.20 单个的人字坡屋顶

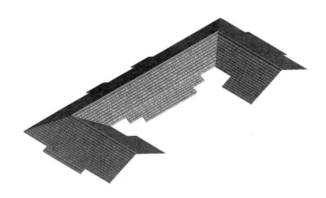

图 5.21　组合的人字坡屋顶

2. 多坡屋顶

"多坡屋顶"的屏幕菜单命令：

【屋顶坡地】→【多坡屋顶】（DPWD）

由封闭的任意形状 PLINE 线生成指定坡度的坡形屋顶，可采用对象编辑单独修改每个边坡的坡度，以及用限制高度切割顶部为平顶形式。

操作步骤如下：

（1）准备一封闭的 PLINE 作为屋顶的边线。

（2）执行命令，在图中点取 PLINE。

（3）给出屋顶每个坡面的等坡坡度或接受默认坡度，回车生成。

（4）选中"多坡屋顶"菜单，通过右键"对象编辑"命令进入"坡屋顶"对话框，如图 5.22 所示，进一步编辑坡屋顶的每个坡面，还可以通过屋顶的夹点修改边界。

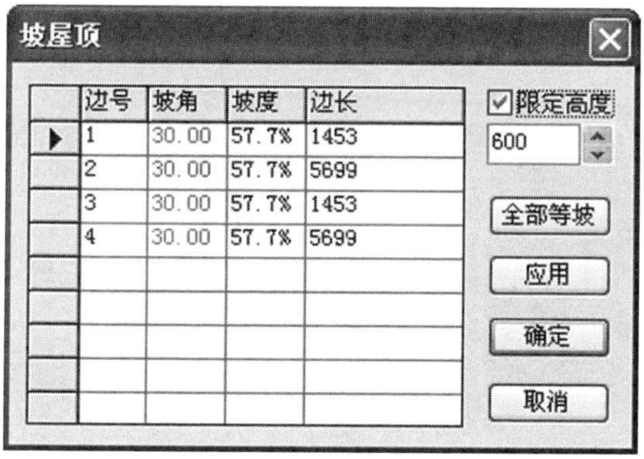

坡屋顶

	边号	坡角	坡度	边长
▶	1	30.00	57.7%	1453
	2	30.00	57.7%	5699
	3	30.00	57.7%	1453
	4	30.00	57.7%	5699

☑限定高度

600

全部等坡

应用

确定

取消

图 5.22　"坡屋顶"对话框

在"坡屋顶"对话框中，列出了屋顶边界编号和对应坡面的几何参数。单击电子表格中某边号一行时，图中对应的边界用一个红圈实时响应，表示当前处理对象是这个坡面。用户可以逐个修改坡面的坡角或坡度，修改完后点取"应用"按钮使其生效。"全部等坡"能够将所有坡面的坡度统一为当前的坡面。坡屋顶的某些边可以指定坡角为 90°，对于矩形屋顶，表示双坡屋面的情况。图 5.23 为标准多坡屋顶。

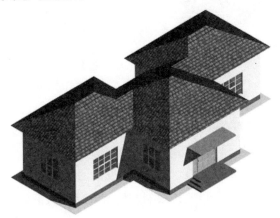

图 5.23　标准多坡屋顶

在"坡屋顶"对话框中，勾选"限定高度"可以将屋顶在该高度上切割成平顶，效果如图 5.24 所示。

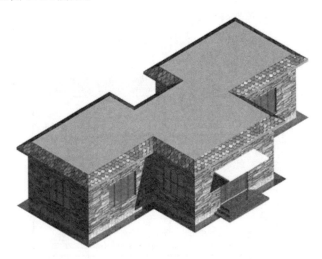

图 5.24　多坡屋顶限定高度后成为平屋顶

3. 歇山屋顶

"歇山屋顶"的屏幕菜单命令：

【屋顶坡地】→【歇山屋顶】（XSWD）

本命令按对话框给定的参数，用鼠标拖动在图中直接建立歇山屋顶。"歇山屋顶"对话框如图 5.25 所示。

图 5.25　"歇山屋顶"对话框

（1）对话框选项和操作解释：

1）檐标高：檐口上沿的标高。

2）屋顶高：屋脊到檐口上沿的竖向距离。

3）歇山高：歇山底部到屋脊的竖向距离。

4）主坡度：屋面主坡面的坡角，单位角度或坡度。

5）侧坡度：屋面侧坡面的坡角，单位角度或坡度。

歇山屋顶参数的意义如图 5.26 所示。

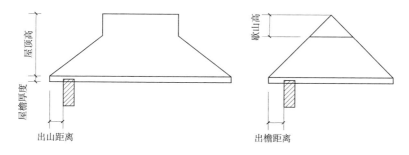

图 5.26　歇山屋顶参数的意义

（2）命令交互：

点取主坡的左下角点＜退出＞：（点取主坡的左下角点，位置如图 5.27 所示）

点取主坡的右下角点＜退出＞：（点取主坡的右下角点，位置如图 5.27 所示）

点取侧坡角点＜退出＞：（点取侧坡角点，位置如图 5.27 所示）

歇山屋顶创建时点取的参考点如图 5.27 所示，歇山屋顶的三维表现如图 5.28 所示。

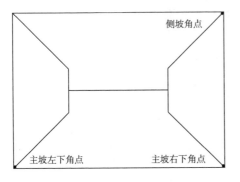

图 5.27　歇山屋顶创建时点取的参考点示意

图 5.28　歇山屋顶的三维表现

4. 线转屋顶

"线转屋顶"的屏幕菜单命令：

【屋顶坡地】→【线转屋顶】（XZWD）

"线转屋顶"命令将由多个直线段构成的二维屋顶转成三维屋顶模型（PFACE）。

命令交互：

选择二维的线条（LINE/PLINE）：（选择组成二维屋顶的线段，最好全选，以便一次完整生成）

设置基准面高度＜0＞：（输入屋顶檐口的标高，通常为 0）

设置标记点高度（大于 0）＜1000＞：（系统自动搜索除了周边之外的所有交点，用绿色 X 提示，给这些交点赋予一个高度）

设置标记点高度（大于 0）＜1000＞：

继续赋予交点一个高度…

是否删除原始的边线？［是（Y）/否（N）］＜Y＞：（确定是否删除二维的线段）

命令结束后，二维屋顶转成了三维屋顶模型，如图 5.29 所示。

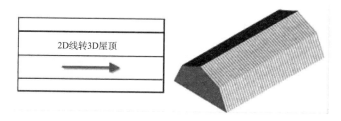

图 5.29　二维屋顶转成三维屋顶模型

5. 攒尖屋顶

"攒尖屋顶"的屏幕菜单命令：

【屋顶坡地】→【攒尖屋顶】（CJWD）

"攒尖屋顶"命令依据给定参数生成对称的正多边锥形攒尖屋顶。"攒尖屋顶"对话框如图 5.30 所示。

"攒尖屋顶"对话框中的选项一看即明，在此不再解释，一般需要下部墙体确定之后再设计屋顶，按要求输入参数，在图中拖动可即时预览攒尖屋顶，点击即生成。攒尖屋顶三维样式如图 5.31 所示。

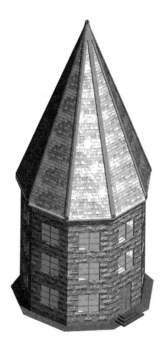

图 5.30　"攒尖屋顶"对话框　　　　图 5.31　攒尖屋顶三维样式

图 5.32 屋顶齐墙示意

6. 屋顶齐墙

"屋顶齐墙"的屏幕菜单命令：

【屋顶坡地】→【屋顶齐墙】（WDQQ）

通常新创建的屋顶标高（底面或屋脊）等于 0，采用"屋顶齐墙"命令将屋顶的屋面板底部与建筑轮廓的某个边上下对齐，也就是把屋顶放到建筑轮廓上，如图 5.32所示。

操作要点：

（1）选取要对齐的屋顶。

（2）再选取屋顶要对齐的建筑轮廓某个边。

7. 坡地模型

屏幕菜单命令：

【屋顶坡地】→【坡地模型】（PDMX）

"坡地模型"命令以一系列等高线（PLINE 或 SPLINE）及其标高值为依据生成坡地模型，如图 5.33 所示。坡地对象的图层没有要求，等高线不能为闭合线。

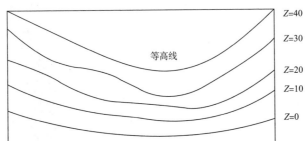

等高线生成坡地模型

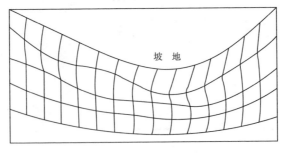

图 5.33 坡地模型

操作要点：

（1）按命令行提示，由低至高顺序选取等高线（PLINE 或 SPLINE 不能为闭合线）。

（2）输入或默认等高线标高，系统按前次高差计算当前默认标高。

（3）"改线密度"修改网格横向的密度，其值表示一根等高线被等分的份数，默认为 15。

（4）坡地建好后，修改参与分析的建筑轮廓底部标高使其置于坡地之上。

5.4.3　体量模型及其编辑

5.4.3.1　体量模型

软件提供四种创建实体的方法：①根据基本实体形（长方体、圆锥体、圆柱体、球体、圆环体和楔体）创建实体；②通过对截面拉伸的方式创建实体；③截面沿路径放样形成实体；④通过使截面绕固定轴旋转形成实体。

1. **基本形体**

"基本形体"的屏幕菜单命令：

【体量建模】→【基本形体】（JBXT）

通过屏幕选定和手工输入等方式给出形体参数，建立基本的实体模型。形体参数由对话框统一定义。

命令交互和回应：执行命令后出现如图 5.34 所示的对话框。

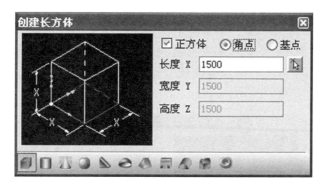

图 5.34　创建基本形体对话框

（1）创建基本形体对话框的组成。

1）形体选择部分：在这里可以选择需要创建的基本形体，包括长方体、圆柱体、圆台体、球体、楔体、球缺、四棱锥、桥拱体、圆拱体、山墙、圆环体。

2）实体参数部分：这部分针对不同的基本形体给出了不同的形体参数、定位及选项信息。例如，绘制长方体时给出的参数有定位信息（角点、基点）、形体参数（长度 X、宽度 Y、高度 Z）、选项信息（是否为正方体，如果是，相应的参数信息就会发生变化）。

3）实体图示部分：这部分给出了实体参数、定位信息与实际形成的实体的对应关系。

（2）创建长方体（见图 5.35）。

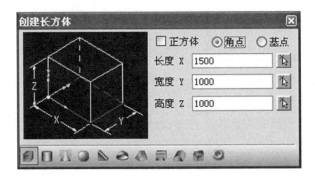

图 5.35　"创建长方体"对话框

1）"正方体"：勾选该复选框，表示强制以 X 长度为边长定义一个正方体，此时参数"宽度 Y、高度 Z"变成不可用。

2）"角点"/"基点"：互锁按钮，决定长方体的插入基点，角点是长方体底面的左下角点，基点是长方体底面的中点。

3）"长度/宽度/高度"：长方体沿 X、Y、Z 方向的边长。单击右侧按钮可以进入屏幕，点取两点可获得长度。

（3）创建圆柱体（见图 5.36）。

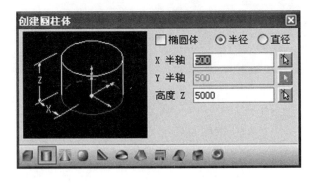

图 5.36　"创建圆柱体"对话框

1）"椭圆体"：勾选后当前图形定义的是椭圆体参数，此时参数"Y 半轴"变成可用。

2）"半径"／"直径"：互锁按钮，决定输入的参数 X、Y 为半径还是直径。

3）"X 半轴"：圆柱体的半径或直径长度，选中直径时显示为"X 轴"，当椭圆体选项被选中后表示椭圆体 X 方向长度。

4）"Y 半轴"：椭圆体的 Y 方向长度，选中直径时显示为"Y 轴"。

5）"高度 Z"：圆柱体的高度。

（4）创建圆台体（见图 5.37）。

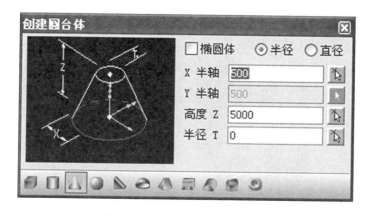

图 5.37　"创建圆台体"对话框

1）"椭圆体"：勾选时该复选框，表示当前图形定义的是椭圆台体参数，此时参数"Y 半轴"变成可用。

2）"半径"／"直径"：互锁按钮，决定输入的参数 X、Y 为半径还是直径。

3）"X 半轴"：圆台体底面的半径或直径长度，选中直径时显示为"X 轴"。当"椭圆体"选项被选中后表示椭圆台体底面 X 方向长度。

4）"Y 半轴"：椭圆台体底面的 Y 方向长度，选中直径时显示为"Y 轴"。

5）"半径 T"：圆台体顶面的半径或直径长度，选中直径时显示为"直径 T"。当"椭圆体"选项被选中后表示椭圆台体顶面 X 方向长度。

提示：顶面与底面两半轴比例相同。

6）"高度 Z"：圆台体的高度。

（5）创建球体（见图 5.38）。

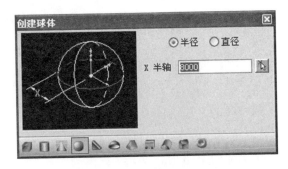

图 5.38 "创建球体"对话框

1）"半径"/"直径"：互锁按钮，决定输入的参数 X 为半径还是直径。

2）"X 半轴"：球体的半径或直径长度，选中直径时显示为"X 轴"。

（6）创建楔体（见图 5.39）。

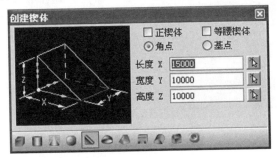

图 5.39 "创建楔体"对话框

1）"正楔体"：勾选该复选框表示当前图形定义的是正楔体参数。

2）"等腰楔体"：勾选该复选框表示当前图形定义的是等腰楔体参数。

3）"长度"/"宽度"/"高度"：楔体三个坐标方向上的长度。

（7）创建球缺（见图 5.40）。

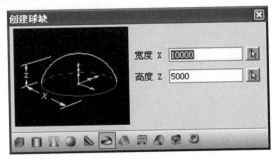

图 5.40 "创建球缺"对话框

1）"宽度 X"：指球缺直径。

2）"高度 Z"：指球缺高度。

（8）创建四棱锥（见图 5.41）。

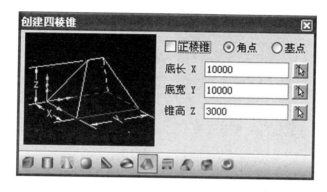

图 5.41 "创建四棱锥"对话框

1）"正棱锥"：勾选该复选框表示当前图形定义的是正四棱锥参数。

2）"角点" / "基点"：互锁按钮，决定四棱锥的插入基点，角点是四棱锥底面的左下角点，基点是四棱锥底面的中点。

3）"底长 X" / "底宽 Y" / "锥高 Z"：四棱锥三个坐标方向上的长度。

（9）创建桥拱体（见图 5.42）。

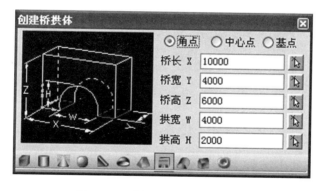

图 5.42 "创建桥拱体"对话框

1）"角点" / "中心点" / "基点"：互锁按钮，决定桥拱体的插入基点，角点是桥拱体底面的左下角点，中心点是桥拱体底面的中点，基点是指桥拱侧面中心点。

2）"桥长 X" / "桥宽 Y" / "桥高 Z"：桥拱体三个坐标方向上的长度。

3)"拱宽 W"/"拱高 H":桥拱体的洞口宽度 W 和高度 H。

(10)创建圆拱体（见图 5.43）。

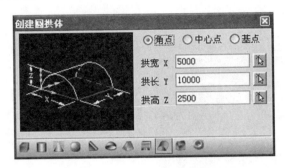

图 5.43 "创建圆拱体"对话框

1)"角点"/"中心点"/"基点":互锁按钮,决定圆拱体的插入基点,角点是圆拱体底面的左下角点,中心点是圆拱体底面的中点,基点是指圆拱侧面中心点。

2)"拱宽 X"/"拱长 Y":圆拱体 X、Y 坐标方向上的长度。

3)"拱高 Z":圆拱体的高度。

(11)创建山墙（见图 5.44）。

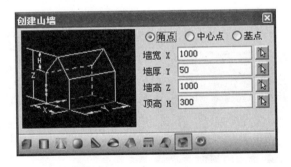

图 5.44 "创建山墙"对话框

1)"角点"/"中心点"/"基点":互锁按钮,决定山墙的插入基点,角点是山墙底面的左下角点,中心点是山墙底面的中点,基点是指山墙侧面中心点。

2)"墙宽 X"/"墙厚 Y":山墙 X、Y 坐标方向上的长度。

3)"墙高 Z"/"顶高 H":山墙的整体高度和山墙中坡顶部分的高度。

(12)创建圆环体（见图 5.45）。

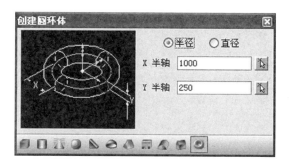

图 5.45 "创建圆环体"对话框

1)"半径"/"直径":互锁按钮,决定输入的参数 X、Y 为半径还是直径。

2)"X 半轴":圆环体半径,选中直径时显示为"X 轴"。

3)"Y 半轴":圆环体截面半径,选中直径时显示为"Y 轴"。

2. **截面拉伸**

"截面拉伸"的屏幕菜单命令:

【体量建模】→【截面拉伸】(JMLS)

"截面拉伸"命令通过对截面拉伸的方式创建实体。

执行命令,依命令行提示选取闭合的拉伸截面曲线,出现如图 5.46 所示的对话框。

图 5.46 "创建拉伸实体"对话框

(1)"高度 H":拉伸形成实体的高度。

(2)"锥度 T":拉伸方向与 Z 轴正向的角度,即起点到终点的延伸方向角度。

(3)"删除截面曲线":是否在完成拉伸生成实体后把定义实体形状的截面

曲线删除。

（4）"单向"/"双向"：互锁按钮，分别表示沿 Z 轴单向生成实体和沿 Z 轴正负双向生成实体。

在对话框中输入参数后，可以单击预览按钮观察实体生成效果，满意后确定生成拉伸实体，图 5.47 为沿 Z 轴单向和双向生成的实体。

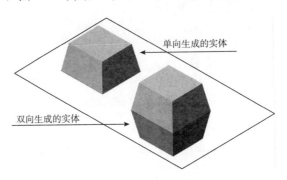

图 5.47　单向和双向拉伸生成的实体

3. 截面旋转

"截面旋转"的屏幕菜单命令：

【体量建模】→【截面旋转】（JMXZ）

"截面旋转"命令通过使闭合截面曲线绕某个固定轴旋转形成回旋实体。

执行命令，依命令行提示选取闭合的旋转截面曲线后，出现如图 5.48 所示的对话框。

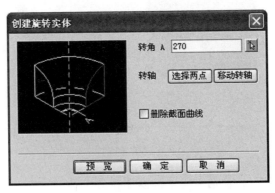

图 5.48　"创建旋转实体"对话框

（1）"转角 A"：实体旋转的圆心角，可以是正值或者负值。单击右侧按钮可以进入屏幕点取两点，起点到终点的延伸方向角度就是所获得的角度。

（2）"选择两点"：在图上取两点定义转轴方向，起点和终点的延伸方向决定了旋转的方向。

（3）"移动转轴"：移动转轴位置（已选择有效转轴时起作用）。

（4）"删除截面曲线"：决定是否在完成旋转生成实体后把闭合截面曲线删除。

在对话框中输入参数后，单击"确定"按钮完成命令，生成旋转实体。图 5.49是旋转正负角度形成的实体。

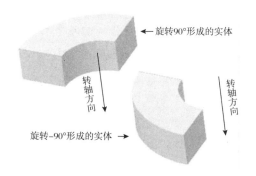

图 5.49　旋转正负角度形成的实体

4. 截面放样

"截面放样"的屏幕菜单命令：

【体量建模】→【截面放样】（JMFY）

"截面放样"命令通过使闭合截面曲线沿放样路径曲线放样扫描形成实体。执行命令后弹出如图 5.50 所示的对话框。

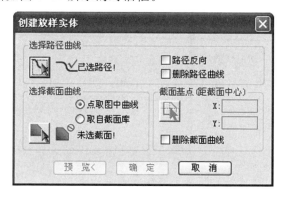

图 5.50　"创建放样实体"对话框

"创建放样实体"对话框界面参数及操作类似于路径曲面，在此不再详述。

5.4.3.2　体量模型的编辑

1. 布尔运算

"布尔运算"与"布尔编辑"操作的方法类似，但适用的范围不同，前者是针对三维实体模型，后者是用于二维对象。

（1）并集。

"并集"的屏幕菜单命令：

【体量建模】→【实体并集】（STBJ）

对实体进行并集运算可以生成复合实体，同样，也可以对复合实体进行并集运算。如果进行并集运算的实体间有部分重叠的关系，那么获得的复合实体将保留原有实体相交部分的相贯线；如果实体间没有部分重叠的关系，那么生成的复合实体在逻辑上仍然是一个整体，类似于图块中的一个对象。

并集操作前后的结果如图 5.51 所示。

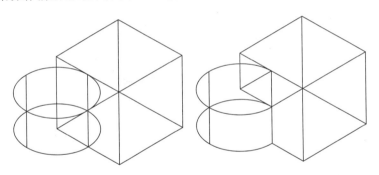

图 5.51　并集操作前后对比

（2）差集。

"差集"的屏幕菜单命令：

【体量建模】→【实体差集】（STCJ）

对实体进行差集运算可以生成复合实体，同样，也可以对复合实体进行差集运算。执行该命令的过程中需要用户指定源实体和被减去的实体。在选择源实体和被减去的实体时可以分别选择多个，这时是指把多个源实体和多个被减实体当作一个整体，首先把多个源实体进行并集运算生成一个复合实体，然后这个复合实体再分别与多个被减实体作差集运算。

提示： 只有在实体之间有重叠部分的时候，操作才有意义。

差集操作前后的效果如图 5.52 所示。

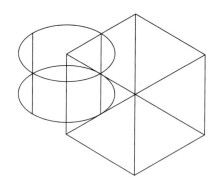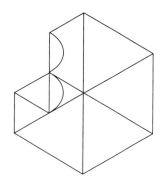

图 5.52　差集操作前后对比

（3）交集。

"交集"的屏幕菜单命令：

【体量建模】→【实体交集】（STJJ）

对实体进行交集运算可以生成复合实体，同样，也可以对复合实体进行交集运算。如果实体间有重叠的部分，那么运算的结果就是重叠的部分；如果实体间没有重叠的部分，那么交集的运算结果为 0，即删除所选择的实体。

交集操作前后的结果如图 5.53 所示。

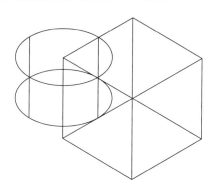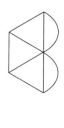

图 5.53　交集操作前后对比

2. 对象编辑

可以通过通用的对象编辑命令进行实体编辑，修改实体参数，控制实体外形。基本形体的编辑对话框中各控件和参数意义与创建该类形体时的对话框相同，用户可以对其中的各个参数进行修改，具体操作不再详述。

编辑复合实体时，用户可以顺序选择组成复合实体的单个实体，对其进行参数编辑。以由6个基本实体组成的复合实体为例，其编辑对话框如图5.54所示。

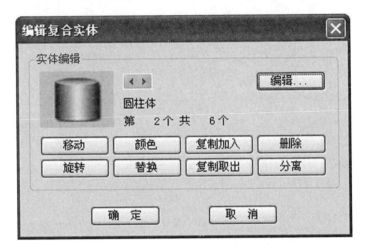

图 5.54　"编辑复合实体"对话框

（1）"◀▶"：顺序选择组成复合实体的单元实体对象，使其成为当前被编辑对象。

（2）"编辑"：进入此单元实体编辑对话框，编辑当前选择的单元实体。

（3）"移动"：临时分离当前单元实体，移动单元实体，改变单元实体在复合实体中的位置。

（4）"旋转"：临时分离当前单元实体，使单元实体绕某点旋转，从而改变单元实体在复合实体中的位置。

（5）"颜色"：改变当前单元实体的颜色。

（6）"替换"：选择某个实体替换当前单元实体。

（7）"复制加入"：临时分离当前单元实体，复制后，加入复合实体中。

（8）"复制取出"：临时分离当前单元实体，复制后，不加入复合实体中。

（9）"删除"：删除当前单元实体。

（10）"分离"：把当前单元实体从复合实体中分离出来。

3. **实体切割**

"实体切割"的屏幕菜单命令：

【体量建模】→【实体切割】（STQG）

"实体切割"命令可沿某个切割面把实体切割为两部分，从而创建用户

116

需要的复合实体，切割面可以通过两点或三点来确定，对话框如图 5.55 所示。

图 5.55 "切割实体"对话框

（1）"两点确定"：在平面上点取两点定义一个垂直当前视图的切割面。

（2）"三点确定"：在空间上通过点取三点定义一个切割面。

4. 分离最近

"分离最近"的屏幕菜单命令：

【体量建模】→【分离最近】（FLZJ）

"分离最近"命令取消复合实体最近一次的布尔运算，并把最近参与运算的各个实体分离。如果在执行分割实体后执行本命令，会恢复被分割的实体，同时把原来舍弃的部分分离。

5. 完全分离

"完全分离"的右键菜单命令：

〈选中实体〉→【完全分离】（WQFL）

"完全分离"命令能够把组成复合实体的各个单元实体分离出来。实例如图 5.56 所示。

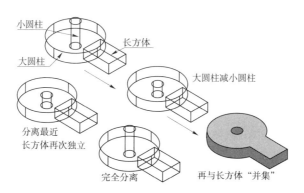

图 5.56 "分离最近"及"完全分离"命令实例

6. 去除参数

"去除参数"的右键菜单命令：

〈选中实体〉→【去除参数】（QCCS）

"去除参数"命令将 Arch 基本形体实体以及经过布尔运算的复合实体除去 Arch 特征和编辑的历史记录，转变成 ACAD 普通对象 3Dsolid，仍然可以进行布尔运算。

5.5 命名与编组

5.5.1 日照窗编号

日照窗的编号在创建时自动产生，但可能有重号或排序不连贯，在正式进行日照窗分析前，需要保证这些编号的正确性，如有混乱需要进行再编辑。

完整的窗编号由位号和层号表示，位号代表平面上的位置，层号代表竖向的位置。在一个日照窗上有三个数字，立面上的格式为"X－Y"，X 为层号，Y 为位号，平面上只有位号 Y，如图 5.57 所示。成组的日照窗默认编号排序是从左到右、从下到上。

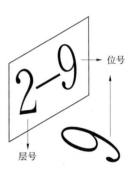

图 5.57 日照窗的编号

1. 修改窗号

"修改窗号"的屏幕菜单命令：

【命名编组】→【改窗层号】（GCCH）

【命名编组】→【改窗位号】（GCWH）

"改窗层号"和"改窗位号"这两个命令用于编辑已有日照窗的层号或位号，既可以单个编辑也可以成组编辑。当需要修改单个窗号时，为了方便选取，可在三维视图下操作。

2. 重排窗号

"重排窗号"的屏幕菜单命令：

【命名编组】→【重排窗号】（CPCH）

"重排窗号"命令可重新排列一个或多个建筑物轮廓上给定的日照窗编号。选择一组日照窗后回车，本命令即将所有窗户重新排序编号。如果要对同一建筑不同朝向的窗进行分析，必须确保每个窗编号是唯一的，插入后进行本命令的操作，使日照窗计算后生成的表格中，不会因为窗编号相同产生混淆。图5.58（a）是重排窗号前的图示，同一自然层窗号是重复的，经过窗号重排后，同一层窗号就是唯一的了，如图5.58（b）所示。

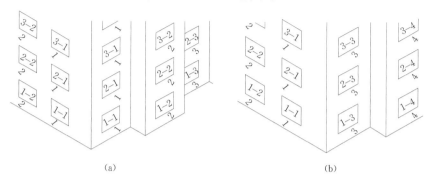

(a)   (b)

图5.58　日照窗重新排号前后图例

3. **窗分户号**

"窗分户号"的屏幕菜单命令：

【命名编组】→【窗分户号】（CFHH）

"窗分户号"功能把同属于一套住宅的多个日照窗附加上同一户号，以便分析时按同一套居住空间考虑。在应用"分户统计"和"用地指标"之前需要进行此项设置，"窗照分析"也支持户号。输出的分析结果中将包含户号，可以直观地按相关规范判定每套住宅至少应有几个窗户满足日照要求。"窗分户号"对话框如图5.59所示。

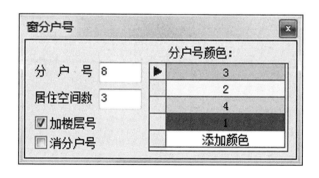

图5.59　"窗分户号"对话框

"窗分户号"对话框中参数意义如下：

（1）"分户号"：分户编号，可勾选"加楼层号"自动加前缀层号。

（2）"居住空间数"：日照窗所属的这套住宅有几个居住空间。

（3）"消分户号"：删去分户号。

（4）"分户号颜色"：每设置一次户号，系统自动循环改变颜色，可添加和删除。

5.5.2　建筑命名

对于情况复杂的建筑群需要进行编组和命名，以便理清日照遮挡关系和责任。建筑命名包括建筑名称和建筑编组，建筑名称能够区分不同客体建筑的日照状况，建筑编组能够区分不同建设项目对客体建筑的日照影响。建筑命名和编组信息分别记载于组成日照模型的图元上，但系统无法保证编组和命名的完全合理，用户应当恰当地维持这种逻辑上的合理性，即拥有同一个建筑命名的图元只能属于一个编组，而不应当出现组成同一建筑物的图元某些属于一个编组而另一些属于其他编组的混乱局面。"命名查询"和"编组查询"可以帮助避免这种逻辑错误。

1. 建筑命名

"建筑命名"的屏幕菜单命令：

【命名编组】→【建筑命名】（JZMM）

一个日照模型可能由多个建筑轮廓（包括日照窗和附属构件）构成，建筑命名把这些"零散"的部分归到同一名称下。"遮挡关系"等一系列分析都需要给每个建筑物赋予一个唯一的 ID。此外，"创建模型"命令也可以给建筑命名。

建筑命名的操作步骤如下：

（1）点取命令，按系统提示输入建筑名称，如 A1、B2 等。

（2）选择同属于一个建筑物的全部部件，包括建筑轮廓、日照窗、阳台、屋顶等。

（3）建筑名称的标注。

（4）空回车清除原有的建筑名称。

2. 建筑编组

"建筑编组"的屏幕菜单命令：

【命名编组】→【建筑编组】（JZBZ）

"建筑编组"功能可为建筑群编组，便于分析不同建筑组对客体建筑的日照影响。

建筑编组的操作步骤如下：

（1）点取命令，在命令行输入建筑组名，如 A 组、NEW 组等。

（2）选择同属于一个编组的全部部件，切记一定要包括日照窗、阳台、屋顶等。

（3）空回车清除原有的编组。

提示：本命令执行后屏幕没有可见的信息反馈，只能用"编组查询"查看结果。

通常按下列原则编组：将拟建建筑分为一组，已建建筑分为一组；或者根据项目的建设档期或业主隶属关系进行编组。建议编组名称的顺序和建设时期的顺序保持一致，这样在日照窗报表中不同建筑组对客体建筑的日照影响才能正确叠加。

"创建模型"命令也可以给建筑编组。

3. **命名查询**

"命名查询"的屏幕菜单命令：

【模型检查】→【命名查询】（MMCX）

"命名查询"命令对已经命名的日照模型图元进行同名查询，查询结果中的同名图元全部亮显，并报告图元数目和其中的日照窗数目。

4. **编组查询**

"编组查询"的屏幕菜单命令：

【模型检查】→【编组查询】（BZCX）

"编组查询"命令对已经命名的日照模型图元进行同组查询，查询结果中的同组图元全部亮显，并报告图元数目和其中的日照窗数目。

5.6 日照分析

Sun 提供对建筑日照的各种分析手段，包括日照窗分析、等时日照线、阴影分析、点面分析、坡地分析、动态分析、光线分析以及可视化的日照仿真，这些手段从不同角度分析建筑物的日照状况，辅助设计师完成建筑规划布局。

需要指出，在总图日照分析中，总图框可用于控制分析范围：

（1）当建筑物有编组时，"窗照分析""窗报批表""分户窗照""窗点分析"四个功能只分析总图框内的模型，总图框外的模型不参与计算。

（2）有总图框时，"日照仿真"只观察框内的模型。

（3）无总图框时保持原规则。

5.6.1 阴影分析

1. 阴影轮廓

"阴影轮廓"的屏幕菜单命令：

【常规分析】→【阴影轮廓】（YYLK）

"阴影轮廓"命令计算并生成遮挡建筑物在给定平面上所产生的阴影轮廓线，支持多个时刻和某一时刻，不同时刻的轮廓线用不同颜色的曲线表示。

"阴影分析"对话框如图 5.60 所示。

图 5.60 "阴影分析"对话框

"阴影分析"对话框中的多数选项和操作与"窗照分析"的相同，详见 5.6.2 节，在此仅简要介绍。

（1）"分析面高"：勾选此项并设置阴影投射的平面高度，生成平面阴影，否则生成投射到某墙面上的立面阴影。

（2）"单个时刻"：勾选此项并给定时间，计算这个时刻的阴影线。不选此项，计算开始到结束的时间区段内，按给定的时间间隔计算的各个时刻阴影线。

日照阴影轮廓线的实例如图 5.61 所示。

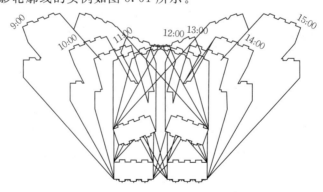

图 5.61 日照阴影轮廓线的实例

2. **客体范围**

"客体范围"的屏幕菜单命令：

【高级分析】→【客体范围】（KTFW）

"客体范围"命令根据产生阴影的主体建筑位置和计算方法，在指定分析平面上计算生成指定时段的遮挡阴影范围。"客体范围"对话框如图 5.62 所示。

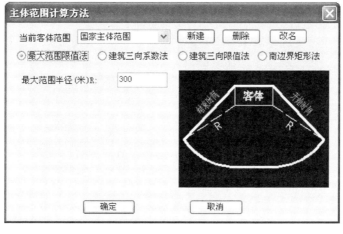

图 5.62 "客体范围"对话框

点击"计算方法"按钮，根据不同的日照规定提供七种不同的算法。图5.63 为客体范围的实例。

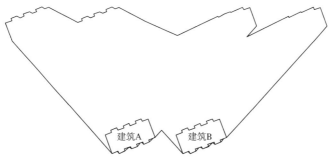

图 5.63 客体范围的实例

3. 主体范围

"主体范围"的屏幕菜单命令：

【高级分析】→【主体范围】（ZTFW）

"主体范围"命令根据被遮挡客体建筑物的位置，计算生成指定日照时段下可能对其产生遮挡的主体建筑范围。"主体范围"对话框如图 5.64 所示。

图 5.64 "主体范围"对话框

点击"计算方法"按钮，根据不同的日照规定提供四种不同的算法，如图 5.65 所示，可根据需要选择。

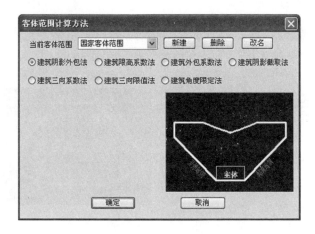

图 5.65 主体范围的四种计算方法

4. 遮挡关系

"遮挡关系"的屏幕菜单命令：

【常规分析】→【遮挡关系】（ZDGX）

用"遮挡关系"功能分析求解建筑物作为被遮挡物时哪些建筑对其产生遮挡，分析结果给出遮挡关系表格，为该建筑群的进一步日照分析划定关联范围，指导规划布局的调整和加快分析速度。执行"遮挡关系"命令前必须对参与分析的建筑物进行命名，否则建筑物 ID 分析无法进行。"遮挡关系"对话框如图 5.66 所示。

图 5.66 "遮挡关系"对话框

操作步骤：

（1）首先对参与遮挡分析的每个建筑物命名。

（2）在对话框中进行日照参数的设置。

（3）在图中选取待分析的客体建筑，再选取主体建筑，为了不遗漏遮挡关系，主客体建筑可以全选。

（4）获得遮挡关系的表格。

图 5.67 展示了一个实例，这六栋建筑的遮挡关系在生成的遮挡关系表中一目了然（见图 5.68），据此可分析出建筑 a 和建筑 b 是受遮挡的重点，可对建筑 a、建筑 b 和遮挡它们的建筑进行规划布置的调整，以便改善日照状况。

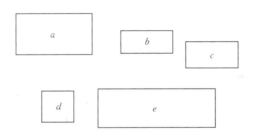

图 5.67 建筑平面布局

遮挡关系表	
被遮挡建筑	遮挡物建筑
a	b, d, e
b	c, d, e
c	e
d	e
e	d

图 5.68 生成的遮挡关系表

5.6.2 窗户分析

1. 窗照分析

"窗照分析"的屏幕菜单命令：

【常规分析】→【窗照分析】（CZFX）

"窗照分析"命令分析计算选定的日照窗的日照有效时间，是日照分析的重要工具。"窗照分析"对话框如图 5.69 所示。

图 5.69　"窗照分析"对话框

（1）操作要点：

1）如建筑未编组，只分析计算每个日照窗的总有效日照时间。

2）如果建筑群进行了编组，则对话框右侧会显示编组清单，计算输出的是各组的叠加遮挡分析表。

3）如果日照窗进行了【窗分户号】，则分析结果按户列出。

4）对话框中编组的排列顺序即为叠加顺序，如图 5.70 所示的，日照分析表中对日照窗的影响分为"原有建筑"和"原有建筑＋新建建筑"两组，可用鼠标拖拽改变清单顺序，从而改变遮挡的叠加关系。

窗日照分析表						
层号	窗位	窗台高/米	原有建筑		原有建筑＋新建建筑	
			日照时间	总有效日照	日照时间	总有效日照
1	1	0.90	09:40～15:00	05:18	09:42～10:06 14:22～14:30	00:32
	2	0.90	09:26～15:00	05:34	09:26～10:26	01:00
	3	0.90	09:50～15:00	05:10	09:50～11:10	01:20
	4	0.90	09:58～15:00	05:02	09:58～11:42	01:44
	5	0.90	10:26～15:00	04:34	10:26～12:22	01:56
	6	0.90	10:42～15:00	04:18	10:42～12:50	02:08
	7	0.90	11:42～15:00	03:18	11:42～13:22	01:40

分析标准：国标标准；地区：北京；时间：2007 年 12 月 22 日（冬至）09:00～15:00；计算精度：2 分钟。

图 5.70　生成的窗日照分析表

（2）对话框选项和操作解释：

1）"地点"：日照分析的项目所在地。

2）"经度"和"纬度"：日照分析的项目所在地的经度和纬度。

3）"节气"和"日期"：选择做日照分析的特定时间，通常选择冬至或大寒。

4）"时差"：时差＝北京时间－真太阳时，软件缺省采用真太阳时。

5）"开始时间"和"结束时间"：规范规定的有效日照起止时间段。

6）"计算精度"：计算时的采样时间段，单位为分钟。

7）"日照标准"：日照分析所采用的规则。

8）"排序输出"：确定输出的日照分析表格是按日照窗的层号还是窗号进行排序。

（3）操作步骤：

1）执行本命令之前，可为建筑物编组，也可不编组。

2）按命令行提示选取待分析的日照窗。

3）如果建筑编组且勾选了对话框上的"分组输出结果"，系统将自动搜索编组的遮挡建筑物，并得出窗日照分析表，此时未编组的建筑不参与遮挡计算；如果未编组或未勾选"分组输出结果"，需要手工选取遮挡建筑物，日照窗所在建筑物也应选择，因为建筑自身也有遮挡。

4）将输出的窗日照分析表放置到图中合适的位置，窗日照分析表中红色数据代表日照时间低于标准；黄色数据代表临近标准，处于警报状态。

2. **窗报批表**

"窗报批表"的屏幕菜单命令：

【常规分析】→【窗照对比】（CZDB）

"窗报批表"命令根据日照规定对居室性空间的窗户进行建设前后的日照分析，生成供规划主管部门审批的报表。如果事先对建筑群进行了编组可直接输出表格，无论多少个编组，性质上只分为建设前和建设后；如果未编组，则通过选取确定已建建筑和拟建建筑。"窗报批表"如图 5.71所示。

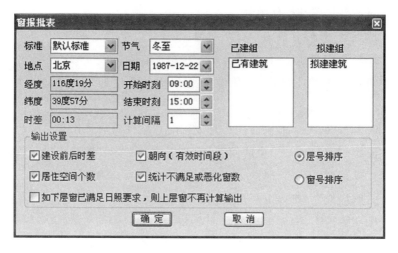

图 5.71　"窗报批表"对话框

"输出设置"中包含一系列可选项，根据需要进行勾选，勾选的选项越多，输出的内容越丰富。

3. **分户统计**

"分户统计"的屏幕菜单命令：

【常规分析】→【分户统计】（FHTJ）

"分户统计"命令用于统计整个项目中日照窗受光的总体状况，输出的统计表中按窗受到的日照时段"不足 1h、1～2h、2～3h、≥3h"分别给出户数和所占比例。输出的表格有两种形式，即按日照时数排序、按栋号排序。两种表格的内容一样，格式不同。"分户统计"功能应用前，需对准备分析的项目进行【建筑命名】和【窗分户号】。"分户统计"对话框如图 5.72 所示。分户统计表如表 5.3 所示。

图 5.72　"分户统计"对话框

表 5.3　　　　　　　　　　　分户统计表

日照时数	总户数/户	比例	栋号	户数/户
≥3h	381	65%	10	54
			11	48
			12	96
			13	48
			14	40
			15	95
2～3h	7	1%	14	7
1～2h	2	1%	14	1
			15	1
不足1h	192	33%	12	96
			15	96
不满足要求	201	35%	12	96
			14	8
			15	97
总计	582	100%		

4. 窗日照线

"窗日照线"的屏幕菜单命令：

【辅助分析】→【窗日照线】（CRZX）

"窗日照线"命令求算出某个指定日照窗在最大有效日照时段内的光线通道，由这个时间段内的第一缕光线和最后一道光线组成。

操作步骤：

（1）首先选取遮挡建筑物，包括待分析的建筑物本身。

（2）如图5.73所示，在弹出的"日照设置"对话框中选取或配置日照标准，设置其他相关选项，对话框的选项意义同"窗照分析"中的介绍。

图 5.73　"日照设置"对话框

（3）选取一个日照窗，程序自动计算出该窗在最大有效日照时段内的第一缕光线和最后一缕光线。

（4）光线用三维射线表达，并标注出光线的照射时刻。

窗日照线实例如图 5.74 所示。

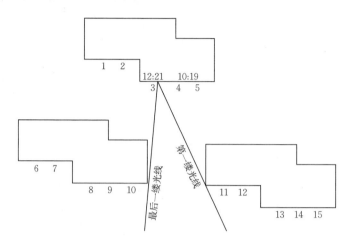

图 5.74　窗日照线实例

5. 窗点分析

"窗点分析"的屏幕菜单命令：

【高级分析】→【窗点分析】（CDFX）

"窗点分析"命令按当前日照标准对日照窗窗台上的分析点进行日照时间计算，并输出立面的窗点分析图。"窗点分析"对话框如图 5.75 所示。

图 5.75　"窗点分析"对话框

"输出设置"项根据需要进行勾选，其中的"恶化分析"项是针对已有建筑和拟建建筑的叠加遮挡分析，有两种实现方式：

（1）建筑进行了编组，且有"已建组"和"拟建组"，勾选恶化分析。

（2）建筑无编组，勾选恶化分析，分别选取"已建建筑"和"拟建建筑"。

图 5.76 为窗点立面分析图的实例。

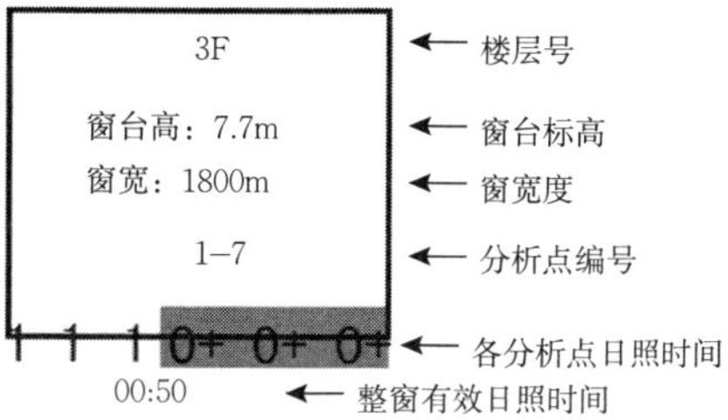

3F	← 楼层号
窗台高：7.7m	← 窗台标高
窗宽：1800m	← 窗宽度
1-7	← 分析点编号
1 1 1 0+ 0+ 0+	← 各分析点日照时间
00:50	← 整窗有效日照时间

图 5.76　窗点分析的立面分析图实例

6. 窗点平面

"窗点平面"的屏幕菜单命令：

【高级分析】→【窗点平面】（CDPM）

"窗点平面"命令与"窗点分析"配套使用，生成标准层平面窗分析点示意图。图 5.77 为生成的窗点平面图与建筑平面图合并后的示意。

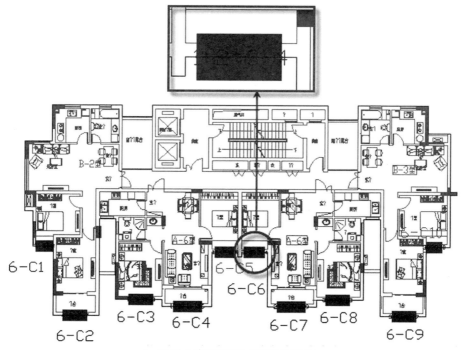

1~20 层 A 套型平面及主朝向居室窗台

图 5.77　窗点平面图与建筑平面图合并后的示意

7. 单窗分析

“单窗分析”的屏幕菜单命令：

【高级分析】→【单窗分析】（DCFX）

“单窗分析”命令按当前日照标准对选定的单个日照窗进行日照时间计算，并输出遮挡建筑的单独分析和叠加分析表格。

（1）单独分析：列出每个遮挡建筑的单独遮挡时段，支持调整遮挡建筑的顺序和合并遮挡，如图 5.78 所示。

遮挡建筑	单独遮挡时段
所在建筑--建筑3	
A	09:54～14:17
B	08:00～09:26
C	12:44～14:38
D	09:44～11:56
E	08:17～09:55
F	10:46～12:15
建筑1+建筑2+建筑4+建筑5	
建筑6	15:03～16:00

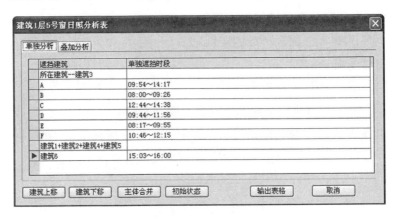

图 5.78　单窗分析中的单独分析

（2）叠加分析：列出遮挡建筑逐个叠加后的遮挡时段和有效日照时段及总有效时常，如图 5.79 所示。

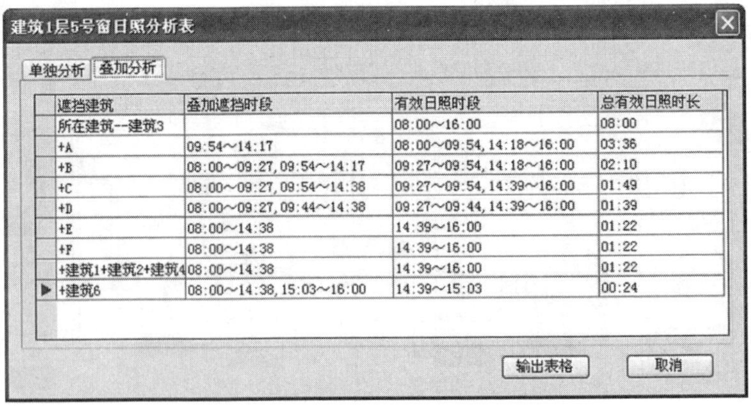

遮挡建筑	叠加遮挡时段	有效日照时段	总有效日照时长
所在建筑--建筑3		08:00～16:00	08:00
+A	09:54～14:17	08:00～09:54, 14:18～16:00	03:36
+B	08:00～09:27, 09:54～14:17	09:27～09:54, 14:18～16:00	02:10
+C	08:00～09:27, 09:54～14:38	09:27～09:54, 14:39～16:00	01:49
+D	08:00～09:27, 09:44～14:38	09:27～09:44, 14:39～16:00	01:39
+E	08:00～14:38	14:39～16:00	01:22
+F	08:00～14:38	14:39～16:00	01:22
+建筑1+建筑2+建筑4	08:00～14:38	14:39～16:00	01:22
+建筑6	08:00～14:38, 15:03～16:00	14:39～15:03	00:24

图 5.79　单窗分析中的叠加分析

5.6.3 点面分析

1. 定分析面

"定分析面"的屏幕菜单命令：

【常规分析】→【定分析面】（DFXM）

"定分析面"命令为批量进行不等高分析面的线上日照分析设置每个建筑的各自分析面标高，设定后在建筑轮廓上会有相应显示，便于检查和编辑，屏幕菜单【模型检查】→【分析面开/关】可控制其显示属性。"定分析面"对话框如图 5.80 所示。

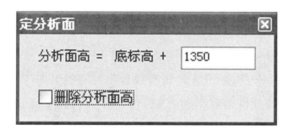

图 5.80 "定分析面"对话框

设定的分析面高即分析面的绝对标高，对话框上只需输入"距底部的高度"即可，标注中的"距底部的高度"支持在位编辑，如图 5.81 所示。

图 5.81 设定的分析面标高实例

2. 线上日照

"线上日照"的屏幕菜单命令：

【常规分析】→【线上日照】（XSRZ）

"线上日照"命令用于建筑轮廓沿线的日照分析，通常用于没有日照窗的

情况下，在给定的高度上按给定的间距计算并标注出有效日照时间。初期方案
阶段由于建筑物的具体窗位尚未确定，所以只能计算建筑物轮廓上某个特定高
度（一般取首层窗台高）的日照时间。"线上日照"对话框如图 5.82 所示。

图 5.82　"线上日照"对话框

对话框上的选项功能如下：

（1）"采用符号表达结果"：不用数字而是用规定的符号表示日照时间。

（2）"显示 1<1h 的结果"：输出有效日照时间小于 1h 的分析结果。

（3）"取设定的分析面高"：勾选该项，分析面高取【定分析面】设定的
标高。

（4）"恶化分析"：勾选该项，选择建筑物时分为已建建筑和拟建建筑，分
析结果包含现总有效日照时间和原总有效日照时间。

（5）"北向定义"：勾选该项并设置角度，则北向的墙线上不输出分析
结果。

线上日照分析的结果如图 5.83 所示。

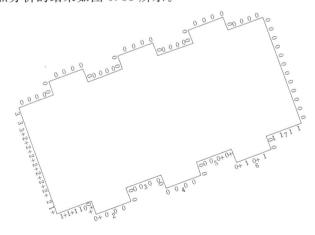

图 5.83　线上日照分析的结果

3. 线上对比

"线上对比"的屏幕菜单命令：

【常规分析】→【线上对比】（XSDB）

"线上对比"命令输出拟建建筑建设前后的两组线上日照时间，选择建筑物时分为已建建筑和拟建建筑，可以对两组数据进行对比。线上对比实例如图5.84所示。

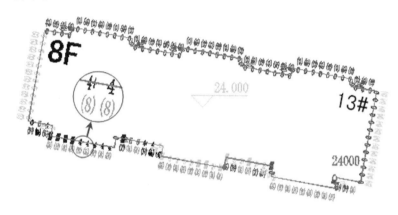

图 5.84　线上对比实例

4. 单点分析

"单点分析"的屏幕菜单命令：

【常规分析】→【单点分析】（DDFX）

给定项目地点、分析日期和起始结束时刻后，确定遮挡建筑物，求算"固定标高"数值的平面上某个测试点的详细日照情况。本命令既可以动态计算也可以静态计算，可在命令行上切换状态。动态计算时，该点的日照情况随鼠标的移动而实时变化并有预览显示，对话框中的右框里显示实时的日照数据，点取后日照数据标注到图纸上；静态计算时，则没有预览，点取标注后才能看到日照数据。"单点分析"对话框如图5.85所示。

图 5.85　"单点分析"对话框

命令交互：

请选择遮挡物：（框选可能对分析点产生遮挡的多个建筑物，回车结束选择）

点取测试点或［动态计算开关（D）］＜退出＞：（鼠标点取准备分析的某点。键入（D）可开关动态显示，打开动态，拖动鼠标动态显示当前点的日照数据，关闭开关则不动态显示。单点分析通常用于检查和校核日照分析的结果是否正确，或者用于查验客体建筑物轮廓线上的某些点的日照数据）

5. **区域分析**

"区域分析"的屏幕菜单命令：

【常规分析】→【区域分析】（QYFX）

"区域分析"命令用于分析并获得某一给定平面区域内的日照信息，按给定的网格间距进行标注。"区域日照分析"对话框如图 5.86 所示。

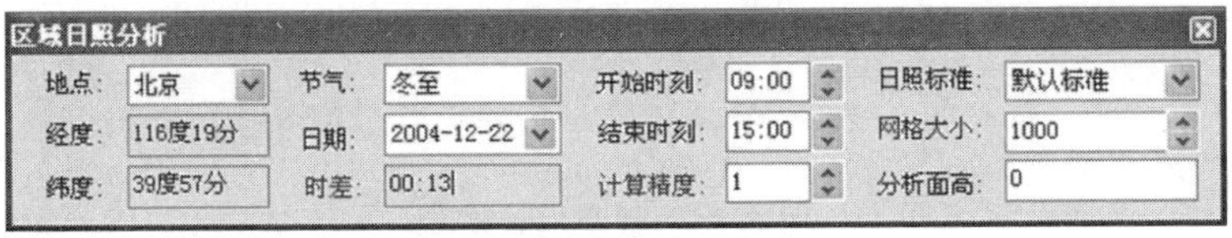

图 5.86　"区域日照分析"对话框

（1）命令交互。

选择遮挡物：（选取产生遮挡的多个建筑物，可多次选取）

请给出窗口的第一点＜退出＞：（点取分析计算的范围窗口的第一点）

窗口的第二点＜退出＞：（点取分析计算的范围窗口的第二点）

（2）对话框选项和操作解释。

"区域分析"命令的多数选项和操作与"窗照分析"的相同，参见5.6.2 节。

1）"网格大小"：计算单元和结果输出的划分间距。

2）"分析面高"：进行区域分析的平面高度。

程序计算结束后，在选定的区域内用彩色数字显示出各点的日照时数，如图 5.87 所示。

图 5.87　多点分析结果

提示：多点分析结果中的 N 表示大于或等于 N 小时到小于 $N+0.5$ 小时的日照，"$N+$" 表示大于或等于 $N+0.5$ 小时到小于 $N+1$ 小时的日照。

6. 坡地日照分析

"坡地日照分析"的屏幕菜单命令：

【高级分析】→【坡地日照】（PDRZ）

"坡地日照"命令需在创建"坡地模型"后进行，坡地日照分析就是从凸凹不平的坡地上偏移到一个"分析面高"的分析面上，生成"区域分析"的日照结果。"坡地日照分析"对话框如图 5.88 所示。

图 5.88　"坡地日照分析"对话框

7. 等日照线

"等日照线"的屏幕菜单命令:

【常规分析】→【等日照线】(DRZX)

"等日照线"命令在给定的平面上绘制出等日照线,即日照时间满足与不满足规定时数的区域之间的分界线。N 小时的等日照线内部为少于 N 小时日照的区域,其外部为大于或等于 N 小时日照的区域。需要指出的是,"等日照线"是"区域分析"结果的另一种表达形式,二者的本质是一致的,所以可以将两个结果重叠显示,相互校核。"等日照线"对话框如图 5.89所示。

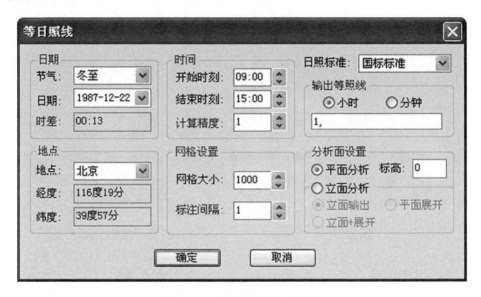

图 5.89 "等日照线"对话框

(1) 命令交互设置好选项参数后,按"确定"按钮对话框关闭,命令行提示如下:

对于平面分析:

选择遮挡物:(选取产生遮挡的多个建筑物,可多次选取)

请给出窗口的第一点＜退出＞:(点取分析计算的范围窗口的第一点)

窗口的第二点＜退出＞:(点取分析计算的范围窗口的第二点)

对于立面分析:

选择遮挡物:(选取产生遮挡的多个建筑物,可多次选取)

请点取要生成等照时线的直外墙线 ＜退出＞：（点取准备计算等照线的建筑物直线外墙边线，可多选）

（共耗时 0 秒）

（2）对话框选项和操作解释。前述章节已经介绍过的选项在此不再赘述。

1）"网格设置"：其中包括"网格大小"和"标准间隔"。"网格大小"表示计算单元和结果输出的网格间距，"标注间隔"，表示间隔多少个网格单元标注一次。

2）"输出等照线"：用于设定等日照线的输出单位，单位可选择小时或分钟；输入栏中可以设定同时输出多个等日照线，需用逗号间隔开。

3）"分析面设置"：选择"平面分析"时，在给定的标高平面上计算等日照线，实例如图 5.90 所示；选择"立面分析"时，在给定的直墙平面上计算等日照线，可根据需要选择在墙立面上输出或平面展开输出等日照线，也可同时按两种方式输出，实例如图 5.91 所示。

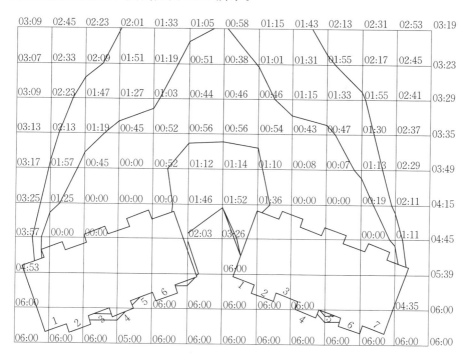

图 5.90   平面等日照线（网格＝6000）的实例

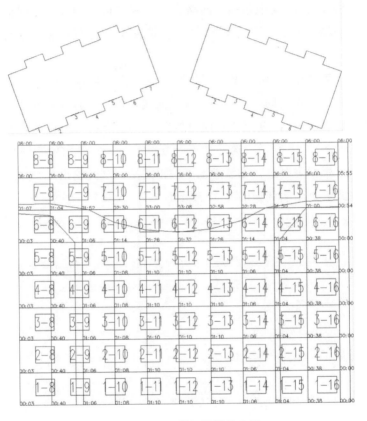

图 5.91 立面等日照线的实例

（3）推荐的日照分析结果验证方法：

1）如果布局很复杂且计算机配置不高，请先进行低精度的粗算。

2）比较细算和粗算的结果大体上是否一致。

3）用单点验证关键点。

4）用区域分析和"等日照线"命令计算结果重叠进行验证。

8. 全景日照

"全景日照"的屏幕菜单命令：

【高级分析】→【全景日照】（QJRZ）

"全景日照"命令用于计算建筑轮廓表面和阳台表面的有效日照时间。其对话框如图 5.92 所示，其结果在建筑表面上用表示日照时间的不同颜色表达，从而生成一幅全景日照彩图，如图 5.93 所示。

图 5.92   "全景日照"对话框

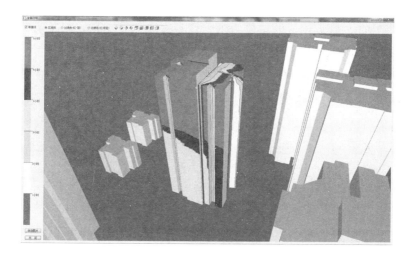

图 5.93   全景日照实例

网格大小决定计算耗时和结果的详细程度，网格越小，耗时越多，结果越详细；反之，网格越大，耗时少，结果相对粗糙。

5.6.4   方案分析

1. 方案优化

"方案优化"的屏幕菜单命令：

【高级分析】→【方案优化】（FAYH）

"方案优化"命令用于对新建建筑的外形进行优化，在满足被其遮挡的窗户日照标准的前提下，获得最大的建筑面积。事实上，当 X、Y 分割足够大时，该命令可取代"推算限高"。"方案优化"对话框如图 5.94 所示。

图 5.94　"方案优化"对话框

（1）对话框选项和操作解释：

1）"最大限高"：该值的单位为米，该参数有两个功用：一是确定规划部门规定的最大高度，二是为防止结果为无穷大而设置一个限值。

2）"X 向网格"和"Y 向网格"：用于设定优化时在 X 方向和 Y 方向上的最小分割单元尺寸，一般用房间开间进深的模数较合理。默认的分割方向为世界坐标的 X 轴和 Y 轴，也可以在图中选取两点决定分割的方向，X 向与 Y 向始终为正交关系。

3）"建筑层高"：用于设定高度 Z 方向的单元分割尺寸，即建筑物层高。

4）"原始日照不满足要求时考虑现有条件不再恶化"：如果原有建筑已经使日照窗不满足要求，保证其原有日照时间，不再使情况更恶化。

（2）操作步骤：

1）选取待分析的建筑外廓、封闭 PLINE 或 CIRCLE：选择准备进行优化的建筑物，可以是封闭 PLINE 或 CIRCLE，也可以是建筑轮廓。

2）确定 X、Y 的分格方向，可输入角度，也可以在图中点取两点确定。

3）可以事先用 LINE 和 PLINE 分格，然后点取分支命令"预先分块"执行。

4）选择日照窗：选择优化建筑的遮挡所能影响到的日照窗，也就是说，优化后这些日照窗的日照要满足当前日照标准的要求，可以用"窗照分析"验证。

5）选择遮挡物：选择对前面提到的日照窗能够产生遮挡的全部建筑物。

6）优化计算停止后，点击"结束"退出，也可以暂停获取一个相对优化的方案即退出。

2. 推算限高

"推算限高"的屏幕菜单命令：

【高级分析】→【推算限高】（TSXG）

"推算限高"命令用于在满足客体建筑日照要求规定值的前提下，根据给定边界推算出新建筑参考高度。"推算限高"对话框如图 5.95 所示。

图 5.95 "推算限高"对话框

（1）命令交互：

请选取待分析的建筑外廓、封闭 PLINE 或 CIRCLE：（选择待进行限高推算的建筑边界）

选择日照窗：（选择可能被待推算高度的新建建筑遮挡的日照窗）

选择遮挡物：（待分析计算的日照窗可能不只受新建建筑的遮挡，选择与待分析的日照窗存在遮挡关系的其他已有建筑，系统将按已有建筑与新建建筑对日照窗的综合作用计算新建建筑的参考高度）

（2）对话框选项和操作解释：

"推算限高"对话框中的多数选项和操作与"窗照分析"的相同，参见 5.6.2 节。

1）"最大限高"：用于确定待分析的新建建筑高度推算范围（0 至最大限高），单位为米。

2）"高度精度"：用于确定高度推算时高度数值的精度误差。

系统首先计算现有建筑对日照窗的影响，若现有条件下的日照窗已不能满足日照要求，则结束命令，同时命令行提示：

目前条件已不满足日照条件！

若待分析新建筑在计算最大限高条件下，日照窗仍能满足日照要求，则提示限高 100m 条件下满足日照条件，是否以此生成建筑？［是（Y）/否（N）］＜Y＞：

回应"N"不生成，否则按当前限高生成建筑轮廓。若计算结果在限高范围内，则依计算的参考高度生成建筑轮廓，同时在命令行提示推算出来的新建建筑参考高度。

3. 动态分析

"动态分析"的屏幕菜单命令：

【高级分析】→【动态日照】（DTRZ）

"动态日照"命令采用动态手段分析确定拟建建筑的相对最佳位置，通过在 XY 平面上移动拟建建筑的位置，实时观察被遮挡建筑的日照时间，当达到满意时点击固定拟建建筑的位置。"动态日照"对话框如图 5.96 所示。

图 5.96　"动态日照"对话框

在"动态日照"对话框中可选择"移动主体"或"移动客体"来移动主体建筑或客体建筑。

可观察日照的窗位置和采样点。

为了观察得更清楚，建议打开两个窗口，一个窗口用于操作移动建筑，另一个窗口放大用于观察日照时间，如图 5.97 所示。

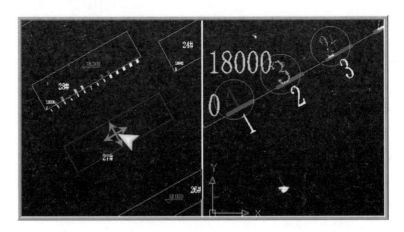

图 5.97　动态分析

4. 光线圆锥

"光线圆锥"的屏幕菜单命令：

【高级分析】→【光线圆锥】（GXYZ）

"光线圆锥"命令对选定点生成给定时段内照射到该点的一系列光线，这些光线组成一个圆锥面，其黄色光线为无遮挡的阳光通道，红色光线为被建筑物阻断的光线。"光线圆锥"对话框如图 5.98 所示，光线圆锥实例如图 5.99 所示。

光线圆锥			
地点: 北京	节气: 冬至	开始时刻: 09:00	日照标准: 冬至1h
经度: 116度19分	日期: 1987-12-22	结束时刻: 15:00	分析面高: 1350
纬度: 39度57分	时差: 00:13	时间间隔: 1	

图 5.98　"光线圆锥"对话框

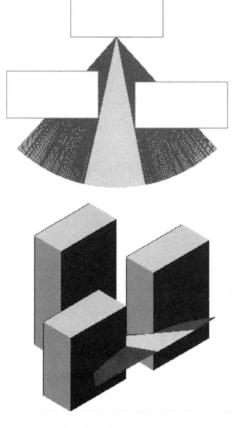

图 5.99　光线圆锥实例

"光线圆锥"命令有如下用途：

（1）当作光线切割器切掉遮挡建筑的遮挡部分，使照射点置于被完全照射的状态下。

（2）检查日照窗或墙边某点被哪些建筑物遮挡。

（3）在标准规定的照射时间内，可知道连续日照有几段。

5. 绘切割器

"绘切割器"的屏幕菜单命令：

【高级分析】→【绘切割器】（HQGQ）

"绘切割器"命令用于在建筑日照窗（台）或墙面一段水平线上创建光线切割器，同时设定光线切割器所代表的阳光通道的日照参数。"绘切割器"对话框如图5.100所示，场地日照分析实例如图5.101所示。

图 5.100 "绘切割器"对话框

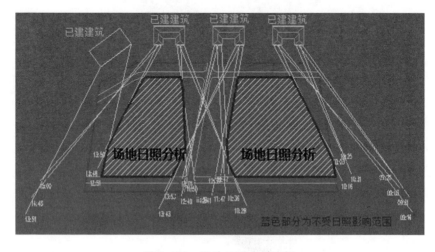

图 5.101 场地日照分析实例

光线切割器有如下用途：

（1）为"光线切割"做准备。对日照窗（或墙面某段水平线）建立一个或者多个切割器，指定每个切割器的起始和结束日照时间，再用【光线切割】切掉遮挡建筑的遮挡部分，就能使日照窗（或墙面某段水平线）在指定的 N 个时段内被照射，从而达到方案优化目的。

（2）利用光线切割器的等高线调整拟建建筑的限高。移动拟建建筑的位置或修改拟建建筑的高度，使其整个建筑轮廓都低于同一范围内切割器的等高线，从而保证被遮挡日照窗被完全照射。

（3）拖动光线切割器端部夹点改变其参数，从而调整代表阳光通道的起始或结束时间。

6. 光线切割

"光线切割"的屏幕菜单命令：

【高级分析】→【光线切割】（GXQG）

"光线切割"命令用光线圆锥面或光线切割器作为"刀"切割掉遮挡建筑的遮挡部分，目前支持切割平板对象的建筑轮廓。在进行切割前，需要建立光线圆锥和光线切割器，特别是光线切割器的建立需要满足优化的需要。

7. 日照仿真

"日照仿真"的屏幕菜单命令：

【高级分析】→【日照仿真】（RZFZ）

"日照仿真"采用先进的三维渲染技术，在指定地点和特定节气下，真实模拟建筑场景中的日照阴影投影情况，帮助设计师直观地分析、判断结果的正误，给业主提供可视化演示资料。

（1）命令交互：

初始观察位置：（图上给第一点，确定视点位置）

初始观察方向：（图上给第二点，确定视图方向，指向建筑群）

在平面图中，从观察点指向建筑群方向给出两点，确定初始观察方向，弹出的"日照仿真"窗口如图 5.102 所示。

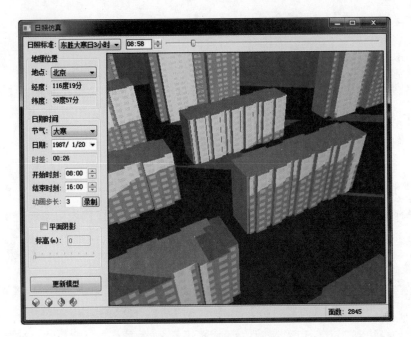

图 5.102 "日照仿真"窗口

（2）界面说明：

1）"日照仿真"对话框左侧上部为参数区，用户在此给定观察条件，如日照标准、地理位置和日期时间等。

2）日照阴影在缺省情况下，只计算投影在地面或是不同标高的平面上。将选项"平面阴影"去掉后，系统进入真实的全阴影模式，建筑物和地面全部有阴影投射。

3）点击代表四个方向的轴测图按钮，可快速将视口调整到西南、东南、西北、西南四个轴测视角。

4）日照仿真窗口为浮动对话框，用户编辑建筑模型时无须退出仿真窗口。

5）仿真窗口的观察视角采用鼠标和键盘键进行调整，过程类似于实时漫游时的鼠标与键盘的键。

其操作原则如下：

• 鼠标键操作：控制原则是直接针对场景。

左键—转动，中键—平移，滚轮—缩放。

- 键盘键操作：控制原则是针对观察者。

← —左移，↑—前进，↓—后退，→ —右移。

Ctrl+← —左转 90°，Ctrl+↑—上升，Ctrl+↓—下降，Ctrl+→ —右转 90°。

Shift+← —左转，Shift+↑—仰视，Shift+↓—俯视，Shift+→—右转。

6）拖动视窗上方的时间进程滚动条，可以实时观察动态日照阴影，左框中显示实时的时间。

在性能不好的计算机上进行三维阴影仿真，响应速度可能不理想。如果三维阴影仿真速度太慢，可以改用二维阴影仿真，此时受影面高度动态可调。也可以用二维阴影仿真进行初步观察，确定观测角度和分析时刻后，用三维阴影精确观测。

（3）影响三维阴影仿真速度的因素：

1）较复杂的模型，特别是复杂的曲面模型对仿真速度不利，可以用较大的分弧精度减少面数以提高仿真速度。

2）OpenGL 加速显示卡和高性能 CPU 能够大幅度提高仿真速度。

5.6.5 辅助分析

1. 定点光线

"定点光线"的屏幕菜单命令：

【辅助分析】→【定点光线】（DDGX）

"定点光线"命令用于求解给定的位置在给定时刻的光线。可以计算单个时刻的光线也可以计算从开始到结束时刻按给定时间间隔的各个时刻的一组光线。光线用标注有时刻的射线表示。

"定点光线"对话框如图 5.103 所示。图 5.104 为一组定点光线实例。

图 5.103 "定点光线"对话框

2. 日照时刻

"日照时刻"的屏幕菜单命令：

【辅助分析】→【日照时刻】(RZSK)

"日照时刻"命令由光线方向求
发生该角度日照的时刻，并在命令行
上给出结果。光线的方向由两点确
定，第一点和第二点的点取顺序要与
光线的入射角方向一致。如果确定的光
线照射时刻在开始到结束时刻的范围之
外，则命令行提示"未知时刻"。"日照
设置"对话框如图 5.105 所示，日照时
刻实例如图 5.106 所示。

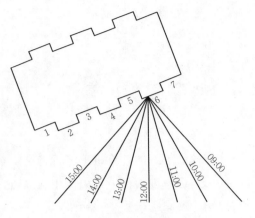

图 5.104　一组定点光线实例

图 5.105　"日照设置"对话框

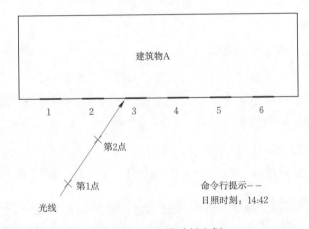

命令行提示－－
日照时刻：14:42

图 5.106　日照时刻实例

3. 日影棒图

"日影棒图"的屏幕菜单命令：

【辅助分析】→【日影棒图】(RYBT)

"日影棒图"命令利用不同高度的虚拟直杆产生阴影的原理，求解某个位置的不同杆高在给定间隔时间内的一系列日影长度的曲线。日影棒图实例如图 5.107 所示。

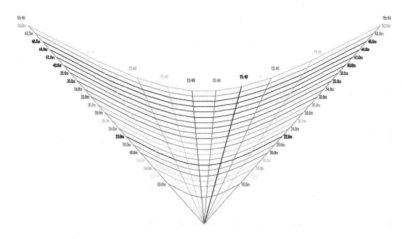

图 5.107   日影棒图实例

5.6.6   其他功能

1. 导出建筑

"导出建筑"的屏幕菜单命令：

【高级分析】→【导出建筑】（DCJZ）

经过分析后或优化后满足日照要求的建筑轮廓，可导入建筑软件 Arch 中继续设计，生成的图形为外墙围合的建筑简图。"导出建筑"对话框如图 5.108 所示。

图 5.108   "导出建筑"对话框

2. 结果转换

"结果转换"的屏幕菜单命令：

选中区域分析的数字→右键→【结果转换】(JGZH)

"结果转换"命令将"区域分析"和"线上日照"的分析结果在详细时间和简化时间之间转换,如在3+和3:38之间转换。

3. 结果擦除

"结果擦除"的屏幕菜单命令:

【常规分析】→【结果擦除】(JGCC)

"结果擦除"命令快速擦除日照分析产生的阴影轮廓线和多点分析生成的网格点,以及其他命令在图上标注的日照时间等数据,这是一个过滤选择对象的删除命令。通常分析后的图线或数字对象数量很大,用户可以选择键入ALL、框选或点选等方式进行。

4. 参数标注

"参数标注"的屏幕菜单命令:

【常规分析】→【参数标注】(CSBZ)

"参数标注"命令可输出和标注以下日照分析基础参数:

(1) 分析标准:北京。

(2) 城市名称:北京。

(3) 计算时间:1987年1月20日(大寒)08:00~16:00(真太阳时)。

(4) 计算间隔:1分钟。

(5) 累计方法:总有效日照分析,全部累计。

(6) 窗户采样:窗台中点。

(7) 分析软件:日照分析Sun2012。

5. 颜色图例

"颜色图例"的屏幕菜单命令:

【常规分析】→【颜色图例】(YSTL)

"颜色图例"命令标注日照分析中代表不同日照时间段的数字或曲线的颜色图例,如图5.109所示。

图5.109 颜色图例

6. 建筑列表

"建筑列表"的屏幕菜单命令：

【常规分析】→【日照报告】（RZBG）

"日照报告"命令从图中选取并输出三类建筑列表，用于日照报告中。这三类建筑列表如下：

（1）基地内拟建建筑。

（2）基地外参与叠加分析的主体建筑。

（3）基地外阴影分析范围内的客体建筑。

"建筑列表"对话框如图 5.110 所示。

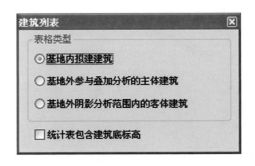

图 5.110　"建筑列表"对话框

7. 日照报告

"日照报告"的屏幕菜单命令：

【常规分析】→【日照报告】（RZBG）

"日照报告"命令按项目所在地，自动匹配日照报告模板，填写相关分析内容，输出 Word 格式的日照分析报告。执行过程中会提示选取相关表格，如果不需要选取而是后期手工加入，忽略即可。

5.7　日照分析实例

图 5.111 和图 5.112 为同一项目在夏热冬冷地区（武汉）和寒冷地区的日照分析结果。

图 5.111　某项目在夏热冬冷地区（武汉）的日照分析结果

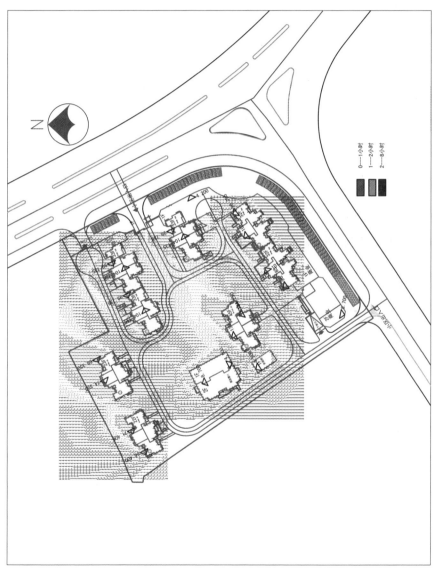

图 5.112 某项目在寒冷地区的日照分析结果

6 日照设计实例分析

本书前 5 章系统介绍了建筑日照设计的原理及方法。本章结合实例进行分析，需要说明的是，全国部分地区根据国家相关规定，结合地区实际情况，制定了自己的日照分析管理办法及规则，本章选用的实例，严格遵守当地地方规定，但因为各地规定的差异，结果可能会有所不同。各地规定本书不再一一列出，读者可参考当地建设主管部门相关网站上的相应内容。

6.1 济南市建大花园

山东省济南市建大花园位于济南市东部新城，山东建筑大学西侧，规划采用"一心、一轴、一廊、八组团"的空间布局结构，其区位图、总平面图、鸟瞰图分别如图 6.1～图 6.3 所示。总建筑面积约 32 万平方米，包括多层坡地洋房、6 层电梯洋房、11 层小高层住宅，并有社区幼儿园、商业街等公建配套。

经日照设计，沿线分析可以看到，住宅底层满足大寒日两小时日照要求，幼儿园底层满足冬至日三小时日照要求（见图 6.4）。济南市建大花园沿线日照分析图（局部）如图 6.5 所示。

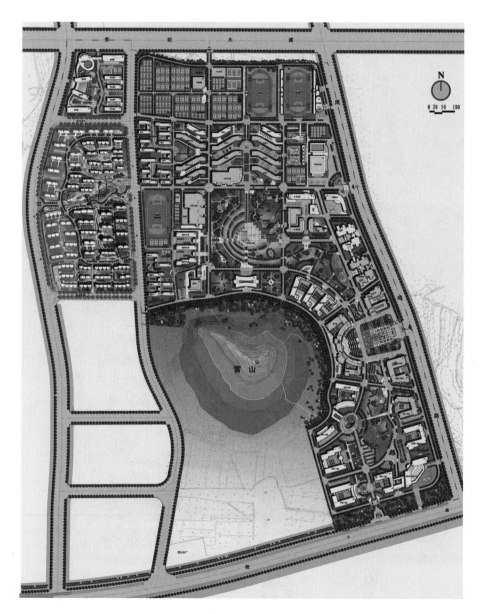

图 6.1　济南市建大花园区位图

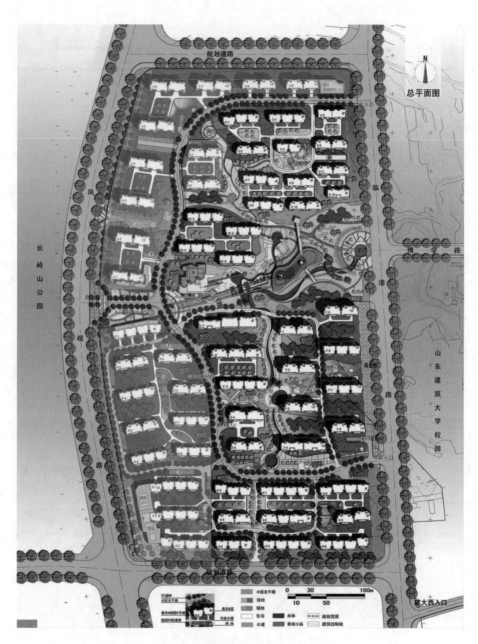

图 6.2　济南市建大花园总平面图

6　日照设计实例分析

图 6.3　济南市建大花园鸟瞰图

编号	窗台高	左端日照时间	右端日照时间	满窗日照时间	10:00 12:00 14:00
C223-1	128.100	6:00(09:00～15:00)	6:00(09:00～15:00)	6:00(09:00～15:00)	
C223-2	131.400	6:00(09:00～15:00)	6:00(09:00～15:00)	6:00(09:00～15:00)	
C224-1	128.100	4:15(10:45～15:00)	3:10(11:50～15:00)	3:10(11:50～15:00)	
C224-2	131.400	4:15(10:45～15:00)	3:10(11:50～15:00)	3:10(11:50～15:00)	
C224-3	134.700	4:30(10:30～15:00)	3:15(11:45～15:00)	3:15(11:45～15:00)	
C225-1	128.100	5:10(09:50～15:00)	5:15(09:25～09:35 09:55～15:00)	5:05(09:55～15:00)	
C225-2	131.400	6:00(09:00～15:00)	6:00(09:00～15:00)	6:00(09:00～15:00)	
C225-3	134.700	6:00(09:00～15:00)	6:00(09:00～15:00)	6:00(09:00～15:00)	
C226-1	128.100	5:35(09:20～10:10 10:15～15:00)	5:40(09:20～15:00)	5:35(09:20～10:10 10:15～15:00)	
C226-2	131.400	6:00(09:00～15:00)	6:00(09:00～15:00)	6:00(09:00～15:00)	
C226-3	134.700	6:00(09:00～15:00)	6:00(09:00～15:00)	6:00(09:00～15:00)	
C227-1	128.100	3:15(09:00～12:15)	4:15(09:00～13:15)	3:15(09:00～12:15)	
C227-2	131.400	3:15(09:00～12:15)	4:15(09:00～13:15)	3:15(09:00～12:15)	
C227-3	134.700	3:20(09:00～12:20)	4:30(09:00～13:30)	3:20(09:00～12:20)	

图 6.4　济南市建大花园幼儿园窗户日照分析表（部分）

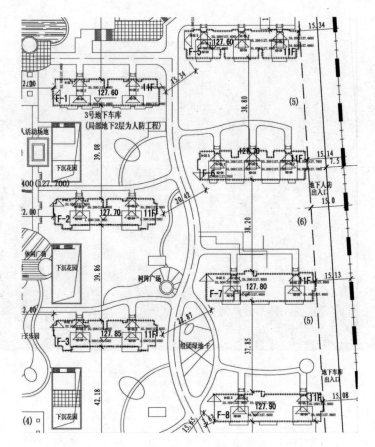

图 6.5 济南市建大花园沿线日照分析图（局部）

6.2 济南市凤凰山小区

山东省济南市凤凰山小区位于济南市凤鸣路以东，经十路以北，凤凰山西侧。项目由 20 栋高层住宅、社区幼儿园、会所及配套公建组成，总建筑面积约 30 万平方米。

凤凰山西侧地块住宅楼的日照情况，经日照设计、窗户分析可见：

（1）16 号楼：C190 的第 1～13 层，17 号楼：C207 的第 1～15 层、18 号楼：C220 的第 1～10 层、C222 的第 1～8 层、C229 的第 1～10 层、C231 的第 1～7 层，19 号楼：C236 的第 1～11 层、C238 的第 1～9 层、C298 的第 1～11 层、C247 的第 1～7 层，以上窗户大寒日满窗日照时间小于 1h。

（2）2 号楼：C14 的第 1～2 层和 C17 的第 1～3 层，6 号楼：C65 的第 1～8 层和 C66 的第 1～7 层，7 号楼：C88 的第 1～2 层，11 号楼：C135 的第 1～6 层，13 号楼：C147 的第 1～6 层、C148 的第 1～4 层、C153 的第 1～3 层和 C154 的第 1～4 层，16 号楼：C190 的第 14～15 层、C192 的第 1～15 层和 C201 的第 1～12 层，17 号楼：C207 的第 16～17 层，18 号楼：C220 的第 1～23 层、C222 的第 9 层、C229 的第 11～23 层和 C231 的第 8 层，19 号楼：C236 的第 12～22 层、C238 的第 10 层、C245 的第 12～22 层和 C274 的第 8 层，20 号楼：C252 的第 1～22 层和 C261 的第 1～22 层，以上窗户大寒日满窗日照时间大于等于 1h 而小于 2h。

以上住宅的其他窗户及 1 号、3～5 号、8～10 号、12 号、14 号、15 号楼的所有窗户大寒日满窗日照时间都不小于 2h。

结论：规划范围内住宅楼所有住户均满足至少有一个窗户大寒日满窗日照时间不小于 2h 的日照标准。

分析西侧地块项目配套幼儿园的日照情况，可见幼儿园所有生活用房均满足冬至日日照不小于 3h 的日照标准。

济南市凤凰山小区的日照分析图（局部）、其 1 号楼窗户分析表（局部）分别如图 6.6、图 6.7 所示。小区幼儿园面域分析图、小区幼儿园窗户表分别如图 6.8、图 6.9 所示。

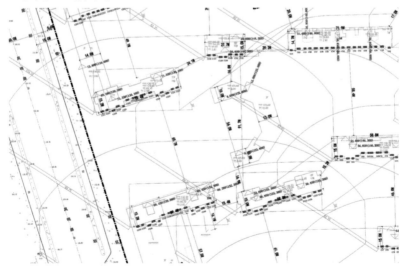

图 6.6　济南市凤凰山小区日照分析图（局部）

1号建筑窗户日照分析表（累计,太阳时,左右端）　　　　　　　单位：小时

户型	窗号-层数	窗台高	左端日照	右端日照	满窗日照	8:00 9:00 10:00 11:00 12:00 13:00 14:00 15:00 16:00
	C1-1	151.1	2:35(10:40~13:15)	2:40(10:50~13:30)	2:25(10:50~13:15)	
	C1-2	154.1	2:35(10:40~13:15)	2:40(10:50~13:30)	2:35(10:50~13:15)	
	C1-3	157.1	2:35(10:40~13:15)	2:45(10:45~13:30)	2:30(10:45~13:15)	
	C1-4	160.1	2:45(10:30~13:15)	2:50(10:40~13:30)	2:35(10:40~13:15)	
	C1-5	163.1	2:55(10:20~13:15)	3:10(10:20~13:30)	2:55(10:20~13:15)	
C1	C1-6	166.1	3:40(09:35~13:15)	3:55(09:35~13:30)	3:40(09:35~13:15)	
	C1-7	169.1	4:30(08:40~09:05 09:10~13:15)	4:45(08:45~13:30)	4:25(08:45~09:05 09:10~13:15)	
	C1-8	172.1	4:55(08:20~13:15)	5:10(08:20~13:30)	4:55(08:20~13:15)	
	C1-9	175.1	5:10(08:05~13:15)	5:25(08:05~13:30)	5:10(08:05~13:15)	
	C1-10	178.1	5:15(08:00~13:15)	5:30(08:00~13:30)	5:15(08:00~13:15)	
	C1-11	181.1	5:15(08:00~13:15)	5:30(08:00~13:30)	5:15(08:00~13:15)	
	C2-1	151.1	2:45(11:05~13:50)	2:50(11:15~14:05)	2:35(11:15~13:50)	
	C2-2	154.1	2:45(11:05~13:50)	2:50(11:15~14:05)	2:35(11:15~13:50)	
	C2-3	157.1	2:50(11:00~13:50)	2:55(11:10~14:05)	2:40(11:10~13:50)	
	C2-4	160.1	2:55(10:55~13:50)	3:00(11:05~14:05)	2:45(11:05~13:50)	
	C2-5	163.1	3:40(10:10~13:50)	3:45(10:20~14:05)	3:30(10:20~13:50)	
1# C2	C2-6	166.1	4:15(09:20~09:30 09:45~13:50)	4:35(09:15~09:40 09:55~14:05)	4:05(09:20~09:30 09:55~13:50)	
	C2-7	169.1	5:05(08:45~13:50)	5:20(08:45~14:05)	5:05(08:45~13:50)	
	C2-8	172.1	5:25(08:25~13:50)	5:40(08:25~14:05)	5:25(08:25~13:50)	
	C2-9	175.1	5:40(08:10~13:50)	6:00(08:00~08:05 08:10~14:05)	5:40(08:10~13:50)	
	C2-10	178.1	5:50(08:00~13:50)	6:05(08:00~14:05)	5:50(08:00~13:50)	
	C2-11	181.1	5:50(08:00~13:50)	6:05(08:00~14:05)	5:50(08:00~13:50)	
	C3-1	151.1	2:55(11:25~14:20)	3:00(11:30~14:30)	2:50(11:30~14:20)	
	C3-2	154.1	2:55(11:25~14:20)	3:00(11:30~14:30)	2:50(11:30~14:20)	
	C3-3	157.1	2:55(11:25~14:20)	3:00(11:30~14:30)	2:50(11:30~14:20)	
	C3-4	160.1	3:00(11:20~14:20)	3:05(11:25~14:30)	2:55(11:25~14:20)	
	C3-5	163.1	3:45(10:35~14:20)	3:50(10:40~14:30)	3:40(10:40~14:20)	
C3	C3-6	166.1	4:55(09:20~09:55 10:00~14:20)	5:05(09:25~14:30)	4:50(09:25~09:55 10:00~14:20)	
	C3-7	169.1	5:30(08:50~14:20)	5:40(08:50~14:30)	5:30(08:50~14:20)	
	C3-8	172.1	5:50(08:30~14:20)	5:55(08:35~14:30)	5:45(08:35~14:20)	
	C3-9	175.1	6:20(08:00~14:20)	6:30(08:00~14:30)	6:20(08:00~14:20)	
	C3-10	178.1	6:20(08:00~14:20)	6:30(08:00~14:30)	6:20(08:00~14:20)	
	C3-11	181.1	6:20(08:00~14:20)	6:30(08:00~14:30)	6:20(08:00~14:20)	

图6.7　济南市凤凰山小区1号楼窗户分析表（局部）

图6.8　济南市凤凰山小区幼儿园面域分析图

户型	窗号	窗号-层数	窗台高	左端日照	右端日照	满窗日照	
1	C1	C1-1	123.2	3:35(09:00~12:35)	4:25(09:00~13:25)	3:35(09:00~12:35)	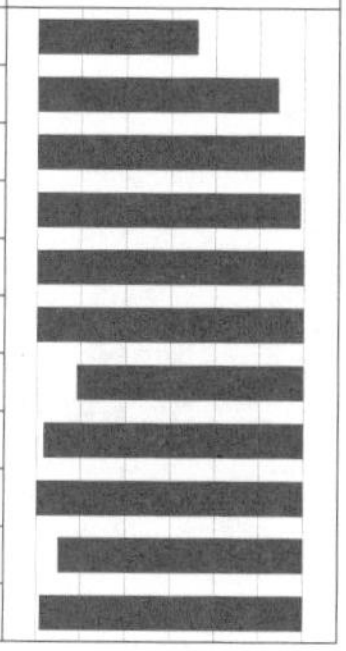
		C1-2	126.7	5:25(09:00~14:25)	6:00(09:00~15:00)	5:25(09:00~14:25)	
		C1-3	130.2	6:00(09:00~15:00)	6:00(09:00~15:00)	6:00(09:00~15:00)	
	C2	C2-1	123.2	5:55(09:00~14:55)	6:00(09:00~15:00)	5:55(09:00~14:55)	
		C2-2	126.7	6:00(09:00~15:00)	6:00(09:00~15:00)	6:00(09:00~15:00)	
		C2-3	130.2	6:00(09:00~15:00)	6:00(09:00~15:00)	6:00(09:00~15:00)	
	C3	C3-1	123.2	5:30(09:30~15:00)	5:05(09:55~15:00)	5:05(09:55~15:00)	
		C3-2	126.7	6:00(09:00~15:00)	5:50(09:10~15:00)	5:50(09:10~15:00)	
		C3-3	130.2	6:00(09:00~15:00)	6:00(09:00~15:00)	6:00(09:00~15:00)	
	C4	C4-1	123.2	5:30(09:30~15:00)	5:30(09:30~15:00)	5:30(09:30~15:00)	
		C4-2	126.7	6:00(09:00~15:00)	5:55(09:05~15:00)	5:55(09:05~15:00)	

图 6.9 济南市凤凰山小区幼儿园窗户表（局部）

6.3 山东师范大学第二附属中学建大校区

山东师范大学第二附属中学建大校区位于济南市世纪大道以南，临港路以西，主要包括小学教学部、初中教学部、教学办公综合楼、学生宿舍食堂综合楼、风雨操场等。学校总占地面积 58 亩，总建筑面积 51900m²。办校规模 60 个教学班，在校生约 3000 人。其鸟瞰图、日照分析图分别如图 6.10、图 6.11 所示。

图 6.10 山东师范大学第二附属中学建大校区鸟瞰图

163

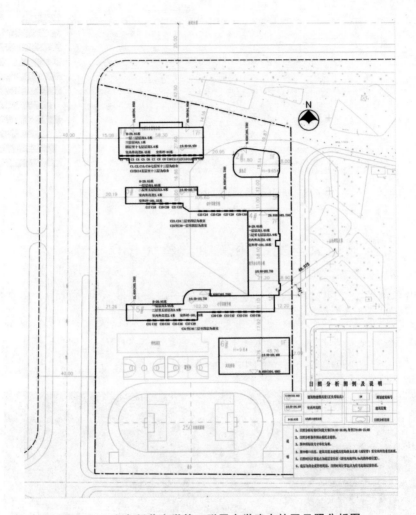

图 6.11　山东师范大学第二附属中学建大校区日照分析图

　　建设项目的中小学校教室、学生宿舍需满足日照要求。其中，普通教室冬至日满窗日照不应少于 2h，学生宿舍半数以上的居室，应能获得同住宅居住空间相等的日照标准。经日照测算，该项目符合日照标准相关要求。其学生宿舍窗户分析表、初中部教学楼日照分析表、小学部教学楼日照分析表分别如图6.12～图6.14 所示。

编号	窗台高	左端日照时间	右端日照时间	满窗日照时间	9:00 11:00 13:00 15:00
C1-1	120.750	8:00(08:00～16:00)	8:00(08:00～16:00)	8:00(08:00～16:00)	
C2-1	120.750	8:00(08:00～16:00)	8:00(08:00～16:00)	8:00(08:00～16:00)	
C3-1	113.550	6:45(09:15～16:00)	6:45(09:15～16:00)	6:45(09:15～16:00)	
C4-1	113.550	6:45(09:15～16:00)	6:45(09:15～16:00)	6:45(09:15～16:00)	
C5-1	113.550	6:45(09:15～16:00)	6:45(09:15～16:00)	6:45(09:15～16:00)	
C6-1	113.550	6:45(09:15～16:00)	6:45(09:15～16:00)	6:45(09:15～16:00)	
C7-1	113.550	6:45(09:15～16:00)	6:40(09:15～14:50 14:55～16:00)	6:40(09:15～14:50 14:55～16:00)	
C8-1	113.550	6:30(09:15～14:50 15:05～16:00)	6:15(09:15～14:50 15:20～16:00)	6:15(09:15～14:50 15:20～16:00)	
C9-1	113.550	6:20(08:35～08:45 09:15～14:50 15:25～16:00)	6:20(08:35～09:00 09:15～14:50 15:40～16:00)	6:05(08:35～08:45 09:15～14:50 15:40～16:00)	
C10-1	113.550	6:10(08:40～09:05 09:15～14:50 15:50～16:00)	6:10(08:40～09:05 09:15～14:50)	6:00(08:40～09:05 09:15～14:50)	
C11-1	113.550	6:05(08:45～14:50)	6:05(08:45～14:50)	6:05(08:45～14:50)	
C12-1	113.550	6:00(08:50～14:50)	5:55(08:55～14:50)	5:55(08:55～14:50)	
C13-1	113.550	5:55(08:55～14:50)	5:50(09:00～14:50)	5:50(09:00～14:50)	
C14-1	113.550	5:50(09:00～14:50)	5:45(09:05～14:50)	5:45(09:05～14:50)	
C15-1	120.750	7:50(08:10～16:00)	7:50(08:10～16:00)	7:50(08:10～16:00)	
C16-1	120.750	7:55(08:00～08:05 08:10～16:00)	8:00(08:00～16:00)	7:55(08:00～08:05 08:10～16:00)	

图 6.12　山东师范大学第二附属中学建大校区学生宿舍窗户分析表

编号	窗台高	左端日照时间	右端日照时间	满窗日照时间	10:00 12:00 14:00
C17-1	104.650	6:00(09:00～15:00)	6:00(09:00～15:00)	6:00(09:00～15:00)	
C18-1	104.650	6:00(09:00～15:00)	6:00(09:00～15:00)	6:00(09:00～15:00)	
C19-1	104.650	6:00(09:00～15:00)	6:00(09:00～15:00)	6:00(09:00～15:00)	
C20-1	104.650	5:55(09:05～15:00)	5:50(09:10～15:00)	5:50(09:10～15:00)	
C21-1	104.650	5:40(09:20～15:00)	5:35(09:25～15:00)	5:35(09:25～15:00)	
C22-1	104.650	5:30(09:30～15:00)	4:30(10:30～15:00)	4:30(10:30～15:00)	
C23-1	108.700	5:15(09:45～15:00)	5:05(09:55～15:00)	5:05(09:55～15:00)	
C24-1	108.700	5:05(09:55～15:00)	4:55(10:05～15:00)	4:55(10:05～15:00)	
C25-1	104.650	4:35(10:25～15:00)	4:25(10:35～15:00)	4:25(10:35～15:00)	
C26-1	104.650	4:25(10:35～15:00)	4:15(10:45～15:00)	4:15(10:45～15:00)	
C27-1	104.650	4:05(10:55～15:00)	3:55(11:05～15:00)	3:55(11:05～15:00)	
C28-1	104.650	3:50(11:10～15:00)	3:40(11:20～15:00)	3:40(11:20～15:00)	
C29-1	104.650	3:30(11:30～15:00)	3:20(11:40～15:00)	3:20(11:40～15:00)	
C30-1	104.650	3:15(11:45～15:00)	3:00(12:00～15:00)	3:00(12:00～15:00)	

图 6.13　山东师范大学第二附属中学建大校区初中部教学楼日照分析表

编号	窗台高	左端日照时间	右端日照时间	满窗日照时间	10:00 12:00 14:00
C31-1	108.700	6:00(09:00～15:00)	6:00(09:00～15:00)	6:00(09:00～15:00)	
C32-1	108.700	6:00(09:00～15:00)	6:00(09:00～15:00)	6:00(09:00～15:00)	
C33-1	108.700	6:00(09:00～15:00)	6:00(09:00～15:00)	6:00(09:00～15:00)	
C34-1	108.700	6:00(09:00～15:00)	6:00(09:00～15:00)	6:00(09:00～15:00)	
C35-1	108.700	6:00(09:00～15:00)	6:00(09:00～15:00)	6:00(09:00～15:00)	
C36-1	108.700	6:00(09:00～15:00)	6:00(09:00～15:00)	6:00(09:00～15:00)	
C37-1	108.700	6:00(09:00～15:00)	6:00(09:00～15:00)	6:00(09:00～15:00)	
C38-1	108.700	6:00(09:00～15:00)	6:00(09:00～15:00)	6:00(09:00～15:00)	
C39-1	108.700	6:00(09:00～15:00)	6:00(09:00～15:00)	6:00(09:00～15:00)	
C40-1	108.700	6:00(09:00～15:00)	6:00(09:00～15:00)	6:00(09:00～15:00)	
C41-1	108.700	6:00(09:00～15:00)	6:00(09:00～15:00)	6:00(09:00～15:00)	
C42-1	108.700	6:00(09:00～15:00)	6:00(09:00～15:00)	6:00(09:00～15:00)	
C43-1	108.700	6:00(09:00～15:00)	6:00(09:00～15:00)	6:00(09:00～15:00)	
C44-1	108.700	6:00(09:00～15:00)	6:00(09:00～15:00)	6:00(09:00～15:00)	
C45-1	108.700	6:00(09:00～15:00)	6:00(09:00～15:00)	6:00(09:00～15:00)	
C46-1	108.700	6:00(09:00～15:00)	6:00(09:00～15:00)	6:00(09:00～15:00)	

图 6.14　山东师范大学第二附属中学建大校区小学部教学楼日照分析表

6.4　山东省立医院东院

　　山东省立医院东院位于济南市经十东路北侧，奥体中心对面，占地面积400余亩，按三级甲等医院标准建设，建筑面积21万平方米。

　　山东省立医院东院包括门诊、急诊、医技、普通病房和保健病房等医疗及保障设施，响应泉城"四面荷花三面柳，一城山色半城湖"的文化背景，把建筑形象寓意为"荷花满塘、医海绽放"，建筑风格既融合了现代化与人文化，又秉承了绿色、健康、生命的鲜明主题，堪称现代建筑与济南深厚文化内涵有机结合的典范。

医院病房需满足冬至日 2h 的日照标准要求，经日照验算，G 号楼 C 61、C62、C63、C64、C69、C70、C71、C72 的第 6 层（不计技术层），C65、C66、C67、C68 的第 6～7 层冬至日日照小于 2h。病房楼南向被测试窗户冬至日满窗日照不小于 2h。

山东省立医院东院的透视图、G 号病房楼标准层平面图、纵剖面图及 G 号病房楼窗户分析表如图 6.15～图 6.18 所示。

图 6.15　山东省立医院东院透视图

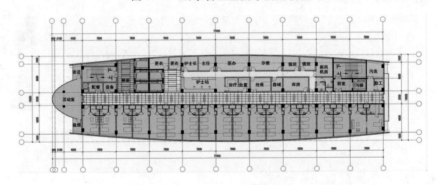

图 6.16　山东省立医院东院 G 号病房楼标准层平面图

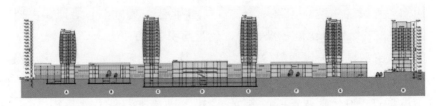

图 6.17　山东省立医院东院纵剖面图

编号	窗台高	左端日照时间	右端日照时间	满窗日照时间	10:00 12:00 14:00
C61-1	132.900	1:55(13:05～15:00)	2:05(12:55～15:00)	1:55(13:05～15:00)	
C61-2	136.700	2:50(11:35～12:30 13:05～15:00)	3:00(11:35～12:30 12:55～15:00)	2:50(11:35～12:30 13:05～15:00)	
C62-1	132.900	1:45(13:15～15:00)	1:50(13:10～15:00)	1:45(13:15～15:00)	
C62-2	136.700	2:30(11:40～12:25 13:15～15:00)	2:35(11:40～12:25 13:10～15:00)	2:30(11:40～12:25 13:15～15:00)	
C63-1	132.900	1:30(13:30～15:00)	1:35(13:25～15:00)	1:30(13:30～15:00)	
C63-2	136.700	2:15(11:40～12:25 13:30～15:00)	2:20(11:40～12:25 13:25～15:00)	2:15(11:40～12:25 13:30～15:00)	
C64-1	132.900	1:15(13:45～15:00)	1:25(13:35～15:00)	1:15(13:45～15:00)	
C64-2	136.700	2:00(11:40～12:25 13:45～15:00)	2:10(11:40～12:25 13:35～15:00)	2:00(11:40～12:25 13:45～15:00)	
C65-1	132.900	1:05(13:55～15:00)	1:10(13:50～15:00)	1:05(13:55～15:00)	
C65-2	136.700	1:50(11:40～12:25 13:55～15:00)	1:55(11:40～12:25 13:50～15:00)	1:50(11:40～12:25 13:55～15:00)	
C65-3	140.500	4:55(10:05～15:00)	4:55(10:05～15:00)	4:55(10:05～15:00)	
C66-1	132.900	0:50(14:10～15:00)	1:00(14:00～15:00)	0:50(14:10～15:00)	
C66-2	136.700	1:45(11:35～12:30 14:00～15:00)	1:55(11:35～12:30 14:00～15:00)	1:45(11:35～12:30 14:10～15:00)	
C66-3	140.500	4:45(10:05～14:00 14:10～15:00)	4:55(10:05～15:00)	4:45(10:05～14:00 14:10～15:00)	
C67-1	132.900	0:50(09:00～09:10 14:20～15:00)	0:45(14:15～15:00)	0:40(14:20～15:00)	
C67-2	136.700	1:55(09:00～09:10 11:30～12:35 14:20～15:00)	1:40(11:35～12:30 14:15～15:00)	1:35(11:35～12:30 14:20～15:00)	
C67-3	140.500	4:45(09:00～09:10 10:05～14:00 14:20～15:00)	4:40(10:05～14:00 14:25～15:00)	4:35(10:05～14:00 14:20～15:00)	
C68-1	132.900	0:50(09:00～09:20 14:30～15:00)	0:45(09:00～09:10 14:25～15:00)	0:40(09:00～09:10 14:30～15:00)	
C68-2	136.700	2:05(09:00～09:20 11:25～12:40 14:30～15:00)	1:50(09:00～09:10 11:30～12:35 14:25～15:00)	1:45(09:00～09:10 11:30～12:35 14:30～15:00)	
C68-3	140.500	4:45(09:00～09:20 10:05～14:00 14:30～15:00)	4:40(09:00～09:10 10:05～14:00 14:25～15:00)	4:35(09:00～09:10 10:05～14:00 14:30～15:00)	
C69-1	132.900	0:50(09:00～09:25 14:35～15:00)	0:50(09:00～09:25 14:35～15:00)	0:45(09:00～09:25 14:35～15:00)	
C69-2	136.700	2:15(09:00～09:30 11:20～12:45 14:40～15:00)	2:05(09:00～09:25 11:25～12:40 14:35～15:00)	2:00(09:00～09:25 11:25～12:40 14:40～15:00)	
C70-1	132.900	0:50(09:00～09:40 14:50～15:00)	0:50(09:00～09:35 14:45～15:00)	0:45(09:00～09:35 14:50～15:00)	
C70-2	136.700	2:25(09:00～09:40 11:15～12:50 14:50～15:00)	2:25(09:00～09:35 11:15～12:50 14:45～15:00)	2:20(09:00～09:35 11:15～12:50 14:50～15:00)	
C71-1	132.900	0:55(09:00～09:55)	0:50(09:00～09:45)	0:45(09:00～09:45)	
C71-2	136.700	2:40(09:00～09:55 11:10～12:55)	2:35(09:00～09:45 11:10～12:55 14:55～15:00)	2:30(09:00～09:45 11:10～12:55)	
C72-1	132.900	1:05(09:00～10:05)	1:00(09:00～10:00)	1:00(09:00～10:00)	
C72-2	136.700	3:00(09:00～10:05 11:05～13:00)	2:55(09:00～10:00 11:05～13:00)	2:55(09:00～10:00 11:05～13:00)	

图 6.18　山东省立医院东院 G 号病房楼窗户分析表

6.5　山东新泰银河社区老年公寓

山东新泰银河社区老年公寓，位于新泰市顺达路以北，新兴路以东，占地约 7000m²，总建筑面积 1.9 万平方米。

老年公寓主体部分共 9 层，平面呈 U 形布置，南侧部分布置老年公寓，北侧部分布置厨房、阅览室、活动室、康复训练室及多功能厅。

老年公寓需满足冬至日日照 2h，经软件测算，南向房间冬至日日照时间均在 2h 以上。但老年公寓对其西侧 4 号住宅楼形成了遮挡。其中，4 号楼窗 C1～C7 第 1 层建前不满足大寒日日照时间 3h，建后日照时间减少；C5～C8 第 2 层、C9～C10 第 1～2 层、C11～C12 第 1～3 层建前满足大寒日日照时间 3h，建后不满足大寒日日照时间 3h，日照时间减少。

山东新泰银河社区老年公寓窗户分析图、其窗户分析表、4 号住宅楼窗户分析表如图 6.19～图 6.21 所示。

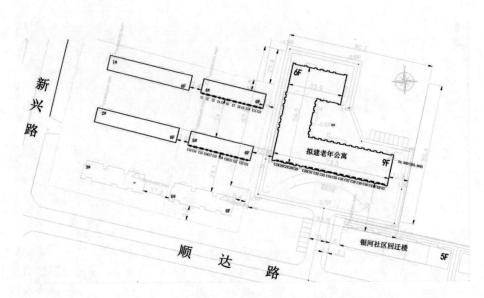

图 6.19　山东新泰银河社区老年公寓窗户分析图

窗号	窗号-层数	窗台高	左端日照	右端日照	满窗日照	
C25	C25-1	210.76	5:50(09:00~14:50)	5:55(09:00~14:55)	5:50(09:00~14:50)	
C26	C26-1	210.76	6:00(09:00~15:00)	6:00(09:00~15:00)	6:00(09:00~15:00)	
C27	C27-1	210.76	6:00(09:00~15:00)	6:00(09:00~15:00)	6:00(09:00~15:00)	
C28	C28-1	210.76	6:00(09:00~15:00)	6:00(09:00~15:00)	6:00(09:00~15:00)	
C29	C29-1	210.76	6:00(09:00~15:00)	6:00(09:00~15:00)	6:00(09:00~15:00)	
C30	C30-1	210.76	6:00(09:00~15:00)	6:00(09:00~15:00)	6:00(09:00~15:00)	
C31	C31-1	210.76	6:00(09:00~15:00)	6:00(09:00~15:00)	6:00(09:00~15:00)	
C32	C32-1	210.76	6:00(09:00~15:00)	6:00(09:00~15:00)	6:00(09:00~15:00)	
C33	C33-1	210.76	6:00(09:00~15:00)	6:00(09:00~15:00)	6:00(09:00~15:00)	
C34	C34-1	218.26	6:00(09:00~15:00)	6:00(09:00~15:00)	6:00(09:00~15:00)	
C35	C35-1	218.26	6:00(09:00~15:00)	6:00(09:00~15:00)	6:00(09:00~15:00)	
C36	C36-1	210.76	6:00(09:00~15:00)	6:00(09:00~15:00)	6:00(09:00~15:00)	
C37	C37-1	210.76	6:00(09:00~15:00)	6:00(09:00~15:00)	6:00(09:00~15:00)	
C38	C38-1	210.76	6:00(09:00~15:00)	6:00(09:00~15:00)	6:00(09:00~15:00)	
C39	C39-1	210.76	6:00(09:00~15:00)	6:00(09:00~15:00)	6:00(09:00~15:00)	
C40	C40-1	210.76	6:00(09:00~15:00)	6:00(09:00~15:00)	6:00(09:00~15:00)	
C41	C41-1	210.76	6:00(09:00~15:00)	6:00(09:00~15:00)	6:00(09:00~15:00)	
C42	C42-1	210.76	6:00(09:00~15:00)	5:50(09:00~14:45 14:55~15:00)	5:50(09:00~14:45 14:55~15:00)	
C43	C43-1	210.76	5:45(09:00~14:45)	5:20(09:25~14:45)	5:20(09:25~14:45)	

图 6.20　山东新泰银河社区老年公寓窗户分析表

户型	窗号	窗号-层数	窗台高	建前左端	建后左端	建前右端	建后右端	建前满窗	建后满窗	差值（小时）
4#-1	C1	C1-1	206.85	1:55	1:00	1:55	0:55	1:40	0:40	1:00
		C1-2	209.75	5:15	4:20	5:10	4:10	5:00	4:00	1:00
	C2	C2-1	206.85	1:55	0:50	2:00	0:50	1:30	0:20	1:10
		C2-2	209.75	5:05	4:00	4:55	3:45	4:40	3:30	1:10
4#-2	C3	C3-1	206.85	2:05	0:50	2:05	0:45	1:40	0:20	1:20
		C3-2	209.75	4:55	3:40	4:45	3:25	4:30	3:10	1:20
	C4	C4-1	206.85	2:10	0:45	2:15	0:45	2:00	0:30	1:30
		C4-2	209.75	4:40	3:15	4:40	3:10	4:30	3:10	1:20
4#-3	C5	C5-1	206.85	2:15	0:40	2:15	0:35	2:00	0:20	1:40
		C5-2	209.75	4:35	3:00	4:30	2:50	4:20	2:40	1:40
		C5-3	212.65	6:05	4:30	6:00	4:20	5:50	4:10	1:40
	C6	C6-1	206.85	2:15	0:35	2:25	0:35	2:10	0:20	1:50
		C6-2	209.75	4:25	2:45	4:20	2:30	4:20	2:30	1:50
		C6-3	212.65	5:55	4:15	5:50	4:00	5:50	4:00	1:50
4#-4	C7	C7-1	206.85	2:35	0:40	2:50	0:45	2:35	0:30	2:05
		C7-2	209.75	4:20	2:25	4:20	2:15	4:20	2:15	2:05
		C7-3	212.65	5:50	3:55	5:50	3:45	5:50	3:45	2:05
	C8	C8-1	206.85	3:00	0:45	3:05	0:45	3:00	0:40	2:20
		C8-2	209.75	4:20	2:05	4:20	2:00	4:20	2:00	2:20
		C8-3	212.65	5:50	3:35	5:50	3:30	5:50	3:30	2:20
4#-5	C9	C9-1	206.85	3:15	0:50	3:25	0:55	3:15	0:45	2:30
		C9-2	209.75	4:20	1:55	4:20	1:50	4:20	1:50	2:30
		C9-3	212.65	5:50	3:25	5:50	3:20	5:50	3:20	2:30
	C10	C10-1	206.85	3:35	1:00	3:50	1:00	3:35	0:45	2:50
		C10-2	209.75	4:20	1:45	4:20	1:30	4:20	1:30	2:50
		C10-3	212.65	5:50	3:15	5:50	3:00	5:50	3:00	2:50
4#-6	C11	C11-1	206.85	4:05	1:10	4:20	1:10	4:05	0:55	3:10
		C11-2	209.75	4:20	1:25	4:20	1:10	4:20	1:10	3:10
		C11-3	212.65	5:50	2:40	5:50	2:40	5:50	2:40	3:10
		C11-4	215.55	6:55	4:00	6:55	3:45	6:55	3:45	3:10
	C12	C12-1	206.85	4:30	1:15	4:45	1:25	4:30	1:10	3:20
		C12-2	209.75	4:30	1:15	4:45	1:25	4:30	1:10	3:20
		C12-3	212.65	5:50	2:35	5:50	2:30	5:50	2:30	3:20
		C12-4	215.55	6:55	3:40	6:55	3:35	6:55	3:35	3:20

图 6.21 山东新泰银河社区老年公寓 4 号住宅楼窗户分析表

6.6 上海市某花园二期日照分析

上海市某花园坐落于上海市徐家汇核心区域，方案为新建 A1、A2、A3、A4 共 4 栋高层建筑，建筑总面积为 5.2 万平方米。根据上海市客体分析范围的计算规则，北侧已建住宅建筑 B1、B2、B3 在新建建筑的客体影响范围内，C1 建筑为已建公共建筑，故需对 B1、B2、B3 建筑进行详细的日照分析（见图 6.22 和图 6.23）。

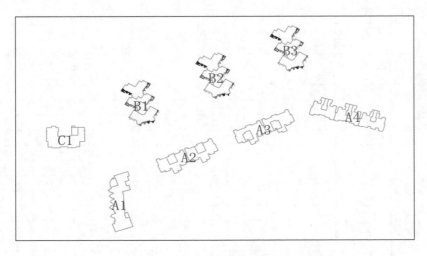

图 6.22 日照分析总图模型

图 6.23 三维模型及全天阴影分析

经对 B1、B2、B3 建筑的详细分析可知：B1 楼建设前不满足冬至日连续 1h 日照的窗户数为 79 个，不满足的户数为 39 户；建设后不满足冬至日连续 1h 日照的窗户数为 83 个，增加了 4 个，不满足的户数为 39 户，没有增加，满足标准要求（B2、B3 结果可参考表 6.1 所示，均满足标准要求）。

表6.1　　　　　　　　　　　分户统计表

分析建筑编号	建设前		建设后	
	不满足的窗数/个	不满足的户数/户	不满足的窗数/个	不满足的户数/户
B1	79	39	83	39
B2	79	39	81	39
B3	91	39	91	39

B1、B2、B3建筑详细窗日照分析结果如表6.2～表6.4所示。

表6.2　　　　　　　　　　B1楼窗日照分析表

分户编号	窗位	层号	窗台高/米	建设前		建设后	
				日照时间	最长有效连照	日照时间	最长有效连照
A	1	2	12.50	09：00～10：30	01：30	09：08～09：20 09：32～10：30	00：58
		3～20	15.50～66.50	09：00～10：30	01：30	09：00～10：30	01：30
	2	2	12.50	09：00～09：17	00：17	0	00：00
		3	15.50	09：00～09：19	00：19	09：00～09：07	00：07
		4～20	18.50～66.50	09：00～09：19	00：19	09：00～09：19	00：19
	3	2～20	12.50～66.50	0	00：00	0	00：00
B	4	2	12.50	09：00～10：17	01：17	09：46～10：17	00：31
		3	15.50	09：00～10：17	01：17	09：38～10：17	00：39
		4	18.50	09：00～10：17	01：17	09：30～10：17	00：47
		5	21.50	09：00～10：17	01：17	09：14～10：17	01：03
	5	2～5	12.50～21.50	0	00：00	0	00：00
		6～21	24.50～69.50	09：00～09：01	00：00	09：00～09：01	
		22	72.50	09：00～10：01 11：27～12：30	02：04	09：00～10：01 11：27～12：30	02：04
	6	2～21	12.50～69.50	0	00：00	0	00：00
		22	72.50	11：28～12：07	00：39	11：28～12：07	00：39

注　1. 本楼首层为架空层；整楼分户编号为A～H，共10户，为了简化表格，在此省略全满足的分户。

　　2. 计算输出时只输出到满足的层数为止。

　　3. 建设前满足，建设后不满足，建设后结果加底纹。

　　4. 建设前不满足，建设后不满足（无恶化），建设前后结果加底纹。

　　5. 建设前不满足，建设后不满足（恶化），建设前结果加底纹，建设后结果加底纹和粗边框。

表 6.3　　　　　　　　　　　　　B2 楼窗日照分析表

分户编号	窗位	层号	窗台高/米	建设前		建设后	
				日照时间	最长有效连照	日照时间	最长有效连照
A	1	2~20	12.50~66.50	09:00~10:30	01:30	09:00~10:30	01:30
	2	2~20	12.50~66.50	09:00~09:19	00:19	09:00~09:19	00:19
	3	2~20	12.50~66.50	0	00:00	0	00:00
B	4	2~20	12.50~66.50	09:00~10:17	01:17	09:00~10:17	01:17
	5	2~21	12.50~69.50	09:00~09:01	00:00	09:00~09:01	00:00
		22	72.50	09:00~10:01 11:27~12:30	02:04	09:00~10:01 11:27~12:30	02:04
	6	2~21	12.50~69.50	0	00:00	0	00:00
		22	72.50	11:28~12:07	00:39	11:28~12:07	00:39
C	7	2	12.50	09:00~11:30	02:30	09:20~09:48 11:18~12:20	01:02
		3	15.50	09:00~11:30	02:30	10:46~10:52 10:53~11:54	01:01
		4	18.50	09:00~11:30	02:30	09:00~09:46 10:08~11:30	01:22
	8	2	12.50	09:00~11:50	02:50	09:16~09:25 11:45~11:50	00:09
		3	15.50	09:00~11:50	02:50	09:01~09:25 11:04~11:50	00:46
		4	18.50	09:00~11:50	02:50	09:00~09:25 10:16~10:21 10:24~11:50	01:26

注　1. 本楼首层为架空层；整楼分户编号为 A~H，共 10 户，为了简化表格，在此省略全满足的分户。

　　2. 计算输出时只输出到满足的层数为止。

　　3. 建设前满足，建设后不满足，建设后结果加底纹。

　　4. 建设前不满足，建设后不满足（无恶化），建设前后结果加底纹。

　　5. 建设前不满足，建设后不满足（恶化），建设前结果加底纹，建设后结果加底纹和粗边框。

表 6.4   **B3 楼窗日照分析表**

分户编号	窗位	层号	窗台高/米	建设前		建设后	
				日照时间	最长有效连照	日照时间	最长有效连照
A	1	2～20	12.50～66.50	09:00～10:30	01:30	09:00～10:30	01:30
	2	2～20	12.50～66.50	09:00～09:19	00:19	09:00～09:19	00:19
	3	2～20	12.50～66.50	0	00:00	0	00:00
B	4	2～20	12.50～66.50	09:00～10:17	01:17	09:00～10:17	01:17
	5	2～21	12.50～69.50	09:00～09:01	00:00	09:00～09:01	00:00
		22	72.50	09:00～10:01 11:27～12:30	02:04	09:00～10:01 11:27～12:30	02:04
	6	2～21	12.50～69.50	0	00:00	0	00:00
		22	72.50	11:28～12:07	00:39	11:28～12:07	00:39
H	18	2～13	12.50～45.50	13:32～14:31	00:59	13:32～14:31	00:59
		14	48.50	13:32～14:44	01:12	13:32～14:44	01:12
	19	2～12	12.50～42.50	12:41～14:21	01:40	12:41～14:21	01:40
	20	2～11	12.50～39.50	11:39～14:07	02:28	11:39～14:07	02:28

注   1. 本楼首层为架空层；整楼分户编号为 A～H，共 10 户，为了简化表格，在此省略全满足的分户。

       2. 计算输出时只输出到满足的层数为止。

       3. 建设前满足，建设后不满足，建设后结果加底纹。

       4. 建设前不满足，建设后不满足（无恶化），建设前后结果加底纹。

       5. 建设前不满足，建设后不满足（恶化），建设前结果加底纹，建设后结果加底纹和粗边框。

6.7   海口美丽沙 14、15 地块日照分析

    海口美丽沙 14、15 地块位于海甸五西路与碧海大道交口的西北侧，项目总用地面积为 105284.44m²，总建筑面积为 520537.85m²。计容建筑面积为 343242.88m²，不计容建筑面积为 177294.97m²。该项目地上建筑面积为 370311.2m²，地下建筑面积为 150226.65m²。由 31～43 层的高层住宅、商业及配套公建组成，住宅总户数为 3088 户。

    该项目总平面图、效果图、日照分析图等如图 6.24～图 6.26 所示，日照分析统计如表 6.5 所示。

图 6.24 美丽沙 14、15 地块总平面图

图 6.25 美丽沙 14、15 地块效果图

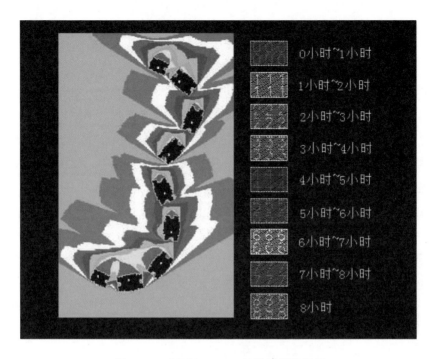

图 6.26　美丽沙 14、15 地块日照分析图

表 6.5 日照分析统计表

建筑编号	楼层	总户数	满足日照户数	不满足日照户数	满足日照比例
T1	36	165	132	33	80%
T2	40	436	301	135	69%
T3	43	472	283	189	60%
T5	37	400	366	34	92%
T6	31	352	324	28	92%
T7	31	296	215	81	73%
T8	35	376	303	73	81%
T9	40	436	294	142	67%
T10	34	155	99	56	64%
合计		3088	2317	771	75%

　　该项目共有 3088 户，有 2317 户满足大寒日 3h 日照时数要求，满足日照的户型比例为 75%。

6.8 湘潭市梦泽山庄

湖南省湘潭市梦泽山庄位于湘潭市岳塘区,东侧临湖湘东路,南侧为湖湘南路,北侧为湖湘公园,西侧为湖湘公园湖景,交通便利。该项目总用地面积约 48785.38m²,合计 73.17 亩。

考虑到用地周边道路及项目定位,项目规划设计为休闲、娱乐、餐饮及会议功能的体验式现代酒店综合体,整体成南北走向布局。其中 D 座设在原 A 座西侧,C 座设在 D 座北侧。

《民用建筑设计通则》规定建筑日照标准应符合宿舍半数以上的居室,能获得同住宅居住空间相等的日照标准;经日照分析可以看出,梦泽山庄满足半数以上的居室均能满足大寒日日照时数不小于 2h 的日照标准。

该项目基地周边电子地形图、总平面图、鸟瞰图、日照分析图等如图 6.27~图 6.31 所示。

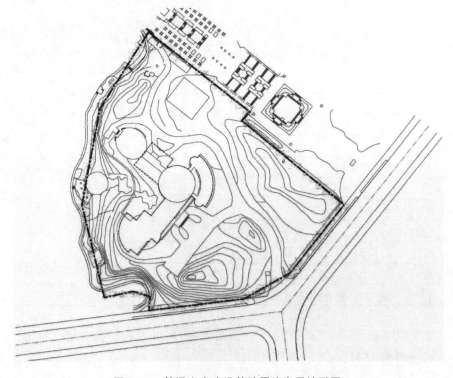

图 6.27 梦泽山庄建设基地周边电子地形图

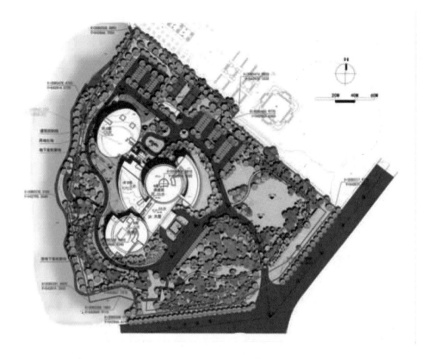

图 6.28　梦泽山庄总平面图

图 6.29　梦泽山庄鸟瞰图

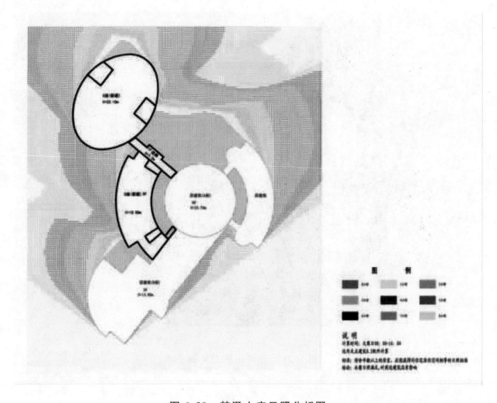

图 6.30 梦泽山庄日照分析图

附录 A 建筑日照设计常用名词与代号

名　称	代　号	单　位	说　明
太阳位置			太阳位置由高度角、方位角确定
高 度 角	h_s	度	直射阳光与水平面夹角
方 位 角	A_s	度	直射阳光水平投影和正南方位的夹角，正南方向为0°，午前负值
赤　纬	δ	度	太阳光线垂直照射的地点与地球赤道所夹的圆心角。赤纬值每日每时在变化，全年变化范围为23°27′～−23°27′
北京时间		时	东经120°的平太阳时，为中国标准时
真太阳时		时	太阳连续两次经过当地观测点的上中天（当地正午12时）的时间间隔为1真太阳日，1真太阳日分24真太阳时
时　差		时	真太阳日与平太阳日在一天中的时间差
平太阳时		时	理论上假设的"太阳"（平太阳）以均匀的转速在天球赤道上运行，两次经过观测点上中天的时间间隔为1平太阳日，1平太阳日分24平太阳时

附录 B　全国主要城市太阳位置数据表

1. 北京（北纬 39°57′）
2. 天津（北纬 39°07′）
3. 上海（北纬 31°12′）
4. 石家庄（北纬 38°04′）
5. 保定（北纬 38°53′）
6. 太原（北纬 37°55′）
7. 大同（北纬 40°00′）
8. 运城（北纬 35°00′）
9. 呼和浩特（北纬 40°49′）
10. 扎兰屯（北纬 48°05′）
11. 多伦（北纬 42°12′）
12. 哈尔滨（北纬 45°45′）
13. 齐齐哈尔（北纬 47°20′）
14. 佳木斯（北纬 46°49′）
15. 漠河（北纬 53°29′）
16. 长春（北纬 43°52′）
17. 延吉（北纬 42°54′）
18. 沈阳（北纬 41°46′）
19. 丹东（北纬 40°05′）
20. 济南（北纬 36°41′）
21. 青岛（北纬 36°04′）

22. 南京（北纬 32°04′）
23. 徐州（北纬 34°19′）
24. 合肥（北纬 31°53′）
25. 蚌埠（北纬 32°56′）
26. 杭州（北纬 30°20′）
27. 宁波（北纬 29°54′）
28. 南昌（北纬 28°40′）
29. 赣州（北纬 25°52′）
30. 福州（北纬 26°05′）
31. 厦门（北纬 24°27′）
32. 基隆（北纬 25°09′）
33. 高雄（北纬 22°36′）
34. 郑州（北纬 34°44′）
35. 信阳（北纬 32°08′）
36. 武汉（北纬 30°38′）
37. 襄樊（北纬 32°02′）
38. 长沙（北纬 28°15′）
39. 衡阳（北纬 26°56′）
40. 广州（北纬 23°08′）
41. 香港（北纬 22°22′）
42. 湛江（北纬 21°02′）

43. 海口（北纬 20°00′）
44. 南宁（北纬 22°48′）
45. 桂林（北纬 25°15′）
46. 西安（北纬 34°15′）
47. 延安（北纬 36°36′）
48. 银川（北纬 38°25′）
49. 兰州（北纬 36°01′）
50. 酒泉（北纬 39°45′）
51. 西宁（北纬 36°35′）
52. 玉树（北纬 32°57′）
53. 乌鲁木齐（北纬 43°47′）
54. 吐鲁番（北纬 42°47′）
55. 喀什（北纬 39°32′）
56. 成都（北纬 30°40′）
57. 重庆（北纬 29°30′）
58. 贵阳（北纬 26°34′）
59. 遵义（北纬 27°41′）
60. 昆明（北纬 25°02′）
61. 个旧（北纬 23°22′）
62. 拉萨（北纬 29°43′）
63. 昌都（北纬 31°11′）

附表 B.1　北京（北纬 39°57′）太阳位置数据表

季节	日出 时间方位	日落 时间方位	时间 午前 / 午后	5:00 / 19:00	6:00 / 18:00	7:00 / 17:00	8:00 / 16:00	9:00 / 15:00	10:00 / 14:00	11:00 / 13:00	12:00
夏至	4:34:47 −121°16′	19:25:13 +121°16′	高度角 h	4°13′	14°48′	25°57′	37°23′	48°50′	59°50′	69°12′	73°30′
			方位角 A	117°19′	108°24′	99°46′	90°43′	80°15′	65°55′	41°58′	0°
			水平阴影长率 l	13.5676	3.7835	2.0550	1.3086	0.8743	0.5812	0.3798	0.2962
大暑 （小满）	4:48:12 −116°46′	19:11:48 +116°46′	高度角 h	2°02′	12°49′	24°04′	35°33′	46°55′	57°39′	66°27′	70°15′
			方位角 A	114°54′	105°45′	96°50′	87°25′	76°20′	61°16′	37°26′	0°
			水平阴影长率 l	28.1400	4.3979	2.2382	1.3992	0.9350	0.6334	0.4360	0.3590
春分 （秋分）	6:00:00 −90°	18:00:00 +90°	高度角 h		0°	11°27′	22°32′	32°49′	41°36′	47°46′	50°03′
			方位角 A		90°	80°14′	69°40′	57°18′	41°58′	22°39′	0°
			水平阴影长率 l		∞	4.9398	2.4096	1.5502	1.1264	0.9076	0.8376
大寒 （小雪）	7:11:56 −63°11′	16:48:04 +63°11′	高度角 h				7°54′	16°39′	23°38′	28°13′	29°49′
			方位角 A				55°07′	43°50′	30°48′	16°00′	0°
			水平阴影长率 l				7.1996	3.3435	2.2854	1.8642	1.7449
冬至	7:25:13 −58°44′	16:34:47 +58°44′	高度角 h				5°31′	13°59′	20°42′	25°04′	26°36′
			方位角 A				52°57′	41°57′	29°22′	15°12′	0°
			水平阴影长率 l				10.3561	4.0135	2.6459	2.1373	1.9970

附表 B.2　天津（北纬 39°07′）太阳位置数据表

季节	日出 时间 方位	日落 时间 方位	时间 午前 午后	5:00 19:00	6:00 18:00	7:00 17:00	8:00 16:00	9:00 15:00	10:00 14:00	11:00 13:00	12:00
夏至	4:37:24 −120°51′	19:22:36 +120°51′	高度角 h	3°50′	14°32′	25°48′	37°22′	48°58′	60°10′	69°49′	74°20′
			方位角 A	117°22′	108°36′	100°10′	91°24′	81°12′	67°15′	43°30′	0°
			水平阴影长率 l	14.9368	3.8559	2.0684	1.3094	0.8702	0.5734	0.3675	0.2804
大暑（小满）	4:50:23 −116°25′	19:09:37 +116°25′	高度角 h	1°41′	12°35′	23°58′	35°35′	47°07′	58°03′	67°06′	71°05′
			方位角 A	114°55′	105°56′	97°13′	88°01′	77°12′	62°27′	38°38′	0°
			水平阴影长率 l	34.0553	4.4806	2.2490	1.3975	0.9287	0.6238	0.4223	0.3426
春分（秋分）	6:00:00 −90°	18:00:00 +90°	高度角 h		0°	11°35′	22°50′	33°17′	42°13′	48°33′	50°53′
			方位角 A		90°	80°24′	69°59′	57°45′	42°28′	23°01′	0°
			水平阴影长率 l		∞	4.8780	2.3757	1.5238	1.1021	0.8833	0.8130
大寒（小雪）	7:09:45 −63°32′	16:50:15 +63°32′	高度角 h				8°23′	17°15′	24°21′	29°01′	30°39′
			方位角 A				55°13′	44°00′	31°00′	23°01′	0°
			水平阴影长率 l				6.7829	3.2190	2.2094	1.8028	1.6872
冬至	7:22:36 −59°09′	16:37:24 +59°09′	高度角 h				6°01′	14°37′	21°26′	25°53′	27°26′
			方位角 A				53°02′	42°06′	29°31′	15°18′	0°
			水平阴影长率 l				9.4819	3.8352	2.5472	2.0609	1.9260

附表 B.3　上海（北纬 31°12'）太阳位置数据表

季节	日出 时间方位	日落 时间方位	时间	午前 5:00 午后 19:00	6:00 18:00	7:00 17:00	8:00 16:00	9:00 15:00	10:00 14:00	11:00 13:00	12:00
夏至	4:59:05 −117°44'	19:00:55 +117°44'	高度角 h	0°10'	11°54'	24°09'	36°46'	49°33'	62°21'	74°36'	82°15'
			方位角 A	117°36'	110°21'	103°47'	97°22'	90°23'	81°11'	63°27'	0°
			水平阴影长率 l	328.0568	4.7467	2.2295	1.3385	0.8524	0.5241	0.2753	0.1361
大暑 （小满）	5:09:30 −113°49'	18:50:30 +113°49'	高度角 h		10°18'	22°45'	35°28'	48°17'	60°56'	72°36'	79°00'
			方位角 A		107°29'	100°36'	93°41'	85°50'	75°00'	54°21'	0°
			水平阴影长率 l		5.5004	2.3852	1.4036	0.8913	0.5558	0.3133	0.1944
春分 （秋分）	6:00:00 −90°	18:00:00 +90°	高度角 h		0°	12°47'	25°19'	37°13'	47°48'	55°43'	58°48'
			方位角 A		90°	82°06'	73°21'	62°37'	48°06'	27°21'	0°
			水平阴影长率 l		∞	4.4049	2.1136	1.3167	0.9069	0.6818	0.6056
大寒 （小雪）	6:51:36 −66°09'	17:08:24 +66°09'	高度角 h			1°38'	12°50'	22°51'	31°03'	36°35'	38°34'
			方位角 A			65°03'	56°27'	46°03'	33°12'	17°36'	0°
			水平阴影长率 l			34.9914	4.3893	2.3729	1.6605	1.3470	1.2542
冬至	7:00:56 −62°16'	16:59:04 +62°16'	高度角 h				10°44'	20°25'	28°15'	33°30'	35°21'
			方位角 A				53°58'	43°48'	31°23'	16°33'	0°
			水平阴影长率 l				5.2763	2.6875	1.8605	1.5113	1.4097

附表 B.4 石家庄（北纬 38°04'）太阳位置数据表

季节	日出 时间方位	日落 时间方位	时间	5:00 / 19:00	6:00 / 18:00	7:00 / 17:00	8:00 / 16:00	9:00 / 15:00	10:00 / 14:00	11:00 / 13:00	12:00 / 12:00
			午前 / 午后								
夏至	4:40:34 −120°22'	19:19:26 +120°22'	高度角 h	3°21'	14°12'	25°37'	37°20'	49°07'	60°34'	70°34'	75°23'
			方位角 A	117°25'	108°51'	100°40'	92°12'	82°23'	68°57'	45°32'	0°
			水平阴影长率 l	17.0855	3.9510	2.0859	1.3109	0.8656	0.5644	0.3528	0.2608
大暑（小满）	4:53:01 −116°01'	19:06:59 +116°01'	高度角 h	1°15'	12°18'	23°50'	35°37'	47°20'	58°31'	67°55'	72°08'
			方位角 A	114°57'	106°09'	97°40'	88°46'	78°19'	63°58'	40°14'	0°
			水平阴影长率 l	46.1366	4.5893	2.2633	1.3960	0.9216	0.6124	0.4059	0.3224
春分（秋分）	6:00:00 −90°	18:00:00 +90°	高度角 h		0°	11°45'	23°11'	33°50'	42°59'	49°30'	51°56'
			方位角 A		90°	80°37'	70°24'	58°21'	43°07'	23°29'	0°
			水平阴影长率 l		∞	4.8046	2.3352	1.4922	1.0729	0.8539	0.7832
大寒（小雪）	7:07:07 −63°57'	16:52:53 +63°57'	高度角 h			8°59'	18°00'	25°15'	30°01'	31°42'	
			方位角 A			55°21'	44°14'	31°15'	16°17'	0°	
			水平阴影长率 l			6.3270	3.0767	2.1207	1.7307	1.6191	
冬至	7:19:26 −59°38'	16:40:34 +59°38'	高度角 h			6°39'	15°23'	22°21'	26°53'	28°29'	
			方位角 A			53°07'	42°17'	29°44'	15°26'	0°	
			水平阴影长率 l			8.5799	3.6334	2.4332	1.9719	1.8431	

附表 B.5　保定（北纬38°53′）太阳位置数据表

季节	日出 时间/方位	日落 时间/方位	时间 午前/午后	5:00 / 19:00	6:00 / 18:00	7:00 / 17:00	8:00 / 16:00	9:00 / 15:00	10:00 / 14:00	11:00 / 13:00	12:00
夏至	4:38:06 −120°45′	19:21:54 +120°45′	高度角 h	3°44′	14°28′	25°46′	37°22′	49°00′	60°15′	69°59′	74°34′
			方位角 A	117°22′	108°39′	100°17′	91°34′	81°27′	67°37′	43°56′	0°
			水平阴影长率 l	15.3579	3.8762	2.0721	1.3097	0.8691	0.5714	0.3643	0.2761
大暑（小满）	4:50:58 −116°20′	19:09:02 +116°20′	高度角 h	1°35′	12°31′	23°57′	35°36′	47°10′	58°09′	67°17′	71°19′
			方位角 A	114°56′	105°59′	97°19′	88°11′	77°27′	62°47′	38°58′	0°
			水平阴影长率 l	36.1175	4.5038	2.2520	1.3971	0.9271	0.6212	0.4187	0.3382
春分（秋分）	6:00:00 −90°	18:00:00 +90°	高度角 h		0°	11°37′	22°54′	33°24′	42°23′	48°45′	51°07′
			方位角 A		90°	80°27′	70°05′	57°53′	42°36′	23°07′	0°
			水平阴影长率 l		∞	4.8617	2.3667	1.5168	1.0956	0.8768	0.8064
大寒（小雪）	7:09:10 −63°37′	16:50:50 +63°37′	高度角 h				8°31′	17°25′	24°33′	29°14′	30°53′
			方位角 A				55°15′	44°03′	31°03′	16°10′	0°
			水平阴影长率 l				6.6779	3.1872	2.1896	1.7867	1.6720
冬至	7:21:54 −59°15′	16:38:06 +59°15′	高度角 h				6°09′	14°47′	21°38′	26°06′	27°40′
			方位角 A				53°03′	42°08′	29°34′	15°20′	0°
			水平阴影长率 l				9.2694	3.7894	2.5215	2.0409	1.9074

附表 B.6 太原（北纬 37°55'）太阳位置数据表

季节	日出 时间方位	日落 时间方位	时间 午前 / 午后	5:00 / 19:00	6:00 / 18:00	7:00 / 17:00	8:00 / 16:00	9:00 / 15:00	10:00 / 14:00	11:00 / 13:00	12:00
夏至	4:41:00 −120°18'	19:19:00 +120°18'	高度角 h	3°17'	14°09'	25°35'	37°20'	49°08'	60°37'	70°40'	75°32'
			方位角 A	117°26'	108°53'	100°44'	92°19'	82°34'	69°12'	45°50'	0°
			水平阴影长率 l	17.4461	3.9651	2.0885	1.3112	0.8650	0.5632	0.3508	0.2580
大暑 (小满)	4:53:23 −115°57'	19:06:37 +115°57'	高度角 h	1°11'	12°15'	23°49'	35°37'	47°22'	58°35'	68°01'	72°17'
			方位角 A	114°57'	106°01'	97°44'	88°53'	78°28'	64°11'	40°28'	0°
			水平阴影长率 l	48.6141	4.6654	2.2655	1.3959	0.9206	0.6109	0.4035	0.3195
春分 (秋分)	6:00:00 −90°	18:00:00 +90°	高度角 h		0°	11°47'	23°14'	33°54'	43°06'	49°39'	52°05'
			方位角 A		90°	80°39'	70°28'	58°26'	43°13'	23°34'	0°
			水平阴影长率 l		∞	4.7944	2.3296	1.4878	1.0688	0.8498	0.7790
大寒 (小雪)	7:06:44 −64°00'	16:53:16 +64°00'	高度角 h				9°04'	18°07'	25°22'	30°10'	31°51'
			方位角 A				55°22'	44°16'	31°17'	16°19'	0°
			水平阴影长率 l				6.2665	3.0572	2.1085	1.7207	1.6097
冬至	7:19:00 −59°42'	16:41:00 +59°42'	高度角 h				6°44'	15°30'	22°28'	27°02'	28°38'
			方位角 A				53°08'	42°19'	29°46'	15°28'	0°
			水平阴影长率 l				8.4642	3.6061	2.4175	1.9596	1.8316

附表 B.7　大同（北纬 40°00'）太阳位置数据表

季节	日出时间方位	日落时间方位	时间（午前/午后）	12:00	11:00 / 13:00	10:00 / 14:00	9:00 / 15:00	8:00 / 16:00	7:00 / 17:00	6:00 / 18:00	5:00 / 19:00
夏至	4:34:36 −121°18'	19:25:24 +121°18'	高度角 h	73°27'	69°10'	59°49'	48°50'	37°23'	25°57'	14°49'	4°14'
			方位角 A	0°	41°53'	65°50'	80°12'	90°43'	99°45'	108°23'	117°18'
			水平阴影长率 l	0.2972	0.3805	0.5816	0.8746	1.3086	2.0543	3.7793	13.4939
大暑（小满）	4:48:4 −116°48'	19:11:56 +116°48'	高度角 h	70°12'	66°24'	57°38'	46°55'	35°33'	24°05'	12°49'	2°03'
			方位角 A	0°	37°21'	61°12'	76°17'	87°23'	96°49'	105°44'	114°54'
			水平阴影长率 l	0.3600	0.4368	0.6340	0.9354	1.3994	2.2375	4.3931	27.8517
春分（秋分）	6:00:00 −90°	18:00:00 +90°	高度角 h	50°00'	47°44'	41°34'	32°48'	22°31'	11°26'	0°	
			方位角 A	0°	38°38'	41°56'	57°16'	69°38'	80°14'	90°	
			水平阴影长率 l	0.8391	0.9091	1.1279	1.5518	2.4117	4.9436	∞	
大雪（小雪）	7:12:04 −63°10'	16:47:56 +63°10'	高度角 h	29°46'	28°10'	23°35'	16°37'	7°53'			
			方位角 A	0°	15°59'	30°48'	43°49'	55°07'			
			水平阴影长率 l	1.7485	1.8679	2.2901	3.3512	7.2260			
冬至	7:25:23 −58°42'	16:34:37 +58°42'	高度角 h	26°33'	25°02'	20°40'	13°57'	5°29'			
			方位角 A	0°	15°11'	29°21'	41°57'	52°57'			
			水平阴影长率 l	2.0013	2.1420	2.6520	4.0246	10.4133			

附表 B.8　运城（北纬 35°00'）太阳位置数据表

季节	日出 时间方位	日落 时间方位	时间 午前		5:00	6:00	7:00	8:00	9:00	10:00	11:00	12:00
			午后		19:00	18:00	17:00	16:00	15:00	14:00	13:00	
夏至	4:49:16 −119°04'	19:10:44 +119°04'		高度角 h	1°56'	13°12'	25°01'	37°09'	49°26'	61°32'	72°35'	78°27'
				方位角 A	117°33'	109°34'	102°05'	94°32'	85°56'	74°13'	52°29'	0°
				水平阴影长率 l	29.6107	4.2654	2.1437	1.3195	0.8561	0.5423	0.3137	0.2044
大暑 (小满)	5:00:17 −114°56'	18:59:43 +114°56'		高度角 h		11°25'	23°24'	35°37'	47°52'	59°45'	70°09'	75°12'
				方位角 A		106°47'	99°00'	90°58'	81°37'	68°40'	45°42'	0°
				水平阴影长率 l		4.9491	2.3117	1.3956	0.9044	0.5832	0.3609	0.2642
春分 (秋分)	6:00:00 −90°	18:00:00 +90°		高度角 h		0°	12°14'	24°11'	35°24'	45°11'	52°18'	55°00'
				方位角 A		90°	81°16'	71°41'	60°10'	45°11'	25°02'	0°
				水平阴影长率 l		∞	4.6095	2.2274	1.4073	0.9935	0.7728	0.7002
大寒 (小雪)	6:59:50 −65°02'	17:0:10 +65°02'		高度角 h			0°02'	10°43'	20°11'	27°51'	32°58'	34°46'
				方位角 A			65°00'	55°48'	44°59'	32°03'	16°49'	0°
				水平阴影长率 l			1781.7250	5.2845	2.7195	1.8921	1.5423	1.4406
冬至	7:10:44 −60°56'	16:49:16 +60°56'		高度角 h				8°29'	17°39'	25°00'	29°51'	31°33'
				方位角 A				53°47'	42°54'	30°24'	15°53'	0°
				水平阴影长率 l				6.7058	3.1437	2.1449	1.7430	1.6287

附表 B.9　呼和浩特（北纬 40°49′）太阳位置数据表

季节	日出 时间方位	日落 时间方位	时间（午前 / 午后）	5:00 / 19:00	6:00 / 18:00	7:00 / 17:00	8:00 / 16:00	9:00 / 15:00	10:00 / 14:00	11:00 / 13:00	12:00
夏至	4:32:00 −121°43′	19:28:00 +121°43′	高度角 h	4°37′	15°05′	26°06′	37°24′	48°41′	59°28′	68°33′	72°38′
			方位角 A	117°15′	108°10′	99°21′	89°54′	79°17′	64°34′	40°30′	0°
			水平阴影长率 l	12.3948	3.7121	2.0420	1.3083	0.8791	0.5897	0.3928	0.3127
大暑 （小满）	4:45:53 −117°09′	19:14:07 +117°09′	高度角 h	2°24′	13°03′	24°11′	35°31′	46°43′	57°13′	65°45′	69°23′
			方位角 A	114°52′	105°34′	96°27′	86°48′	75°26′	60°05′	36°15′	0°
			水平阴影长率 l	23.8607	4.3163	2.2277	1.4015	0.9419	0.6438	0.4505	0.3762
春分 （秋分）	6:00:00 −90°	18:00:00 +90°	高度角 h		0°	11°18′	22°14′	32°21′	40°57′	46°58′	49°11′
			方位角 A		90°	80°04′	69°19′	56°50′	41°27′	22°17′	0°
			水平阴影长率 l		∞	5.0064	2.4462	1.5786	1.1524	0.9334	0.8637
大寒 （小雪）	7:14:15 −62°48′	16:45:45 +62°48′	高度角 h			7°25′	22°53′	16°02′	22°53′	27°23′	28°57′
			方位角 A			55°02′	69°19′	43°39′	30°37′	15°52′	
			水平阴影长率 l			7.6875		3.4816	2.3689	1.9311	1.8078
冬至	7:28:00 −58°17′	16:32:00 +58°17′	高度角 h				5°00′	13°21′	19°57′	24°14′	25°44′
			方位角 A				52°54′	41°49′	29°12′	15°06′	0°
			水平阴影长率 l				11.4462	4.2152	2.7553	2.2212	2.0748

189

附表 B.10 扎兰屯（北纬 48°05′）太阳位置数据表

季节	日出 时间方位	日落 时间方位	时间	午前 5:00 午后 19:00	午前 6:00 午后 18:00	午前 7:00 午后 17:00	午前 8:00 午后 16:00	午前 9:00 午后 15:00	午前 10:00 午后 14:00	午前 11:00 午后 13:00	12:00
夏至	4:07:32 −126°34′	19:52:28 +126°34′	高度角 h	7°54′	17°13′	27°03′	37°03′	46°50′	55°47′	62°38′	65°22′
			方位角 A	63°28′	73°50′	84°15′	84°35′	71°31′	54°40′	31°07′	0°
			水平阴影长率 l	7.2066	3.2271	1.9583	1.3246	0.9380	0.6800	0.5176	0.4585
大暑 （小满）	4:20:44 −121°08′	19:39:16 +121°08′	高度角 h	5°26′	14°53′	24°47′	34°47′	44°27′	53°07′	59°37′	62°07′
			方位角 A	65°35′	76°11′	86°51′	81°43′	68°22′	51°26′	28°41′	0°
			水平阴影长率 l	10.5136	3.7626	2.1659	1.4370	1.0194	0.7504	0.5863	0.5291
春分 （秋分）	6:00:00 −90°	18:00:00 +90°	高度角 h		0°	9°58′	19°31′	28°11′	35°21′	40°11′	41°55′
			方位角 A		90°	78°43′	66°45′	53°21′	37°49′	19°48′	0°
			水平阴影长率 l		∞	5.6906	2.8213	1.8663	1.4097	1.1840	1.1139
大寒 （小雪）	7:39:56 −58°50′	19:20:04 +58°50′	高度角 h				3°13′	10°43′	16°35′	20°23′	21°41′
			方位角 A				54°29′	42°28′	29°19′	15°01′	0°
			水平阴影长率 l				17.7934	5.2839	3.3580	2.6913	2.5150
冬至	7:55:32 −53°26′	16:04:28 +53°26′	高度角 h				0°35′	7°53′	13°34′	17°13′	18°28′
			方位角 A				52°37′	40°55′	28°10′	14°23′	0°
			水平阴影长率 l				98.2197	7.2220	4.1440	3.2271	2.9945

附表 B.11　多伦（北纬 42°12'）太阳位置数据表

季节	日出时间方位	日落时间方位	时间 午前 / 午后	5:00 / 19:00	6:00 / 18:00	7:00 / 17:00	8:00 / 16:00	9:00 / 15:00	10:00 / 14:00	11:00 / 13:00	12:00
夏至	4:27:23 −122°29'	19:32:37 +122°29'	高度角 h	5°14'	15°30'	26°18'	37°23'	48°25'	58°52'	67°29'	71°16'
			方位角 A	117°09'	107°49'	98°41'	89°03'	77°45'	62°30'	38°20'	0°
			水平阴影长率 l	10.9017	3.6055	2.0227	1.3088	0.8876	0.6042	0.4144	0.3393
大暑 （小满）	4:42:04 −117°47'	19:17:56 +117°47'	高度角 h	2°59'	13°25'	24°19'	35°25'	46°21'	56°31'	64°38'	68°01'
			方位角 A	114°48'	105°15'	95°50'	85°50'	74°02'	58°17'	34°32'	0°
			水平阴影长率 l	19.2264	4.1945	2.2124	1.4061	0.9539	0.6614	0.4742	0.4039
春分 （秋分）	6:00:00 −90°	18:00:00 +90°	高度角 h		0°	11°03'	21°45'	31°36'	39°55'	45°42'	47°49'
			方位角 A		90°	79°48'	68°48'	56°07'	40°41'	21°45'	0°
			水平阴影长率 l		∞	5.1181	2.5074	1.6259	1.1954	0.9760	0.9065
大寒 （小雪）	7:18:04 −62°10'	16:41:56 +62°10'	高度角 h				6°37'	15°02'	21°42'	26°03'	27°35'
			方位角 A				54°53'	43°23'	30°20'	15°41'	0°
			水平阴影长率 l				8.6138	3.7247	2.5127	2.0454	1.9149
冬至	7:32:27 −57°31'	16:27:33 +57°31'	高度角 h				4°10'	12°19'	18°45'	22°55'	24°22'
			方位角 A				52°48'	41°36'	28°58'	14°56'	0°
			水平阴影长率 l				13.7402	4.5790	2.9465	2.3662	2.2088

建 筑 日 照

附表 B.12　哈尔滨（北纬 45°45′）太阳位置数据表

季节	日出 时间方位	日落 时间方位	时间 午前 / 午后		5:00 / 19:00	6:00 / 18:00	7:00 / 17:00	8:00 / 16:00	9:00 / 15:00	10:00 / 14:00	11:00 / 13:00	12:00
夏至	4:14:14 −124°46′	19:45:46 +124°46′	高度角 h		6°51′	16°34′	26°47′	37°14′	47°32′	57°05′	64°36′	67°42′
			方位角 A		116°48′	106°50′	96°55′	86°20′	73°55′	57°34′	33°37′	0°
			水平阴影长率 l		8.3177	3.3626	1.9804	1.3156	0.9152	0.6474	0.4747	0.4101
大暑 （小满）	4:31:14 −119°40′	19:28:46 +119°40′	高度角 h		4°28′	14°19′	24°38′	35°05′	45°16′	54°32′	61°38′	64°27′
			方位角 A		114°36′	104°24′	94°13′	83°19′	70°33′	53°59′	30°45′	0°
			水平阴影长率 l		12.8071	3.9174	2.1807	1.4237	0.9907	0.7124	0.5400	0.4781
春分 （秋分）	6:00:00 −90°	18:00:00 +90°	高度角 h			0°	10°24′	20°25′	29°34′	37°11′	42°23′	44°15′
			方位角 A			90°	79°08′	67°32′	54°23′	38°52′	20°31′	0°
			水平阴影长率 l			∞	5.4460	2.6861	1.7628	1.3185	1.0960	1.0265
大寒 （小雪）	7:28:56 −60°17′	16:31:04 +60°17′	高度角 h					4°34′	12°26′	18°37′	22°37′	24°01′
			方位角 A					54°36′	42°48′	29°40′	15°15′	0°
			水平阴影长率 l					12.5171	4.5372	2.9681	2.3994	2.2443
冬至	7:45:46 −55°14′	16:14:14 +55°14′	高度角 h					2°00′	9°39′	15°38′	19°28′	20°48′
			方位角 A					52°39′	41°09′	28°27′	14°35′	0°
			水平阴影长率 l					28.5312	5.8819	3.5756	2.8288	2.6325

附表 B.13　齐齐哈尔（北纬 47°20′）太阳位置数据表

季节	日出 时间方位	日落 时间方位	时间 午前／午后	5:00／19:00	6:00／18:00	7:00／17:00	8:00／16:00	9:00／15:00	10:00／14:00	11:00／13:00	12:00
夏至	4:07:42 −125°57′	19:52:18 +125°57′	高度角 h	7°34′	17°01′	26°58′	37°07′	47°05′	56°13′	63°17′	66°07′
			方位角 A	116°38′	106°23′	96°08′	85°08′	72°17′	55°34′	31°52′	0°
			水平阴影长率 l	7.5273	3.2679	1.9651	1.3213	0.9300	0.6692	0.5035	0.4428
大暑（小满）	4:25:53 −120°38′	19:34:07 +120°38′	高度角 h	5°07′	14°43′	24°44′	34°53′	44°43′	53°35′	60°16′	62°52′
			方位角 A	114°28′	104°00′	93°30′	82°13′	69°04′	52°14′	29°19′	0°
			水平阴影长率 l	11.1560	3.8095	2.1700	1.4343	1.0098	0.7377	0.5713	0.5125
春分（秋分）	6:00:00 −90°	18:00:00 +90°	高度角 h		0°	10°06′	19°48′	28°38′	35°56′	40°54′	42°40′
			方位角 A		90°	78°51′	67°00′	53°40′	38°08′	20°01′	0°
			水平阴影长率 l		∞	5.6125	2.7764	1.8315	1.3794	1.1548	1.0850
大寒（小雪）	7:34:17 −59°19′	16:25:43 +59°19′	高度角 h				3°39′	11°16′	17°15′	21°06′	22°26′
			方位角 A				54°31′	42°34′	29°25′	15°05′	0°
			水平阴影长率 l				15.6283	5.0203	3.2221	2.5920	2.4222
冬至	7:52:18 −54°03′	16:07:42 +54°03′	高度角 h				1°03′	8°27′	14°14′	17°56′	19°13′
			方位角 A				52°37′	40°59′	28°15′	14°27′	0°
			水平阴影长率 l				54.7462	6.7273	3.9428	3.0894	2.8689

附表 B.14 佳木斯（北纬 46°49′）太阳位置数据表

季节	日出 时间方位	日落 时间方位	时间 午前 / 午后	5:00 / 19:00	6:00 / 18:00	7:00 / 17:00	8:00 / 16:00	9:00 / 15:00	10:00 / 14:00	11:00 / 13:00	12:00
夏至	4:09:52 −125°34′	19:50:08 +125°34′	高度角 h	7°20′	16°52′	26°55′	37°10′	47°14′	56°30′	63°43′	66°38′
			方位角 A	116°41′	106°32′	96°23′	85°32′	72°49′	56°12′	32°25′	0°
			水平阴影长率 l	7.7704	3.2983	1.9697	1.3190	0.9249	0.6619	0.4939	0.4320
大暑 (小满)	4:27:40 −118°10′	19:32:20 +118°10′	高度角 h	4°55′	14°35′	24°43′	34°57′	44°54′	53°54′	60°43′	63°23′
			方位角 A	114°31′	104°8′	93°44′	82°35′	69°32′	52°47′	29°46′	0°
			水平阴影长率 l	11.6248	3.8436	2.1725	1.4308	1.0035	0.7292	0.5608	0.5011
春分 (秋分)	6:00:00 −90°	18:00:00 +90°	高度角 h		0°	10°12′	20°1′	28°56′	36°20′	41°22′	43°11′
			方位角 A		90°	78°6′	67°10′	53°54′	38°22′	20°11′	0°
			水平阴影长率 l		∞	5.5578	2.7450	1.8090	1.3597	1.1356	1.0655
大寒 (小雪)	7:32:32 −61°48′	16:27:28 +61°48′	高度角 h				3°57′	11°39′	17°41′	21°36′	22°57′
			方位角 A				54°32′	42°38′	29°30′	15°8′	0°
			水平阴影长率 l				14.4823	4.8501	3.1366	2.5257	2.3616
冬至	7:50:08 −57°03′	16:09:52 +57°03′	高度角 h				1°22′	8°50′	14°41′	18°26′	19°44′
			方位角 A				52°38′	40°2′	28°19′	14°29′	0°
			水平阴影长率 l				41.9158	6.4348	3.8163	3.0003	2.7878

附表 B.15　漠河（北纬 53°29'）太阳位置数据表

季节	日出 时间方位	日落 时间方位	时间 午前 / 午后		5:00 / 19:00	6:00 / 18:00	7:00 / 17:00	8:00 / 16:00	9:00 / 15:00	10:00 / 14:00	11:00 / 13:00	12:00
夏至	3:36:32 −131°58'	20:23:28 +131°58'	高度角 h		10°17'	18°39'	27°28'	36°22'	44°54'	52°26'	57°54'	59°58'
			方位角 A		115°46'	104°28'	92°58'	80°35'	66°19'	48°47'	26°32'	0°
			水平阴影长率 l		5.5118	2.9629	1.9237	1.3580	1.0035	0.7692	0.6273	0.5781
大暑 （小满）	4:00:52 −125°58'	19:59:08 +125°28'	高度角 h		7°38'	16°7'	24°58'	33°50'	42°15'	49°34'	54°47'	56°43'
			方位角 A		113°51'	102°21'	90°39'	78°5'	63°43'	46°21'	24°55'	0°
			水平阴影长率 l		7.4615	3.4608	2.1478	1.4919	1.1009	0.8520	0.7059	0.6565
春分 （秋分）	6:00:00 −90°	18:00:00 +90°	高度角 h			0°	8°52'	17°19'	24°53'	31°1'	35°5'	36°31'
			方位角 A			90°	77°51'	65°57'	51°13'	35°41'	18°26'	0°
			水平阴影长率 l			∞	6.4103	3.2073	2.1560	1.6632	1.4237	1.3506
大寒 （小雪）	7:59:00 −54°29'	16:01:00 +54°29'	高度角 h					0°4'	6°43'	11°52'	15°10'	16°17'
			方位角 A					54°2'	41°55'	28°39'	14°34'	0°
			水平阴影长率 l					859.4360	8.4913	4.7591	3.6891	3.4234
冬至	8:23:04 −48°02'	15:36:56 +48°02'	高度角 h						3°48'	8°48'	11°59'	13°4'
			方位角 A						40°33'	27°40'	14°3'	0°
			水平阴影长率 l						15.0557	6.4596	4.7114	4.3086

195

附表 B.16 长春（北纬 43°52′）太阳位置数据表

季节	日出 时间方位	日落 时间方位	时间 午前 / 午后	5:00 / 19:00	6:00 / 18:00	7:00 / 17:00	8:00 / 16:00	9:00 / 15:00	10:00 / 14:00	11:00 / 13:00	12:00
夏至	4:21:26 −123°30′	19:38:34 +123°30′	高度角 h	6°00′	16°00′	26°33′	37°20′	48°02′	58°03′	66°09′	69°35′
			方位角 A	117°00′	107°22′	97°52′	87°46′	75°56′	60°07′	35°58′	0°
			水平阴影长率 l	9.5091	3.4856	2.0014	1.3110	0.8996	0.6235	0.4420	0.3722
大暑 (小满)	4:37:10 −118°37′	19:22:50 +118°37′	高度角 h	3°41′	13°51′	24°29′	35°17′	45°52′	55°37′	63°14′	66°20′
			方位角 A	114°43′	104°51′	95°05′	84°38′	72°22′	56°11′	32°38′	0°
			水平阴影长率 l	15.5525	4.0577	2.1961	1.4133	0.9702	0.6844	0.5044	0.4383
春分 (秋分)	6:00:00 −90°	18:00:00 +90°	高度角 h		0°	10°45′	21°08′	30°39′	38°38′	44°08′	46°08′
			方位角 A		90°	79°29′	68°12′	55°17′	39°48′	21°08′	0°
			水平阴影长率 l		∞	5.2650	2.5876	1.6876	1.2511	1.0306	0.9612
大寒 (小雪)	7:23:00 −61°20′	16:37:00 +61°20′	高度角 h				5°39′	13°48′	20°15′	24°26′	25°54′
			方位角 A				54°45′	43°06′	30°00′	15°28′	0°
			水平阴影长率 l				10.0958	4.0688	2.7101	2.2003	2.0594
冬至	7:38:34 −56°30′	16:21:26 +56°30′	高度角 h				3°09′	11°04′	17°17′	21°17′	22°41′
			方位角 A				52°43′	41°23′	28°43′	14°46′	0°
			水平阴影长率 l				18.1765	5.1138	3.2148	2.5661	2.3925

附表 B.17 延吉（北纬 42°54′）太阳位置数据表

季节	日出 时间方位	日落 时间方位	时间	午前 午后	5:00 19:00	6:00 18:00	7:00 17:00	8:00 16:00	9:00 15:00	10:00 14:00	11:00 13:00	12:00
夏至	4:24:55 −122°54′	19:35:05 +122°54′	高度角 h		5°34′	15°43′	26°25′	37°22′	48°15′	58°32′	66°56′	70°33′
			方位角 A		117°05′	107°38′	98°20′	88°30′	76°58′	61°28′	37°18′	0°
			水平阴影长率 l		10.2655	3.5535	2.0134	1.3095	0.8924	0.6121	0.4259	0.3531
大暑 (小满)	4:40:02 −118°07′	19:19:58 +118°07′	高度角 h		3°16′	13°36′	24°24′	35°22′	46°09′	56°09′	64°03′	67°18′
			方位角 A		114°46′	105°05′	95°31′	85°19′	73°19′	57°23′	33°42′	0°
			水平阴影长率 l		17.4793	4.1352	2.2053	1.4089	0.9606	0.6709	0.4868	0.4183
春分 (秋分)	6:00:00 −90°	18:00:00 +90°	高度角 h			0°	10°56′	21°29′	31°12′	39°23′	45°02′	47°06′
			方位角 A			90°	79°40′	68°33′	55°45′	40°18′	21°29′	0°
			水平阴影长率 l			∞	5.1787	2.5405	1.6514	1.2185	0.9987	0.9293
大寒 (小雪)	7:20:07 −61°50′	16:39:35 +61°50′	高度角 h					6°13′	14°31′	21°05′	25°22′	26°52′
			方位角 A					54°49′	43°16′	30°11′	15°35′	0°
			水平阴影长率 l					9.1839	3.8631	2.5929	2.1086	1.9740
冬至	7:35:05 −57°06′	16:24:55 +57°06′	高度角 h					3°44′	11°47′	18°08′	22°14′	23°39′
			方位角 A					52°46′	41°30′	28°52′	14°52′	0°
			水平阴影长率 l					15.3217	4.7912	3.0548	2.4473	2.2835

附表 B.18　沈阳（北纬 41°46'）太阳位置数据表

季节	日出 时间	日出 方位	日落 时间	日落 方位	时间 午前	时间 午后		5:00 19:00	6:00 18:00	7:00 17:00	8:00 16:00	9:00 15:00	10:00 14:00	11:00 13:00	12:00
夏至	4:28:50	−122°15'	19:31:10	+122°15'			高度角 h	5°03'	15°22'	26°15'	37°23'	48°30'	59°03'	67°49'	71°41'
							方位角 A	117°11'	107°56'	98°45'	89°22'	78°13'	63°08'	38°59'	0°
							水平阴影长率 l	11.3230	3.6376	2.0285	1.3085	0.8848	0.5996	0.4076	0.3310
大暑 (小满)	4:43:16	−117°35'	19:16:44	+117°35'			高度角 h	2°48'	13°18'	24°17'	35°27'	46°28'	56°45'	64°59'	68°26'
							方位角 A	114°49'	105°21'	96°02'	86°08'	74°28'	58°50'	35°03'	0°
							水平阴影长率 l	20.4537	4.2312	2.2170	1.4045	0.9501	0.6558	0.4668	0.3953
春分 (秋分)	6:00:00	−90°	18:00:00	+90°			高度角 h		0°	11°08'	21°54'	31°50'	40°14'	46°05'	48°14'
							方位角 A		90°	79°53'	68°58'	56°20'	40°55'	21°55'	0°
							水平阴影长率 l		∞	5.0827	2.4880	1.6109	1.1818	0.9626	0.8931
大寒 (小雪)	7:16:52	−62°23'	16:43:08	+62°23'			高度角 h				6°52'	15°20'	22°04'	26°28'	28°00'
							方位角 A				54°56'	43°28'	30°25'	15°44'	0°
							水平阴影长率 l				8.3045	3.6462	2.4666	2.0089	1.8807
冬至	7:31:10	−57°45'	16:28:50	+57°45'			高度角 h				4°25'	12°38'	19°07'	23°19'	24°47'
							方位角 A				52°50'	41°40'	29°03'	14°59'	0°
							水平阴影长率 l				12.9387	4.4602	2.8849	2.3197	2.1659

附表 B.19　丹东（北纬 40°05′）太阳位置数据表

季节	日出 时间 / 方位	日落 时间 / 方位	时间 午前 / 午后	5:00 / 19:00	6:00 / 18:00	7:00 / 17:00	8:00 / 16:00	9:00 / 15:00	10:00 / 14:00	11:00 / 13:00	12:00
夏至	4:34:21 / −121°20′	19:25:39 / +121°20′	高度角 h	4°17′	14°51′	25°58′	37°23′	48°49′	59°47′	69°06′	73°22′
			方位角 A	117°18′	108°22′	99°42′	90°39′	80°06′	65°42′	41°44′	0°
			水平阴影长率 l	13.3729	3.7723	2.0530	1.3086	0.8750	0.5824	0.3818	0.2988
大暑（小满）	4:47:51 / −116°50′	19:12:09 / +116°50′	高度角 h	2°05′	12°51′	24°05′	35°33′	46°54′	57°35′	66°20′	70°07′
			方位角 A	114°53′	105°43′	96°47′	87°20′	76°11′	61°05′	37°15′	0°
			水平阴影长率 l	27.3842	4.3851	2.2365	1.3996	0.9360	0.6350	0.4382	0.3617
春分（秋分）	6:00:00 / −90°	18:00:00 / +90°	高度角 h		0°	11°25′	22°30′	32°45′	41°30′	47°39′	49°55′
			方位角 A		90°	80°13′	69°36′	57°13′	41°53′	22°36′	0°
			水平阴影长率 l		∞	4.9499	2.4152	1.5545	1.1303	0.9115	0.8416
大寒（小雪）	7:12:17 / −63°08′	16:47:43 / +63°08′	高度角 h			7°50′	55°06′	16°33′	23°31′	28°05′	29°41′
			方位角 A				55°06′	43°48′	30°46′	15°59′	0°
			水平阴影长率 l				7.2706	3.3640	2.2979	1.8742	1.7544
冬至	7:25:39 / −58°40′	16:34:21 / +58°40′	高度角 h				5°26′	13°54′	20°35′	24°57′	26°28′
			方位角 A				52°57′	41°56′	29°20′	15°11′	0°
			水平阴影长率 l				10.5101	4.0433	2.6622	2.1498	2.0086

199

附表 B.20　济南（北纬 36°41'）太阳位置数据表

季节	日出 时间方位	日落 时间方位	时间 午前	5:00	6:00	7:00	8:00	9:00	10:00	11:00	12:00
			午后	19:00	18:00	17:00	16:00	15:00	14:00	13:00	
夏至	4:44:35 −119°45'	19:15:25 +119°45'	高度角 h	2°43'	13°45'	25°21'	37°15'	49°17'	61°02'	71°31'	76°46'
			方位角 A	117°29'	109°11'	101°19'	93°16'	83°59'	71°16'	48°29'	0°
			水平阴影长率 l	21.1116	4.0858	2.1107	1.3141	0.8606	0.5536	0.3344	0.2352
大暑 (小满)	4:56:22 −115°30'	19:03:38 +115°30'	高度角 h	0°39'	11°54'	23°39'	35°38'	47°36'	59°06'	68°57'	73°31'
			方位角 A	114°58'	106°26'	98°16'	89°46'	79°47'	66°02'	42°33'	0°
			水平阴影长率 l	87.0649	4.7436	2.2840	1.3951	0.9131	0.5985	0.3849	0.2959
春分 (秋分)	6:00:00 −90°	18:00:00 +90°	高度角 h		0°	11°59'	23°38'	34°33'	43°59'	50°46'	53°19'
			方位角 A		90°	80°54'	70°58'	59°09'	44°01'	24°09'	0°
			水平阴影长率 l		∞	4.7130	2.2847	1.4525	1.0360	0.8164	0.7449
大寒 (小雪)	7:03:45 −64°27'	16:56:15 +64°27'	高度角 h				9°46'	19°00'	26°26'	31°21'	33°05'
			方位角 A				55°32'	44°34'	31°36'	16°31'	0°
			水平阴影长率 l				5.8099	2.9052	2.0122	1.6417	1.5350
冬至	7:15:25 −60°15'	16:44:35 +60°15'	高度角 h				7°29'	16°25'	23°33'	28°13'	29°52'
			方位角 A				53°15'	42°33'	30°01'	15°38'	0°
			水平阴影长率 l				7.6195	3.3957	2.2953	1.8632	1.7414

附表 B.21　青岛（北纬 36°04'）太阳位置数据表

季节	日出 时间方位	日落 时间方位	时间	午前 5:00 午后 19:00	6:00 18:00	7:00 17:00	8:00 16:00	9:00 15:00	10:00 14:00	11:00 13:00	12:00
夏至	4:46:20 −119°30'	19:13:40 +119°30'	高度角 h	2°26'	13°33'	25°14'	37°14'	49°21'	61°13'	71°55'	77°23'
			方位角 A	117°31'	109°20'	101°36'	93°43'	84°42'	72°20'	49°53'	0°
			水平阴影长率 l	23.5915	4.1496	2.1225	1.3158	0.8588	0.5492	0.3266	0.2238
大暑 (小满)	4:57:50 −115°17'	19:02:10 +115°17'	高度角 h	0°24'	11°44'	23°33'	35°38'	47°42'	59°21'	69°24'	74°08'
			方位角 A	114°58'	106°34'	98°32'	93°12'	80°27'	66°59'	43°39'	0°
			水平阴影长率 l	144.0425	4.8165	2.2938	1.3951	0.9097	0.5927	0.3759	0.2842
春分 (秋分)	6:00:00 −90°	18:00:00 +90°	高度角 h		0°	12°05'	23°50'	34°52'	44°26'	51°20'	53°56'
			方位角 A		90°	81°02'	71°14'	59°31'	44°26'	24°28'	0°
			水平阴影长率 l		∞	4.6741	2.2631	1.4356	1.0201	0.8002	0.7283
大寒 (小雪)	7:02:17 −64°40'	16:57:43 +64°40'	高度角 h				10°07'	19°26'	26°57'	31°56'	33°42'
			方位角 A				55°38'	44°43'	31°45'	16°38'	0°
			水平阴影长率 l				5.6057	2.8345	1.9668	1.6042	1.4994
冬至	7:13:40 −60°30'	16:46:20 +60°30'	高度角 h				7°51'	16°52'	24°05'	28°49'	30°29'
			方位角 A				53°19'	42°41'	30°10'	15°43'	0°
			水平阴影长率 l				7.2573	3.2990	2.2381	1.8177	1.6988

附表 B.22　南京（北纬32°04'）太阳位置数据表

季节	日出 时间方位	日落 时间方位	时间 午前 / 午后	5:00 / 19:00	6:00 / 18:00	7:00 / 17:00	8:00 / 16:00	9:00 / 15:00	10:00 / 14:00	11:00 / 13:00	12:00
夏至	4:56:55 −118°00'	19:03:05 +118°00'	高度角 h	0°35'	12°12'	24°22'	36°52'	49°33'	62°12'	74°12'	81°23'
			方位角 A	117°36'	110°11'	103°24'	96°44'	89°22'	79°33'	60°42'	0°
			水平阴影长率 l	99.4283	4.6264	2.2085	1.3334	0.8525	0.5273	0.2830	0.1515
大暑 （小满）	5:06:42 −114°03'	18:53:18 +114°03'	高度角 h		10°34'	22°54'	35°31'	48°13'	60°42'	72°05'	78°08'
			方位角 A		107°19'	100°14'	93°04'	84°52'	73°31'	52°10'	0°
			水平阴影长率 l		5.3625	2.3671	1.4010	0.8935	0.5612	0.3232	0.2101
春分 （秋分）	6:00:00 −90°	18:00:00 +90°	高度角 h		0°	12°40'	25°04'	36°49'	47°13'	54°56'	57°56'
			方位角 A		90°	81°54'	72°58'	62°02'	47°24'	26°47'	0°
			水平阴影长率 l		∞	4.4483	2.1377	1.3360	0.9256	0.7018	0.6265
大寒 （小雪）	6:53:24 −65°55'	17:06:36 +65°55'	高度角 h			1°16'	12°21'	22°15'	30°20'	35°46'	37°42'
			方位角 A			65°02'	56°17'	45°48'	32°56'	17°25'	0°
			水平阴影长率 l			45.0621	4.5656	2.4444	1.7092	1.3884	1.2939
冬至	7:03:05 −62°00'	16:56:55 +62°00'	高度角 h				10°13'	19°47'	27°31'	32°40'	34°29'
			方位角 A				53°50'	43°35'	31°09'	16°23'	0°
			水平阴影长率 l				5.5461	2.7802	1.9196	1.5600	1.4559

附表 B.23　徐州（北纬 34°19′）太阳位置数据表

季节	日出 时间方位	日落 时间方位	时间 午前 / 午后	5:00 / 19:00	6:00 / 18:00	7:00 / 17:00	8:00 / 16:00	9:00 / 15:00	10:00 / 14:00	11:00 / 13:00	12:00
夏至	4:51:07 −118°48′	19:08:53 +118°48′	高度角 h	1°37′	12°58′	24°52′	37°06′	49°29′	61°43′	72°59′	79°08′
			方位角 A	117°34′	109°43′	102°24′	95°02′	86°44′	75°26′	54°15′	0°
			水平阴影长率 l	35.3991	4.3437	2.1579	1.3222	0.8548	0.5382	0.3059	0.1920
大暑 （小满）	5:01:49 −114°43′	18:58:11 +114°43′	高度角 h		11°14′	23°17′	35°36′	47°58′	60°00′	70°38′	75°53′
			方位角 A		106°54′	99°17′	91°27′	82°22′	69°46′	47°05′	0°
			水平阴影长率 l		5.0387	2.3238	1.3964	0.9014	0.5775	0.3516	0.2515
春分 （秋分）	6:00:00 −90°	18:00:00 +90°	高度角 h		0°	12°21′	24°23′	35°44′	45°40′	52°55′	55°41′
			方位角 A		90°	81°25′	71°58′	60°35′	45°41′	25°25′	0°
			水平阴影长率 l		∞	4.5699	2.2054	1.3899	0.9770	0.7558	0.6826
大寒 （小雪）	6:58:17 −65°15′	17:01:43 +65°15′	高度角 h			0°19′	11°06′	20°40′	28°26′	33°37′	35°27′
			方位角 A			65°00′	55°54′	45°10′	32°15′	16°57′	0°
			水平阴影长率 l			178.5340	5.0974	2.6504	1.8467	1.5044	1.4045
冬至	7:08:54 −61°12′	16:51:06 +61°12′	高度角 h				8°53′	18°09′	25°35′	30°30′	32°14′
			方位角 A				53°32′	43°03′	30°34′	16°00′	0°
			水平阴影长率 l				6.3944	3.0512	2.0885	1.6976	1.5859

附表 B.24　合肥（北纬 31°53′）太阳位置数据表

季节	日出 时间方位	日落 时间方位	时间 (午前 / 午后)	5:00 / 19:00	6:00 / 18:00	7:00 / 17:00	8:00 / 16:00	9:00 / 15:00	10:00 / 14:00	11:00 / 13:00	12:00
夏至	4:57:23 −117°57′	19:02:37 +117°57′	高度角 h	0°29′	12°08′	24°19′	36°51′	49°33′	62°14′	74°17′	81°34′
			方位角 A	117°36′	110°13′	103°29′	96°52′	89°35′	79°54′	61°16′	0°
			水平阴影长率 l	116.6205	4.6513	2.2128	1.3344	0.8524	0.5266	0.2813	0.1483
大暑 (小满)	5:07:05 −114°00′	18:52:55 +114°00′	高度角 h		10°31′	22°52′	35°31′	48°14′	60°45′	72°12′	78°19′
			方位角 A		107°21′	100°19′	93°12′	85°04′	73°50′	52°37′	0°
			水平阴影长率 l		5.3910	2.3708	1.4015	0.8930	0.5600	0.3211	0.2068
春分 (秋分)	6:00:00 −90°	18:00:00 +90°	高度角 h		0°	12°42′	25°07′	36°54′	47°20′	55°06′	58°07′
			方位角 A		90°	81°57′	73°02′	62°09′	47°33′	26°54′	0°
			水平阴影长率 l		∞	4.4390	2.1325	1.3319	0.9216	0.6915	0.6220
大寒 (小雪)	6:53:01 −65°58′	17:06:59 +65°58′	高度角 h			1°21′	12°27′	22°23′	30°29′	35°56′	37°53′
			方位角 A			65°02′	56°19′	45°51′	32°59′	17°27′	0°
			水平阴影长率 l			42.4757	4.5271	2.4290	1.6987	1.3795	1.2853
冬至	7:02:37 −62°03′	16:57:23 +62°03′	高度角 h				10°20′	19°55′	27°40′	32°50′	34°40′
			方位角 A				53°52′	43°38′	31°12′	16°25′	0°
			水平阴影长率 l				5.4867	2.7601	1.9068	1.5495	1.4460

附表 B.25　蚌埠（北纬 32°56′）太阳位置数据表

季节	日出 时间方位	日落 时间方位	时间 午前	午后	5:00 / 19:00	6:00 / 18:00	7:00 / 17:00	8:00 / 16:00	9:00 / 15:00	10:00 / 14:00	11:00 / 13:00	12:00
夏至	4:54:42 −118°18′	19:05:18 +118°18′	高度角 h		0°59′	12°30′	24°34′	36°58′	49°32′	62°02′	73°45′	80°30′
			方位角 A		117°35′	110°00′	103°01′	96°04′	88°20′	77°56′	58°04′	0°
			水平阴影长率 l		58.2895	4.5113	2.1880	1.3286	0.8530	0.5311	0.2914	0.1672
大暑 （小满）	5:04:48 −114°18′	18:58:12 +114°18′	高度角 h			10°49′	23°03′	35°34′	48°08′	60°26′	71°32′	77°15′
			方位角 A			107°10′	99°52′	92°26′	83°53′	72°02′	50°05′	0°
			水平阴影长率 l			5.2306	2.3495	1.3988	0.8962	0.5671	0.3339	0.2262
春分 （秋分）	6:00:00 −90°	18:00:00 +90°	高度角 h			0°	12°33′	24°49′	36°24′	46°37′	54°09′	57°03′
			方位角 A			90°	81°43′	72°34′	61°28′	46°43′	26°14′	0°
			水平阴影长率 l			∞	4.4941	2.1633	1.3564	0.9451	0.7224	0.6480
大寒 （小雪）	6:55:17 −65°40′	17:06:43 +65°40′	高度角 h				0°54′	11°52′	21°38′	29°36′	34°56′	36°49′
			方位角 A				65°01′	56°08′	45°33′	32°39′	17°14′	0°
			水平阴影长率 l				63.6111	4.7592	2.5211	1.7608	1.4321	1.3357
冬至	7:05:18 −61°42′	16:54:42 +61°42′	高度角 h					9°42′	19°09′	26°46′	31°49′	33°36′
			方位角 A					53°43′	43°22′	30°55′	16°14′	0°
			水平阴影长率 l					5.8488	2.8803	1.9827	1.6116	1.5048

附表 B.26　杭州（北纬 30°20'）太阳位置数据表

季节	日出 时间方位	日落 时间方位	时间 午前	5:00	6:00	7:00	8:00	9:00	10:00	11:00	12:00
			午后	19:00	18:00	17:00	16:00	15:00	14:00	13:00	
夏至	5:01:11 −117°27'	18:58:49 +117°27'	高度角 h		11°36'	23°57'	36°39'	49°32'	62°28'	74°58'	83°07'
			方位角 A		110°32'	104°10'	98°01'	91°24'	82°49'	66°20'	0°
			水平阴影长率 l		4.8742	2.2515	1.3442	0.8528	0.5214	0.2684	0.1207
大暑 (小满)	5:10:16 −113°35'	18:49:44 +113°35'	高度角 h		10°03'	22°35'	35°24'	48°21'	61°09'	73°06'	79°52'
			方位角 A		107°37'	100°57'	94°18'	86°48'	76°31'	56°40'	0°
			水平阴影长率 l		5.6465	2.4043	1.4067	0.8896	0.5509	0.3039	0.1787
春分 (秋分)	6:00:00 −90°	18:00:00 +90°	高度角 h		0°	12°54'	25°34'	37°37'	48°22'	56°29'	59°40'
			方位角 A		90°	82°18'	73°45'	63°12'	48°49'	27°57'	0°
			水平阴影长率 l		∞	4.3634	2.0903	1.2980	0.8887	0.6624	0.5851
大寒 (小雪)	6:49:49 −66°23'	17:10:11 +66°23'	高度角 h			2°00'	13°19'	23°27'	31°47'	37°25'	39°26'
			方位角 A			65°05'	56°37'	46°19'	33°30'	17°48'	0°
			水平阴影长率 l			28.6024	4.2262	2.3051	1.6140	1.3072	1.2160
冬至	6:58:49 −62°33'	17:01:11 +62°33'	高度角 h			0°14'	11°14'	21°02'	29°00'	34°19'	36°13'
			方位角 A			62°24'	54°06'	44°02'	31°38'	16°43'	0°
			水平阴影长率 l			252.4463	5.0316	2.6005	1.8043	1.4647	1.3655

附表 B.27 宁波（北纬 29°54′）太阳位置数据表

季节	日出 时间方位	日落 时间方位	时间 午前/午后	5:00 / 19:00	6:00 / 18:00	7:00 / 17:00	8:00 / 16:00	9:00 / 15:00	10:00 / 14:00	11:00 / 13:00	12:00
夏至	5:02:14 −117°20′	18:57:46 +117°20′	高度角 h		11°27′	23°51′	36°35′	49°32′	62°31′	75°09′	83°33′
			方位角 A		110°37′	104°21′	98°20′	91°54′	83°39′	67°50′	0°
			水平阴影长率 l		4.9408	2.2628	1.3472	0.8532	0.5203	0.2653	0.1131
大暑（小满）	5:11:08 −113°28′	18:48:52 +113°28′	高度角 h		9°55′	22°30′	35°22′	48°22′	61°15′	73°20′	80°18′
			方位角 A		107°41′	101°07′	94°36′	87°17′	77°18′	57°52′	0°
			水平阴影长率 l		5.7230	2.4141	1.4085	0.8889	0.5487	2.2994	0.1709
春分（秋分）	6:00:00 −90°	18:00:00 +90°	高度角 h		0°	12°58′	25°41′	37°48′	48°39′	56°52′	60°06′
			方位角 A		90°	82°24′	73°57′	63°30′	49°12′	28°16′	0°
			水平阴影长率 l		∞	4.3433	2.0791	1.2889	0.8799	0.6528	0.5750
大寒（小雪）	6:48:57 −66°29′	17:11:03 +66°29′	高度角 h			2°11′	13°33′	23°45′	32°09′	37°50′	39°52′
			方位角 A			65°05′	56°42′	46°27′	33°39′	17°54′	0°
			水平阴影长率 l			26.2105	4.1492	2.2726	1.5915	1.2879	1.1974
冬至	6:57:47 −62°40′	17:02:13 +62°40′	高度角 h			0°26′	11°30′	21°21′	29°22′	34°44′	36°39′
			方位角 A			62°24′	54°10′	44°09′	31°45′	16°48′	0°
			水平阴影长率 l			133.9423	4.9175	2.5589	1.7772	1.4421	1.3441

附表 B.28 南昌（北纬 28°40′）太阳位置数据表

季节	日出 时间	日出 方位	日落 时间	日落 方位	时间 午前	时间 午后	5:00 / 19:00	6:00 / 18:00	7:00 / 17:00	8:00 / 16:00	9:00 / 15:00	10:00 / 14:00	11:00 / 13:00	12:00
夏至	5:05:08	−116°58′	18:54:52	+116°58′	高度角 h			11°00′	23°32′	36°24′	49°28′	62°37′	75°34′	84°47′
					方位角 A			110°50′	104°52′	99°14′	93°21′	86°01′	72°16′	0°
					水平阴影长率 l			5.1420	2.2965	1.3565	0.8549	0.5178	0.2574	0.0913
大暑（小满）	5:13:35	−113°10′	18:46:25	+113°10′	高度角 h			9°32′	22°15′	35°16′	48°25′	61°30′	73°57′	81°32′
					方位角 A			107°54′	101°37′	95°28′	88°40′	79°30′	61°30′	0°
					水平阴影长率 l			5.9536	2.4434	1.4141	0.8875	0.5431	0.2876	0.1489
春分（秋分）	6:00:00	−90°	18:00:00	+90°	高度角 h			0°	13°08′	26°01′	38°21′	49°27′	57°57′	61°20′
					方位角 A			90°	82°41′	74°31′	64°22′	50°17′	29°11′	0°
					水平阴影长率 l			∞	4.2884	2.0483	1.2641	0.8555	0.6262	0.5467
大寒（小雪）	6:46:30	−66°47′	17:13:30	+66°47′	高度角 h				2°42′	14°14′	24°36′	33°10′	39°00′	41°06′
					方位角 A				65°08′	56°58′	46°52′	34°05′	18°13′	0°
					水平阴影长率 l				21.1741	3.9447	2.1844	1.5301	1.2349	1.1463
冬至	6:54:53	−63°02′	17:05:07	+63°02′	高度角 h				1°00′	12°13′	22°14′	30°25′	35°55′	37°53′
					方位角 A				62°25′	54°23′	44°29′	32°08′	17°03′	0°
					水平阴影长率 l				54.3407	4.6194	2.4470	1.7037	1.3805	1.2853

附表 B.29 赣州（北纬 25°52′）太阳位置数据表

季节	日出 时间方位	日落 时间方位	时间 午前	午后	5:00 19:00	6:00 18:00	7:00 17:00	8:00 16:00	9:00 15:00	10:00 14:00	11:00 13:00	12:00
夏至	5:11:26 −116°15′	18:48:34 +116°15′	高度角 h			10°00′	22°47′	35°54′	49°14′	62°41′	76°10′	87°35′
			方位角 A			111°19′	106°01′	101°15′	96°36′	91°26′	83°09′	0°
			水平阴影长率 l			5.6724	2.3807	1.3815	0.8623	0.5164	0.2463	0.0422
大暑 （小满）	5:18:54 −112°34′	18:41:06 +112°34′	高度角 h			8°40′	21°40′	34°54′	48°24′	61°53′	75°06′	84°20′
			方位角 A			108°19′	102°44′	97°26′	91°50′	84°39′	70°45′	0°
			水平阴影长率 l			6.5623	2.5171	1.4307	0.8879	0.5344	0.2662	0.0992
春分 （秋分）	6:00:00 −90°	18:00:00 +90°	高度角 h			0°	13°28′	26°44′	39°31′	51°12′	60°22′	64°08′
			方位角 A			90°	83°20′	75°52′	66°26′	52°55′	31°33′	0°
			水平阴影长率 l			∞	4.1758	1.9850	1.2125	0.8042	0.5690	0.4849
大寒 （小雪）	6:41:11 −67°24′	17:18:49 +67°24′	高度角 h				3°53′	15°44′	26°30′	35°28′	41°39′	43°54′
			方位角 A				65°17′	57°35′	47°51′	35°10′	18°58′	0°
			水平阴影长率 l				14.7518	3.5483	2.0062	1.4035	1.1242	1.0392
冬至	6:48:34 −63°45′	17:11:26 +63°45′	高度角 h				2°18′	13°50′	24°13′	32°46′	38°35′	40°41′
			方位角 A				62°29′	54°55′	45°20′	33°04′	17°41′	0°
			水平阴影长率 l				24.9567	4.0605	2.2240	1.5534	1.2531	1.1633

209

附表 B.30 福州（北纬 26°05′）太阳位置数据表

季节	日出 时间方位	日落 时间方位	时间	午前 午后	5:00 19:00	6:00 18:00	7:00 17:00	8:00 16:00	9:00 15:00	10:00 14:00	11:00 13:00	12:00
夏至	5:10:58 −116°18′	18:49:02 +116°18′		高度角 h		10°05′	22°51′	35°56′	49°15′	62°42′	76°08′	87°22′
				方位角 A		111°17′	105°56′	101°05′	96°21′	91°01′	82°17′	0°
				水平阴影长率 l		5.6271	2.3738	1.3794	0.8615	0.5163	0.2468	0.0460
大暑 （小满）	5:19:30 −112°37′	18:40:30 +112°37′		高度角 h		8°44′	21°43′	34°59′	48°24′	61°52′	75°01′	84°07′
				方位角 A		108°17′	102°39′	97°17′	91°25′	84°15′	70°00′	0°
				水平阴影长率 l		6.5104	2.5110	1.4293	0.8877	0.5348	0.2676	0.1031
春分 （秋分）	6:00:00 −90°	18:00:00 +90°		高度角 h		0°	13°27′	26°41′	39°26′	51°04′	60°11′	63°55′
				方位角 A		90°	83°17′	75°45′	66°16′	52°43′	31°22′	0°
				水平阴影长率 l		∞	4.1840	1.9896	1.2163	0.8080	0.5733	0.4895
大寒 （小雪）	6:41:35 −67°21′	17:18:25 +67°21′		高度角 h			3°47′	15°37′	26°21′	35°18′	41°27′	43°41′
				方位角 A			65°16′	57°32′	47°46′	35°05′	18°54′	0°
				水平阴影长率 l			15.1058	3.5761	2.0190	1.4127	1.1323	1.0471
冬至	6:49:03 −63°42′	17:10:57 +63°42′		高度角 h			2°12′	13°43′	24°04′	32°35′	38°23′	40°28′
				方位角 A			62°28′	54°52′	45°16′	32°59′	17°38′	0°
				水平阴影长率 l			26.0966	4.0989	2.2399	1.5643	1.2624	1.1722

附表 B.31　厦门（北纬 24°27'）太阳位置数据表

季节	日出 时间方位	日落 时间方位	时间 午前 / 午后	5:00 / 19:00	6:00 / 18:00	7:00 / 17:00	8:00 / 16:00	9:00 / 15:00	10:00 / 14:00	11:00 / 13:00	12:00
夏至	5:14:28 −115°55'	18:45:30 +115°55'	高度角 h		9°29'	22°23'	35°37'	49°03'	62°37'	76°16'	89°
			方位角 A		111°33'	106°35'	102°15'	98°13'	94°10'	88°55'	0°
			水平阴影长率 l		5.9883	2.4278	1.3962	0.8679	0.5180	0.2445	0.0175
大暑（小满）	5:21:29 −112°17'	18:38:31 +112°17'	高度角 h		8°13'	21°21'	34°45'	48°20'	61°59'	75°30'	85°45'
			方位角 A		108°31'	103°16'	98°24'	93°25'	87°18'	75°56'	0°
			水平阴影长率 l		6.9252	2.5585	1.4412	0.8899	0.5321	0.2587	0.0743
春分（秋分）	6:00:00 −90°	18:00:00 +90°	高度角 h		0°	13°38'	27°05'	40°04'	52°02'	61°34'	65°33'
			方位角 A		90°	83°40'	76°34'	67°31'	54°22'	32°55'	0°
			水平阴影长率 l		∞	4.1248	1.9563	1.1889	0.7804	0.5416	0.4547
大寒（小雪）	6:38:36 −67°40'	17:21:24 +67°40'	高度角 h			4°28'	16°30'	27°26'	36°37'	43°00'	45°19'
			方位角 A			65°23'	57°56'	48°23'	35°46'	19°23'	0°
			水平阴影长率 l			12.7938	3.3771	1.9259	1.3453	1.0727	0.9890
冬至	6:45:30 −64°05'	17:14:30 +64°05'	高度角 h			2°57'	14°39'	25°12'	33°57'	39°56'	42°06'
			方位角 A			62°32'	55°12'	45°48'	33°34'	18°02'	0°
			水平阴影长率 l			19.4148	3.8263	2.1249	1.4851	1.1943	1.1067

附表 B.32　基隆（北纬 25°09′）太阳位置数据表

季节	日出 时间方位	日落 时间方位	时间 午前 / 午后	5:00 / 19:00	6:00 / 18:00	7:00 / 17:00	8:00 / 16:00	9:00 / 15:00	10:00 / 14:00	11:00 / 13:00	12:00
夏至	5:13:00 −116°05′	18:47:00 +116°05′	高度角 h		9°44′	22°35′	35°45′	49°09′	62°40′	76°14′	88°18′
			方位角 A		111°26′	106°19′	101°45′	97°25′	92°49′	86°03′	0°
			水平阴影长率 l		5.8277	2.4041	1.3888	0.8650	0.5170	0.2451	0.0297
大暑 （小满）	5:20:13 −112°25′	18:39:47 +112°25′	高度角 h		8°26′	21°30′	34°51′	48°22′	61°56′	75°19′	85°03′
			方位角 A		108°25′	103°00′	97°55′	92°22′	86°00′	73°20′	0°
			水平阴影长率 l		6.7406	2.5377	1.4358	0.8888	0.5331	0.2621	0.0866
春分 （秋分）	6:00:00 −90°	18:00:00 +90°	高度角 h		0°	13°33′	26°55′	39°48′	51°37′	60°58′	64°51′
			方位角 A		90°	83°30′	76°13′	66°59′	53°39′	32°14′	0°
			水平阴影长率 l		∞	4.1496	1.9702	1.2004	0.7920	0.5550	0.4695
大寒 （小雪）	6:39:52 −67°32′	17:20:08 +67°32′	高度角 h			4°11′	16°07′	26°58′	36°03′	42°20′	44°37′
			方位角 A			65°20′	57°46′	48°07′	35°28′	19°11′	0°
			水平阴影长率 l			13.6913	3.4595	1.9648	1.3736	1.0978	1.0135
冬至	6:47:00 −63°55′	17:13:00 +63°55′	高度角 h			2°38′	14°15′	24°43′	33°22′	39°16′	41°24′
			方位角 A			62°31′	55°03′	45°34′	33°19′	17°52′	0°
			水平阴影长率 l			21.8070	3.9385	2.1728	1.5183	1.2229	1.1343

附表 B.33　高雄（北纬 22°36'）太阳位置数据表

季节	日出 时间方位	日落 时间方位	时间 午前 午后	5:00 19:00	6:00 18:00	7:00 17:00	8:00 16:00	9:00 15:00	10:00 14:00	11:00 13:00	12:00
夏至	5:18:23 −115°32'	18:41:37 +115°32'	高度角 h		8°48'	21°51'	35°12'	48°45'	62°26'	76°11'	89°09'
			方位角 A		111°49'	107°19'	103°32'	100°19'	97°42'	96°27'	180°
			水平阴影长率 l		6.4620	2.4942	1.4177	0.8770	0.5222	0.2461	0.0148
大暑 （小满）	5:24:44 −111°58'	18:35:16 +111°58'	高度角 h		7°38'	20°55'	34°28'	48°11'	62°01'	75°50'	87°36'
			方位角 A		108°46'	103°58'	99°40'	95°29'	89°13'	83°03'	0°
			水平阴影长率 l		7.4694	2.6170	1.4569	0.8944	0.5315	0.2524	0.0419
春分 （秋分）	6:00:00 −90°	18:00:00 +90°	高度角 h		0°	13°49'	27°29'	40°45'	53°05'	63°06'	67°24'
			方位角 A		90°	84°07'	77°29'	68°59'	56°21'	34°53'	0°
			水平阴影长率 l		∞	4.0639	1.9217	1.1604	0.7512	0.5075	0.4163
大寒 （小雪）	6:35:18 −68°00'	17:24:42 +68°00'	高度角 h			5°14'	17°28'	28°40'	38°07'	44°44'	47°10'
			方位角 A			65°31'	58°25'	49°07'	36°36'	19°59'	0°
			水平阴影长率 l			10.9080	3.1773	1.8295	1.2745	1.0093	0.9271
冬至	6:41:36 −64°28'	17:18:24 +64°28'	高度角 h			3°48'	15°42'	26°29'	35°29'	41°42'	43°57'
			方位角 A			62°38'	55°37'	46°27'	34°17'	18°32'	0°
			水平阴影长率 l			15.0544	3.5583	2.0070	1.4025	1.1226	1.0373

附表 B.34　郑州（北纬 34°44′）太阳位置数据表

季节	日出 时间方位	日落 时间方位	时间	午前	5:00	6:00	7:00	8:00	9:00	10:00	11:00	12:00
				午后	19:00	18:00	17:00	16:00	15:00	14:00	13:00	
夏至	4:50:00 −118°58′	19:10:00 +118°58′	高度角 h		1°49′	13°06′	24°57′	37°08′	49°27′	61°36′	72°45′	78°43′
			方位角 A		117°33′	109°37′	102°13′	91°44′	86°15′	74°42′	53°11′	0°
			水平阴影长率 l		31.6738	4.2962	2.1493	1.3206	0.8556	0.5406	0.3106	0.1994
大暑 （小满）	5:00:54 −114°51′	18:59:06 +114°51′	高度角 h			11°21′	23°21′	35°37′	47°55′	59°51′	70°21′	75°28′
			方位角 A			106°49′	99°07′	91°10′	81°55′	69°06′	46°14′	0°
			水平阴影长率 l			4.9843	2.3165	1.3959	0.9032	0.5809	0.3571	0.2591
春分 （秋分）	6:00:00 −90°	18:00:00 +90°	高度角 h			0°	12°17′	24°16′	35°32′	45°23′	52°33′	55°16′
			方位角 A			90°	81°19′	71°48′	60°20′	45°23′	25°11′	0°
			水平阴影长率 l			∞	4.5935	2.2185	1.4003	0.9869	0.7660	0.6932
大寒 （小雪）	6:59:12 −65°07′	17:00:48 +65°07′	高度角 h				0°09′	10°52′	20°23′	28°05′	33°13′	35°02′
			方位角 A				65°00′	55°50′	45°03′	32°08′	16°53′	0°
			水平阴影长率 l				389.2489	5.2083	2.6916	1.8738	1.5270	1.4261
冬至	7:10:00 −61°02′	16:50:00 +61°02′	高度角 h					8°39′	17°51′	25°14′	30°06′	31°49′
			方位角 A					53°29′	42°58′	30°28′	15°56′	0°
			水平阴影长率 l					6.5782	3.1062	2.1221	1.7247	1.6114

附表 B.35　信阳（北纬 32°08′）太阳位置数据表

季节	日出 时间方位	日落 时间方位	时间	午前 午后	5:00 19:00	6:00 18:00	7:00 17:00	8:00 16:00	9:00 15:00	10:00 14:00	11:00 13:00	12:00
夏至	4:56:45 −118°02′	19:03:15 +118°02′	高度角 h		0°36′	12°13′	24°23′	36°53′	49°33′	62°11′	74°10′	81°19′
			方位角 A		117°36′	110°10′	103°22′	96°41′	89°17′	79°26′	60°30′	0°
			水平阴影长率 l		94.3695	4.6074	2.2069	1.3330	0.8525	0.5276	0.2836	0.1527
大暑 （小满）	5:06:34 −114°04′	18:53:26 +114°04′	高度角 h			10°25′	22°55′	35°31′	48°13′	60°41′	72°03′	78°04′
			方位角 A			107°18′	100°12′	93°01′	84°47′	73°24′	52°00′	0°
			水平阴影长率 l			5.3522	2.3657	1.4008	0.8937	0.5616	0.3240	0.2113
春分 （秋分）	6:00:00 −90°	18:00:00 +90°	高度角 h			0°	12°40′	25°03′	36°47′	47°10′	54°53′	57°52′
			方位角 A			90°	81°53′	72°56′	62°00′	47°21′	26°44′	0°
			水平阴影长率 l			∞	4.4517	2.1397	1.3376	0.9270	0.7033	0.6281
大寒 （小雪）	6:53:33 −65°54′	17:06:72 +65°54′	高度角 h				1°15′	12°19′	22°12′	30°17′	35°42′	37°38′
			方位角 A				65°02′	56°17′	45°47′	32°54′	17°24′	0°
			水平阴影长率 l				46.0825	4.5797	2.4501	1.7130	1.3917	1.2970
冬至	7:03:15 −61°58′	16:56:45 +61°58′	高度角 h					10°11′	19°44′	27°28′	32°36′	34°25′
			方位角 A					53°49′	44°34′	31°08′	16°22′	0°
			水平阴影长率 l				5.5680	2.7876	1.9243	1.5638	1.4596

附表 B.36 武汉（北纬30°38′）太阳位置数据表

季节	日出 时间方位	日落 时间方位	时间 午前/午后	5:00 / 19:00	6:00 / 18:00	7:00 / 17:00	8:00 / 16:00	9:00 / 15:00	10:00 / 14:00	11:00 / 13:00	12:00
夏至	5:00:28 −117°33′	18:59:32 +117°33′	高度角 h		11°42′	24°01′	36°41′	49°33′	62°25′	74°51′	82°49′
			方位角 A		110°28′	104°02′	97°47′	91°07′	82°15′	65°19′	0°
			水平阴影长率 l		4.8292	2.2438	1.3422	0.8526	0.5223	0.2707	0.1260
大暑（小满）	5:09:40 −113°40′	18:50:20 +113°40′	高度角 h		10°08′	22°38′	35°26′	48°20′	61°05′	72°56′	79°34′
			方位角 A		107°34′	100°50′	94°05′	86°28′	76°00′	55°51′	0°
			水平阴影长率 l		5.5950	2.3976	1.4056	0.8901	0.5525	0.3071	0.1841
春分（秋分）	6:00:00 −90°	18:00:00 +90°	高度角 h		0°	12°52′	25°29′	37°29′	48°10′	56°13′	59°22′
			方位角 A		90°	82°14′	73°36′	63°00′	48°34′	27°44′	0°
			水平阴影长率 l		∞	4.3776	2.0983	1.3044	0.8949	0.6691	0.5922
大寒（小雪）	6:50:26 −66°18′	17:09:34 +66°18′	高度角 h			1°53′	13°09′	23°15′	31°32′	37°08′	39°08′
			方位角 A			65°04′	56°34′	46°14′	33°24′	17°44′	0°
			水平阴影长率 l			30.5318	4.2813	2.3282	1.6299	1.3208	1.2290
冬至	6:59:32 −62°27′	17:00:28 +62°27′	高度角 h			0°05′	11°04′	20°49′	28°44′	34°02′	35°55′
			方位角 A			62°24′	54°03′	43°57′	31°33′	16°39′	0°
			水平阴影长率 l			651.5151	5.1137	2.6300	1.8234	1.4806	1.3806

附表 B.37　襄樊（北纬 32°02'）太阳位置数据表

季节	日出 时间/方位	日落 时间/方位	时间 午前	午后		5:00 19:00	6:00 18:00	7:00 17:00	8:00 16:00	9:00 15:00	10:00 14:00	11:00 13:00	12:00
夏至	4:57:00 −118°00'	19:03:00 +118°00'	高度角 h			0°34'	12°11'	24°21'	36°52'	49°33'	62°12'	74°13'	81°25'
			方位角 A			117°36'	110°11'	103°25'	96°45'	89°24'	79°37'	60°48'	0°
			水平阴影长率 l			102.1667	4.6309	2.2092	1.3336	0.8525	0.5272	0.2827	0.1509
大暑 （小满）	5:06:46 −114°02'	18:53:14 +114°02'	高度角 h				10°33'	22°54'	35°31'	48°13'	60°43'	72°06'	78°10'
			方位角 A				107°19'	100°15'	93°05'	84°54'	73°34'	52°15'	0°
			水平阴影长率 l				5.3676	2.3677	1.4011	0.8934	0.5609	0.3228	0.2095
春分 （秋分）	6:00:00 −90°	18:00:00 +90°	高度角 h				0°	12°40'	25°05'	36°50'	47°14'	54°58'	57°58'
			方位角 A				90°	81°55'	72°58'	62°03'	47°26'	26°48'	0°
			水平阴影长率 l				∞	4.4466	2.1368	1.3353	0.9248	0.7010	0.6257
大寒 （小雪）	6:53:20 −65°55'	17:60:40 +65°55'	高度角 h					1°17'	12°22'	22°16'	30°22'	35°48'	37°44'
			方位角 A					65°02'	56°18'	45°48'	32°56'	17°25'	0°
			水平阴影长率 l					44.5686	4.5586	2.4416	1.7072	1.3868	1.2923
冬至	7:02:59 −62°00'	16:57:01 +62°00'	高度角 h						10°14'	19°48'	27°33'	32°42'	34°31'
			方位角 A						53°50'	43°35'	31°09'	16°23'	0°
			水平阴影长率 l						5.5352	2.7765	1.9173	1.5581	1.4541

附表 B.38　长沙（北纬 28°15′）太阳位置数据表

季节	日出 时间	日出 方位	日落 时间	日落 方位	时间	午前	午后	5:00 / 19:00	6:00 / 18:00	7:00 / 17:00	8:00 / 16:00	9:00 / 15:00	10:00 / 14:00	11:00 / 13:00	12:00
夏至	5:06:05	−116°51′	18:53:55	+116°51′	高度角 h				10°51′	23°25′	36°20′	49°27′	62°39′	75°41′	85°12′
					方位角 A				110°55′	105°03′	99°32′	93°50′	86°49′	73°49′	0°
					水平阴影长率 l				5.2140	2.3083	1.3599	0.8557	0.5172	0.2552	0.0840
大暑（小满）	5:14:23	−113°05′	18:45:37	+116°05′	高度角 h				9°24′	22°10′	35°14′	48°25′	61°34′	74°09′	81°57′
					方位角 A				107°57′	101°47′	95°46′	89°09′	80°16′	62°47′	0°
					水平阴影长率 l				6.0363	2.4537	1.4163	0.8873	0.5414	0.2839	0.1414
春分（秋分）	6:00:00	−90°	18:00:00	+90°	高度角 h				0°	13°11′	26°08′	38°32′	49°43′	58°18′	61°45′
					方位角 A				90°	82°46′	74°43′	64°40′	50°39′	29°31′	0°
					水平阴影长率 l				∞	4.2706	2.0383	1.2560	0.8475	0.6174	0.5373
大寒（小雪）	6:45:42	−66°53′	17:14:18	+66°53′	高度角 h					2°53′	14°27′	24°53′	33°31′	39°24′	41°31′
					方位角 A					65°09′	57°03′	47°00′	34°14′	18°19′	0°
					水平阴影长率 l					19.8843	3.8801	2.1561	1.5102	1.2176	1.1296
冬至	5:53:55	−63°09′	17:06:05	+63°09′	高度角 h					1°12′	12°27′	22°31′	30°46′	36°19′	38°18′
					方位角 A					62°25′	54°27′	44°37′	32°16′	17°08′	0°
					水平阴影长率 l					48.0571	4.5267	2.4113	1.6799	1.3605	1.2662

附表 B.39　衡阳（北纬 26°56′）太阳位置数据表

季节	日出 时间方位	日落 时间方位	时间 午前	午后	5:00 / 19:00	6:00 / 18:00	7:00 / 17:00	8:00 / 16:00	9:00 / 15:00	10:00 / 14:00	11:00 / 13:00	12:00
夏至	5:09:04 −116°31′	18:50:56 +116°31′	高度角 h			10°23′	23°05′	36°06′	49°20′	62°42′	76°00′	86°31′
			方位角 A			111°09′	105°35′	100°29′	95°22′	89°22′	78°54′	0°
			水平阴影长率 l			5.4569	2.3473	1.3713	0.8589	0.5163	0.2494	0.0609
大暑 (小满)	5:16:55 −112°47′	18:43:05 +112°47′	高度角 h			9°00′	21°54′	35°05′	48°25′	61°46′	74°42′	83°16′
			方位角 A			108°10′	102°19′	96°41′	89°22′	82°41′	67°04′	0°
			水平阴影长率 l			6.3150	2.4878	1.4238	0.8872	0.5370	0.2734	0.1181
春分 (秋分)	6:00:00 −90°	18:00:00 +90°	高度角 h			0°	13°20′	26°28′	39°05′	50°33′	59°27′	63°04′
			方位角 A			90°	83°05′	75°21′	65°38′	51°53′	30°36′	0°
			水平阴影长率 l			∞	4.2168	2.0081	1.2314	0.8231	0.5903	0.5081
大寒 (小雪)	6:43:11 −67°10′	17:16:49 +67°10′	高度角 h				3°26′	15°10′	25°47′	34°36′	40°39′	42°50′
			方位角 A				65°13′	57°21′	47°27′	34°45′	18°40′	0°
			水平阴影长率 l				16.6769	3.6894	2.0708	1.4498	1.1649	1.0786
冬至	6:50:56 −63°29′	17:09:04 +63°29′	高度角 h				1°48′	13°13′	23°28′	31°53′	37°34′	39°37′
			方位角 A				62°27′	54°42′	45°00′	32°42′	17°26′	0°
			水平阴影长率 l				31.7950	4.2567	2.3044	1.6081	1.2998	1.2081

附表 B.40 广州（北纬 23°08′）太阳位置数据表

季节	日出 时间方位	日落 时间方位	时间 午前/午后	5:00 / 19:00	6:00 / 18:00	7:00 / 17:00	8:00 / 16:00	9:00 / 15:00	10:00 / 14:00	11:00 / 13:00	12:00
夏至	5:17:34 −115°37′	18:42:26 +115°37′	高度角 h		8°57′	21°58′	35°17′	48°49′	62°29′	76°13′	89°33′
			方位角 A		111°46′	107°09′	103°15′	99°52′	96°57′	94°50′	180°
			水平阴影长率 l		6.3530	2.4793	1.4128	0.8749	0.5211	0.2454	0.0079
大暑 (小满)	5:24:4 −112°02′	18:35:56 +112°02′	高度角 h		7°45′	21°01′	34°32′	48°14′	62°01′	75°47′	87°12′
			方位角 A		108°43′	103°49′	99°24′	95°03′	89°58′	81°29′	0°
			水平阴影长率 l		7.3441	2.6039	1.4533	0.8933	0.5314	0.2534	0.0489
春分 (秋分)	6:00:00 −90°	18:00:00 +90°	高度角 h		0°	13°47′	27°24′	40°37′	52°52′	62°46′	67°00′
			方位角 A		90°	84°01′	77°17′	68°39′	55°55′	34°26′	0°
			水平阴影长率 l		∞	4.0765	1.9289	1.1663	0.7574	0.5147	0.4245
大寒 (小雪)	6:36:00 −67°56′	17:24:00 +67°56′	高度角 h			5°04′	17°16′	28°24′	37°48′	44°21′	46°46′
			方位角 A			65°29′	58°19′	48°58′	36°25′	19°51′	0°
			水平阴影长率 l			11.2666	3.2184	1.8496	1.2894	1.0227	0.9402
冬至	6:42:27 −64°23′	17:17:33 +64°23′	高度角 h			3°37′	15°28′	26°13′	35°10′	41°19′	43°33′
			方位角 A			62°37′	55°31′	46°18′	34°08′	18°26′	0°
			水平阴影长率 l			15.8223	3.6130	2.0315	1.4197	1.1376	1.0519

附表 B.41 香港（北纬 22°22'）太阳位置数据表

季节	日出 时间方位	日落 时间方位	时间 午前 / 午后		5:00 / 19:00	6:00 / 18:00	7:00 / 17:00	8:00 / 16:00	9:00 / 15:00	10:00 / 14:00	11:00 / 13:00	12:00
夏至	5:18:52 −115°29'	18:41:08 +115°29'		高度角 h		8°43'	21°47'	35°08'	48°43'	62°23'	76°09'	88°55'
				方位角 A		111°52'	107°24'	103°41'	100°35'	98°08'	97°23'	180°
				水平阴影长率 l		6.5223	2.5022	1.4210	0.8780	0.5231	0.2465	0.0189
大暑 (小满)	5:25:08 −111°54'	18:34:52 +111°54'		高度角 h		7°33'	20°52'	34°26'	48°10'	62°01'	75°52'	87°50'
				方位角 A		108°47'	104°03'	99°49'	95°16'	91°13'	83°58'	0°
				水平阴影长率 l		7.5449	2.6233	1.4586	0.8951	0.5313	0.2518	0.0378
春分 (秋分)	6:00:00 −90°	18:00:00 +90°		高度角 h		0°	13°51'	27°32'	40°50'	53°13'	63°17'	67°38'
				方位角 A		90°	84°11'	77°37'	69°10'	56°37'	35°91'	0°
				水平阴影长率 l		∞	4.0560	1.9183	1.1571	0.7476	0.5033	0.4115
大寒 (小雪)	6:34:52 −68°02'	17:25:08 +68°02'		高度角 h			5°20'	17°35'	28°49'	38°18'	44°57'	47°24'
				方位角 A			65°32'	58°29'	49°13'	36°43'	20°04'	0°
				水平阴影长率 l			10.7119	3.1556	1.8177	1.2662	1.0017	0.9195
冬至	6:41:08 −64°31'	17:18:52 +64°31'		高度角 h			3°55'	15°50'	26°38'	35°41'	41°55'	44°11'
				方位角 A			62°39'	55°40'	46°32'	34°23'	18°37'	0°
				水平阴影长率 l			14.6059	3.5261	1.9941	1.3925	1.1139	1.0289

附表 B.42　湛江（北纬 21°02′）太阳位置数据表

季节	日出 时间方位	日落 时间方位	时间 午前/午后	5:00 / 19:00	6:00 / 18:00	7:00 / 17:00	8:00 / 16:00	9:00 / 15:00	10:00 / 14:00	11:00 / 13:00	12:00
夏至	5:21:36 −115°14′	18:38:24 +115°14′	高度角 h		8°13′	21°22′	34°49′	48°27′	62°11′	75°55′	87°35′
			方位角 A		112°03′	107°54′	104°35′	102°04′	100°39′	102°40′	180°
			水平阴影长率 l		6.9296	2.5551	1.4379	0.8865	0.5278	0.2509	0.0422
大暑 (小满)	5:27:28 −111°43′	18:32:32 +111°43′	高度角 h		7°07′	20°32′	34°11′	48°01′	61°57′	75°56′	89°10′
			方位角 A		108°57′	104°32′	100°43′	97°13′	93°44′	89°17′	0°
			水平阴影长率 l		8.0068	2.6708	1.4721	0.8999	0.5328	0.2504	0.0146
春分 (秋分)	6:00:00 −90°	18:00:00 +90°	高度角 h		0°	13°59′	27°49′	41°18′	53°56′	64°22′	68°58′
			方位角 A		90°	84°30′	78°18′	70°15′	58°08′	36°45′	0°
			水平阴影长率 l		∞	4.0169	1.8951	1.1383	0.7283	0.4799	0.3845
大寒 (小雪)	6:32:36 −68°15′	17:27:24 +68°15′	高度角 h			5°53′	18°17′	29°41′	39°22′	46°12′	48°44′
			方位角 A			65°40′	58°51′	49°47′	37°22′	20°32′	0°
			水平阴影长率 l			9.7009	3.0262	1.7547	1.2188	0.9588	0.8775
冬至	6:38:24 −64°46′	17:21:36 +64°46′	高度角 h			4°31′	16°35′	27°34′	36°47′	43°11′	45°31′
			方位角 A			62°44′	55°59′	47°02′	34°56′	19°00′	0°
			水平阴影长率 l			12.6519	3.3592	1.9162	1.3377	1.0657	0.9821

附表 B.43　海口（北纬 20°00′）太阳位置数据表

季节	日出 时间方位	日落 时间方位	时间 午前 / 午后	5:00 / 19:00	6:00 / 18:00	7:00 / 17:00	8:00 / 16:00	9:00 / 15:00	10:00 / 14:00	11:00 / 13:00	12:00
夏至	5:23:40 −115°03′	18:36:20 +115°03′	高度角 h		7°49′	21°03′	34°33′	48°13′	61°58′	75°39′	86°33′
			方位角 A		112°11′	108°17′	105°17′	103°12′	102°34′	106°37′	180°
			水平阴影长率 l		7.7288	2.5979	1.4522	0.8935	0.5324	0.2558	0.0603
大暑 (小满)	5:29:13 −111°34′	18:30:47 +111°34′	高度角 h		6°47′	20°16′	33°59′	47°53′	61°52′	75°55′	89°48′
			方位角 A		109°04′	104°55′	101°24′	98°22′	95°40′	93°24′	180°
			水平阴影长率 l		8.4082	2.7086	1.4831	0.9043	0.5347	0.2509	0.0035
春分 (秋分)	6:00:00 −90°	18:00:00 +90°	高度角 h		0°	14°05′	28°01′	41°38′	54°28′	65°11′	70°
			方位角 A		90°	84°46′	78°50′	71°07′	59°21′	38°05′	0°
			水平阴影长率 l		∞	3.9882	1.8788	1.1247	0.7141	0.4624	0.3640
大寒 (小雪)	6:30:50 −68°24′	17:29:10 +68°24′	高度角 h			6°19′	18°49′	30°21′	40°11′	47°10′	49°46′
			方位角 A			65°46′	59°09′	50°15′	3°53′	20°56′	0°
			水平阴影长率 l			9.0427	2.9344	1.7084	1.1839	0.9270	0.8461
冬至	6:35:20 −64°57′	17:24:40 +64°57′	高度角 h			5°00′	17°09′	28°16′	37°37′	44°09′	46°33′
			方位角 A			62°49′	56°15′	47°26′	35°23′	19°20′	0°
			水平阴影长率 l			11.4485	3.2398	1.8603	1.2974	7.0299	0.0473

附表 B.44 南宁（北纬 22°48'）太阳位置数据表

季节	日出 时间方位	日落 时间方位	时间 午前／午后	5:00 / 19:00	6:00 / 18:00	7:00 / 17:00	8:00 / 16:00	9:00 / 15:00	10:00 / 14:00	11:00 / 13:00	12:00
夏至	5:17:59 −115°34'	18:42:01 +115°34'	高度角 h		8°52'	21°54'	35°15'	48°47'	62°27'	76°12'	89°21'
			方位角 A		111°48'	107°14'	103°23'	100°06'	97°20'	95°39'	180°
			水平阴影长率 l		6.4070	2.4867	1.4152	0.8759	0.5216	0.2457	0.0114
大暑（小满）	5:24:25 −120°0'	18:35:35 +112°0'	高度角 h		7°41'	20°58'	34°30'	48°12'	62°01'	75°49'	87°24'
			方位角 A		108°44'	103°53'	99°32'	95°16'	89°35'	82°16'	0°
			水平阴影长率 l		7.4062	2.6104	1.4551	0.8939	0.5314	0.2528	0.0454
春分（秋分）	6:00:00 −90°	18:00:00 +90°	高度角 h		0°	13°48'	27°27'	40°41'	52°58'	62°56'	67°12'
			方位角 A		90°	84°04'	77°23'	68°49'	56°08'	34°40'	0°
			水平阴影长率 l		∞	4.0701	1.9253	1.1634	0.7543	0.5111	0.4204
大寒（小雪）	6:35:39 −67°58'	17:24:21 +67°58'	高度角 h			5°09'	17°22'	28°32'	37°57'	44°33'	46°58'
			方位角 A			65°30'	58°22'	49°02'	36°31'	19°55'	0°
			水平阴影长率 l			11.0843	3.1977	1.8395	1.2819	1.0160	0.9336
冬至	6:42:02 −64°26'	17:17:58 +64°26'	高度角 h			3°43'	15°35'	26°21'	35°19'	41°30'	43°45'
			方位角 A			62°37'	55°34'	46°23'	34°13'	18°29'	0°
			水平阴影长率 l			15.4288	3.5855	2.0192	1.4111	1.1301	1.0446

附表 B.45　桂林（北纬 25°15'）太阳位置数据表

季节	日出 时间方位	日落 时间方位	时间	午前 5:00 午后 19:00	6:00 18:00	7:00 17:00	8:00 16:00	9:00 15:00	10:00 14:00	11:00 13:00	12:00
夏至	5:12:47 −116°06'	18:47:13 +116°06'	高度角 h		9°46'	22°37'	35°47'	49°09'	62°40'	76°13'	88°12'
			方位角 A		111°25'	106°16'	101°41'	97°19'	92°37'	85°39'	0°
			水平阴影长率 l		5.8054	2.4008	1.3877	0.8646	0.5169	0.2452	0.0314
大暑 （小满）	5:20:02 −112°27'	18:39:58 +112°27'	高度角 h		8°28'	21°32'	34°52'	48°22'	61°56'	75°17'	84°57'
			方位角 A		108°24'	102°58'	97°51'	92°21'	85°49'	72°58'	0°
			水平阴影长率 l		6.7151	2.5348	1.4351	0.8886	0.5332	0.2627	0.0884
春分 （秋分）	6:00:00 −90°	18:00:00 +90°	高度角 h		0°	13°32'	26°53'	39°45'	51°34'	60°53'	64°45'
			方位角 A		90°	83°29'	76°10'	66°54'	53°32'	32°08'	0°
			水平阴影长率 l		∞	4.1532	1.9722	1.2020	0.7937	0.5570	0.4716
大寒 （小雪）	6:40:03 −67°31'	17:19:57 +67°31'	高度角 h			4°08'	16°04'	26°54'	35°58'	42°14'	44°31'
			方位角 A			65°19'	57°44'	48°05'	35°26'	19°09'	0°
			水平阴影长率 l			13.8299	3.4716	1.9705	1.3777	1.1014	1.0170
冬至	6:47:13 −63°54'	17:12:47 +63°54'	高度角 h			2°35'	14°11'	24°39'	33°17'	39°11'	41°18'
			方位角 A			92°30'	55°02'	45°32'	33°17'	17°50'	0°
			水平阴影长率 l			22.1979	3.9551	2.1798	1.5231	1.2271	1.1383

附表 B.46 西安（北纬34°15′）太阳位置数据表

季节	日出 时间方位	日落 时间方位	时间 午前 / 午后	5:00 / 19:00	6:00 / 18:00	7:00 / 17:00	8:00 / 16:00	9:00 / 15:00	10:00 / 14:00	11:00 / 13:00	12:00
夏至	4:51:17 −118°47′	19:08:43 +118°47′	高度角 h	1°35′	12°57′	24°51′	37°06′	49°29′	61°44′	73°02′	79°12′
			方位角 A	117°34′	109°44′	102°26′	95°05′	86°49′	75°33′	54°26′	0°
			水平阴影长率 l	36.0874	4.3515	2.1593	1.3225	0.8547	0.5379	0.3052	0.1908
大暑 (小满)	5:01:58 −114°42′	18:58:02 +114°42′	高度角 h		11°12′	23°16′	35°36′	47°59′	60°01′	70°40′	75°57′
			方位角 A		106°55′	99°19′	91°30′	82°26′	69°52′	47°13′	0°
			水平阴影长率 l		5.0476	2.3250	1.3965	0.9011	0.5770	0.3507	0.2503
春分 (秋分)	6:00:00 −90°	18:00:00 +90°	高度角 h		0°	12°21′	24°25′	35°46′	45°43′	52°59′	55°45′
			方位角 A		90°	81°25′	72°00′	60°38′	45°44′	25°28′	0°
			水平阴影长率 l		∞	4.5661	2.2033	1.3882	0.9754	0.7541	0.6809
大寒 (小雪)	6:58:02 −65°16′	17:01:58 +65°16′	高度角 h			0°21′	11°08′	20°43′	28°30′	33°41′	35°31′
			方位角 A			65°00′	55°55′	45°11′	32°16′	16°58′	0°
			水平阴影长率 l			164.1265	5.0799	2.6438	1.8424	1.5007	1.4011
冬至	7:08:43 −61°13′	16:51:17 +61°13′	高度角 h				8°56′	18°12′	25°39′	30°34′	32°18′
			方位角 A				53°33′	43°04′	30°35′	16°00′	0°
			水平阴影长率 l				6.3655	3.0425	2.0832	1.6933	1.5818

附表 B.47　延安（北纬 36°36'）太阳位置数据表

季节	日出 时间方位	日落 时间方位	时间	午前	5:00 19:00	6:00 18:00	7:00 17:00	8:00 16:00	9:00 15:00	10:00 14:00	11:00 13:00	12:00
				午后								
夏至	4:44:46 -119°43'	19:15:14 +119°43'	高度角 h		2°40'	13°44'	25°20'	37°16'	49°18'	61°03'	71°34'	76°51'
			方位角 A		117°29'	109°12'	101°21'	93°19'	84°05'	71°25'	48°40'	0°
			水平阴影长率 l		21.4157	4.0943	2.1123	1.3143	0.8603	0.5530	0.3333	0.2336
大暑 （小满）	4:56:34 -115°28'	19:03:26 +115°28'	高度角 h		0°37'	11°53'	23°38'	35°38'	47°37'	59°08'	69°01'	73°36'
			方位角 A		114°58'	106°27'	98°19'	89°49'	79°53'	66°09'	42°42'	0°
			水平阴影长率 l		91.9814	4.7533	2.2853	1.3951	0.9126	0.5977	0.3837	0.2943
春分 （秋分）	6:00:00 -90°	18:00:00 +90°	高度角 h			0°	12°00'	23°40'	34°35'	44°03'	50°51'	53°24'
			方位角 A			90°	80°55'	71°00'	59°12'	44°05'	24°12'	0°
			水平阴影长率 l			∞	4.7076	2.2817	1.4502	1.0338	0.8142	0.7427
大寒 （小雪）	7:03:33 -64°29'	16:56:27 +64°29'	高度角 h				0°21'	9°49'	19°03'	26°30'	31°26'	33°10'
			方位角 A				65°00'	55°33'	44°35'	31°37'	16°32'	0°
			水平阴影长率 l				164.1265	5.7814	2.8955	2.0059	1.6365	1.5301
冬至	7:15:11 -60°17'	16:44:49 +60°17'	高度角 h					7°32'	16°28'	23°37'	28°18'	29°57'
			方位角 A					53°16'	42°34'	30°02'	15°39'	0°
			水平阴影长率 l					7.5685	3.3823	2.2874	1.8569	1.7356

附表 B.48　银川（北纬 38°25′）太阳位置数据表

季节	日出 时间方位	日落 时间方位	时间 午前 / 午后	5:00 / 19:00	6:00 / 18:00	7:00 / 17:00	8:00 / 16:00	9:00 / 15:00	10:00 / 14:00	11:00 / 13:00	12:00
夏至	4:39:31 −120°31′	19:20:29 +120°31′	高度角 h	3°31′	14°19′	25°41′	37°21′	49°04′	60°26′	70°19′	75°02′
			方位角 A	117°24′	108°46′	100°30′	91°56′	81°59′	68°22′	44°50′	0°
			水平阴影长率 l	16.2995	3.9185	2.0799	1.3103	0.8671	0.5673	0.3577	0.2673
大暑 (小满)	4:52:08 −116°09′	19:07:52 +116°09′	高度角 h	1°23′	12°23′	23°53′	35°36′	47°16′	58°22′	67°39′	71°47′
			方位角 A	114°56′	106°05′	97°31′	88°31′	77°56′	63°27′	39°41′	0°
			水平阴影长率 l	41.2339	4.5522	2.2584	1.3964	0.9239	0.6162	0.4113	0.3291
春分 (秋分)	6:00:00 −90°	18:00:00 +90°	高度角 h		0°	11°42′	23°04′	33°39′	42°44′	49°11′	51°35′
			方位角 A		90°	80°33′	70°16′	58°09′	42°54′	23°20′	0°
			水平阴影长率 l		∞	4.8288	2.3486	1.5026	1.0826	0.8637	0.7931
大寒 (小雪)	7:07:59 −63°48′	16:52:01 +63°48′	高度角 h				8°47′	17°45′	24°57′	29°41′	31°21′
			方位角 A				55°18′	44°10′	31°10′	16°14′	0°
			水平阴影长率 l				6.4727	3.1231	2.1498	1.7543	1.6415
冬至	7:20:29 −59°29′	16:39:31 +59°29′	高度角 h				6°26′	15°08′	22°02′	26°33′	28°08′
			方位角 A				53°05′	42°13′	29°40′	15°24′	0°
			水平阴影长率 l				8.8624	3.6987	2.4704	2.0010	1.8702

附表 B.49　兰州 (北纬 36°01′) 太阳位置数据表

季节	日出 时间方位	日落 时间方位	时间 午前／午后		5:00／19:00	6:00／18:00	7:00／17:00	8:00／16:00	9:00／15:00	10:00／14:00	11:00／13:00	12:00
夏至	4:46:28 −119°28′	19:13:32 +119°28′	高度角 h		2°24′	13°32′	25°13′	37°14′	49°21′	61°14′	71°57′	77°26′
			方位角 A		117°31′	109°20′	101°37′	93°45′	84°45′	72°25′	50°00′	0°
			水平阴影长率 l		23.8183	4.1548	2.1234	1.3160	0.8586	0.5489	0.3260	0.2229
大暑 (小满)	4:57:57 −115°16′	19:02:03 +115°16′	高度角 h		0°23′	11°43′	23°33′	35°38′	47°43′	59°22′	69°26′	74°11′
			方位角 A		114°58′	106°34′	98°34′	90°14′	80°31′	67°03′	43°45′	0°
			水平阴影长率 l		152.1144	4.8225	2.2946	1.3951	0.9095	0.5922	0.3752	0.2833
春分 (秋分)	6:00:00 −90°	18:00:00 +90°	高度角 h			0°	12°05′	23°51′	34°53′	44°28′	51°23′	53°59′
			方位角 A			90°	81°03′	71°15′	59°33′	44°29′	24°30′	0°
			水平阴影长率 l			∞	4.6710	2.2614	1.4342	1.0188	0.7989	0.7270
大寒 (小雪)	7:02:10 −64°41′	16:57:50 +64°41′	高度角 h					10°09′	19°28′	27°00′	31°59′	33°45′
			方位角 A					55°38′	44°44′	31°46′	16°38′	0°
			水平阴影长率 l					5.5897	2.8289	1.9631	1.6012	1.4966
冬至	7:13:32 −60°32′	16:46:28 +60°32′	高度角 h					7°53′	16°54′	24°07′	28°52′	30°32′
			方位角 A					53°20′	42°41′	30°10′	15°44′	0°
			水平阴影长率 l					7.2294	3.2914	2.2336	1.8141	1.6954

附表 B.50　酒泉（北纬 39°45'）太阳位置数据表

季节	日出 时间方位	日落 时间方位	时间 午前	午后	5:00 19:00	6:00 18:00	7:00 17:00	8:00 16:00	9:00 15:00	10:00 14:00	11:00 13:00	12:00
夏至	4:35:24 −121°10'	19:24:36 +121°10'	高度角 h		4°07'	14°45'	25°55'	37°23'	48°52'	59°55'	69°21'	73°42'
			方位角 A		117°19'	108°27'	99°52'	90°55'	80°28'	66°13'	42°20'	0°
			水平阴影长率 l		13.8706	3.8005	2.0582	1.3088	0.8733	0.5793	0.3768	0.2924
大暑 (小满)	4:48:44 −116°41'	19:11:16 +116°41'	高度角 h		1°57'	12°45'	24°03'	35°34'	46°58'	57°45'	66°36'	70°27'
			方位角 A		114°54'	105°48'	96°56'	87°34'	76°32'	61°33'	37°43'	0°
			水平阴影长率 l		79.3554	4.4173	2.2407	1.3988	0.9335	0.6311	0.4327	0.3551
春分 (秋分)	6:00:00 −90°	18:00:00 +90°	高度角 h			0°	11°29'	22°36'	32°56'	41°45'	47°57'	50°15'
			方位角 A			90°	80°17'	69°44'	57°24'	42°05'	22°44'	0°
			水平阴影长率 l			∞	4.9249	2.4014	1.5438	1.1205	0.9018	0.8317
大寒 (小雪)	7:11:24 −63°16'	16:48:36 +63°16'	高度角 h					8°01'	16°48'	23°48'	28°24'	30°01'
			方位角 A					55°09'	43°52'	30°51'	16°02'	0°
			水平阴影长率 l					7.0956	3.3131	2.2669	1.8492	1.7309
冬至	7:24:36 −58°50'	16:35:24 +58°50'	高度角 h					5°38'	14°08'	20°53'	25°16'	26°48'
			方位角 A					52°58'	41°59'	29°24'	15°13'	0°
			水平阴影长率 l					10.1334	3.9695	2.6218	2.1186	1.9797

附表 B.51 西宁（北纬36°35′）太阳位置数据表

季节	日出 时间方位	日落 时间方位	时间（午前／午后）	5:00／19:00	6:00／18:00	7:00／17:00	8:00／16:00	9:00／15:00	10:00／14:00	11:00／13:00	12:00
夏至	4:44:53 −119°42′	19:15:07 +119°42′	高度角 h	2°40′	13°43′	25°20′	37°16′	49°18′	61°04′	71°35′	76°52′
			方位角 A	117°29′	109°12′	101°22′	93°20′	84°06′	71°27′	48°42′	0°
			水平阴影长率 l	21.4776	4.0960	2.1126	1.3143	0.8603	0.5529	0.3331	0.2333
大暑 （小满）	4:56:37 −115°28′	19:03:23 +115°28′	高度角 h	0°37′	11°53′	23°38′	35°38′	47°37′	59°08′	69°01′	73°37′
			方位角 A	114°58′	106°28′	98°19′	89°50′	79°54′	66°11′	42°43′	0°
			水平阴影长率 l	93.0322	4.7552	2.2856	1.3951	0.9125	0.5975	0.3834	0.2940
春分 （秋分）	6:00:00 −90°	18:00:00 +90°	高度角 h		0°	12°00′	23°40′	34°36′	44°04′	50°52′	53°25′
			方位角 A		90°	80°56′	71°01′	59°12′	44°05′	24°12′	0°
			水平阴影长率 l		∞	4.7066	2.2811	1.4498	1.0334	0.8138	0.7422
大寒 （小雪）	7:03:30 −64°29′	16:56:30 +64°29′	高度角 h			9°49′	19°04′	26°31′	31°27′	33°11′	
			方位角 A			55°33′	44°35′	31°37′	16°32′	0°	
			水平阴影长率 l			5.7757	2.8935	2.0047	1.6355	1.5291	
冬至	7:15:08 −60°18′	16:44:52 +60°18′	高度角 h			7°32′	16°29′	23°38′	28°19′	29°58′	
			方位角 A			53°16′	42°34′	30°03′	15°39′	0°	
			水平阴影长率 l			7.5584	3.3796	2.2858	1.8557	1.7344	

附表 B.52　玉树（北纬 32°57′）太阳位置数据表

季节	日出时间方位	日落时间方位	时间 午前 / 午后		5:00 / 19:00	6:00 / 18:00	7:00 / 17:00	8:00 / 16:00	9:00 / 15:00	10:00 / 14:00	11:00 / 13:00	12:00
夏至	4:54:41 −118°19′	19:05:19 +118°19′	高度角 h		0°59′	12°30′	24°34′	36°58′	49°32′	62°01′	73°45′	80°30′
			方位角 A		117°35′	110°00′	103°01′	96°04′	88°20′	77°55′	58°03′	0°
			水平阴影长率 l		58.1372	4.5106	2.1879	1.3286	0.8530	0.5312	0.2915	0.1673
大暑 （小满）	5:04:49 −114°18′	18:55:11 +114°18′	高度角 h			10°50′	23°03′	35°34′	48°08′	60°26′	71°32′	77°15′
			方位角 A			107°10′	99°52′	92°26′	83°53′	72°01′	50°04′	0°
			水平阴影长率 l			5.2298	2.3494	1.3988	0.8963	0.5672	0.3340	0.2263
春分 （秋分）	6:00:00 −90°	18:00:00 +90°	高度角 h			0°	12°33′	24°48′	36°24′	46°37′	54°09′	57°03′
			方位角 A			90°	81°42′	72°34′	61°27′	46°43′	26°14′	0°
			水平阴影长率 l			∞	4.4944	2.1634	1.3566	0.9453	0.7226	0.6482
大寒 （小雪）	6:55:17 −65°40′	17:04:43 +65°40′	高度角 h				0°54′	11°52′	21°38′	29°35′	34°55′	36°49′
			方位角 A				65°01′	56°08′	45°32′	32°39′	17°14′	0°
			水平阴影长率 l				63.7772	4.7605	2.5216	1.7611	1.4324	1.3359
冬至	7:05:19 −61°41′	16:54:41 +61°41′	高度角 h					9°42′	19°09′	26°46′	31°49′	33°36′
			方位角 A					53°43′	43°22′	30°55′	16°14′	0°
			水平阴影长率 l					5.8509	2.8810	1.9831	1.6120	1.5051

附表 B.53　乌鲁木齐（北纬 43°47′）太阳位置数据表

季节	日出 时间 方位	日落 时间 方位	时间 午前	时间 午后	5:00 19:00	6:00 18:00	7:00 17:00	8:00 16:00	9:00 15:00	10:00 14:00	11:00 13:00	12:00
夏至	4:21:44 −123°27′	19:38:16 +123°27′	高度角 h		5°58′	15°59′	26°32′	37°20′	48°03′	58°06′	66°13′	69°40′
			方位角 A		117°00′	107°23′	97°54′	87°50′	76°01′	60°14′	36°05′	0°
			水平阴影长率 l		9.5698	3.4913	2.0024	1.3109	0.8989	0.6225	0.4406	0.3706
大暑 (小满)	4:37:24 −118°34′	19:22:36 +118°34′	高度角 h		3°39′	13°49′	24°28′	35°17′	45°54′	55°40′	63°18′	66°25′
			方位角 A		114°43′	104°53′	95°07′	84°42′	72°27′	56°17′	32°44′	0°
			水平阴影长率 l		15.7016	4.0642	2.1969	1.4129	0.9693	0.6832	0.5029	0.4365
春分 (秋分)	6:00:00 −90°	18:00:00 +90°	高度角 h			0°	10°46′	21°10′	30°42′	38°42′	44°13′	46°13′
			方位角 A			90°	79°30′	68°13′	55°19′	39°51′	21°10′	0°
			水平阴影长率 l			∞	5.2574	2.5834	1.6844	1.2482	1.0278	0.9584
大寒 (小雪)	7:22:45 −61°23′	16:37:15 +61°23′	高度角 h				0°54′	5°42′	13°52′	20°20′	24°31′	25°59′
			方位角 A				65°01′	54°45′	43°07′	30°01′	15°29′	0°
			水平阴影长率 l				63.7772	10.0101	4.0503	2.6997	2.1922	2.0518
冬至	7:38:16 −56°33′	16:21:44 +56°33′	高度角 h					3°12′	11°08′	17°21′	21°22′	22°46′
			方位角 A					52°44′	41°23′	28°43′	14°46′	0°
			水平阴影长率 l					17.8892	5.0843	3.2004	2.5555	2.3828

附表 B.54 吐鲁番（北纬 42°47′）太阳位置数据表

季节	日出 时间方位	日落 时间方位	时间 午前 / 午后	5:00 / 19:00	6:00 / 18:00	7:00 / 17:00	8:00 / 16:00	9:00 / 15:00	10:00 / 14:00	11:00 / 13:00	12:00
夏至	4:25:40 −122°50′	19:34:40 +122°50′	高度角 h	5°31′	15°41′	26°23′	37°22′	48°17′	58°35′	67°2′	70°40′
			方位角 A	117°5′	107°4′	98°24′	88°36′	77°7′	61°39′	37°28′	0°
			水平阴影长率 l	10.3538	3.5616	2.0160	1.3095	0.8915	0.6108	0.4238	0.3508
大暑 (小满)	4:40:20 −118°04′	19:19:40 +118°04′	高度角 h	3°13′	13°34′	24°23′	35°23′	46°11′	56°13′	64°8′	67°25′
			方位角 A	114°47′	105°7′	95°34′	85°25′	73°26′	57°32′	33°50′	0°
			水平阴影长率 l	17.7934	4.1441	2.2062	1.4080	0.9595	0.6690	0.4849	0.4159
春分 (秋分)	6:00:00 −90°	18:00:00 +90°	高度角 h		0°	10°57′	21°32′	31°16′	39°28′	45°9′	47°13′
			方位角 A		90°	79°41′	68°35′	55°49′	40°22′	21°32′	0°
			水平阴影长率 l		∞	5.1686	2.5343	1.6469	1.2145	0.9948	0.9255
大寒 (小雪)	7:19:44 −61°53′	16:40:16 +61°53′	高度角 h				6°17′	14°36′	21°12′	25°29′	26°59′
			方位角 A				54°50′	43°17′	30°13′	15°37′	0°
			水平阴影长率 l				9.0821	3.8391	2.5782	2.0981	1.9640
冬至	7:36:40 −57°17′	16:25:20 +57°17′	高度角 h				3°49′	11°53′	18°14′	22°20′	23°46′
			方位角 A				52°46′	41°31′	26°53′	14°53′	0°
			水平阴影长率 l				14.9898	4.7522	3.0256	2.4342	2.2709

附表 B.55 喀什（北纬 39°32'）太阳位置数据表

季节	日出 时间方位	日落 时间方位	时间 午前	午后		5:00 / 19:00	6:00 / 18:00	7:00 / 17:00	8:00 / 16:00	9:00 / 15:00	10:00 / 14:00	11:00 / 13:00	12:00
夏至	4:36:06 -121°04'	19:23:54 +121°04'			高度角 h	4°01'	14°40'	25°53'	37°23'	48°54'	60°00'	69°31'	73°55'
					方位角 A	117°20'	108°30'	99°58'	91°05'	80°43'	66°34'	42°43'	0°
					水平阴影长率 l	14.2147	3.8191	2.0616	1.3090	0.8722	0.5772	0.3736	0.2883
大暑 (小满)	4:49:18 -116°36'	19:10:42 +116°36'			高度角 h	1°52'	12°42'	24°01'	35°34'	47°01'	57°51'	66°46'	70°40'
					方位角 A	114°54'	105°51'	97°01'	87°43'	76°46'	61°51'	38°01'	0°
					水平阴影长率 l	30.7966	4.4385	2.2434	1.3983	0.9318	0.6286	0.4292	0.3509
春分 (秋分)	6:00:00 -90°	18:00:00 +90°			高度角 h		0°	11°31'	22°41'	33°03'	41°54'	48°09'	50°28'
					方位角 A		90°	80°19'	69°49'	57°31'	42°13'	22°50'	0°
					水平阴影长率 l		∞	4.9088	2.3926	1.5370	1.1142	0.8955	0.8253
大寒 (小雪)	7:10:51 -63°21'	16:49:09 +63°21'			高度角 h				8°09'	16°57'	23°59'	28°37'	30°14'
					方位角 A				55°10'	43°55'	30°54'	16°04'	0°
					水平阴影长率 l				6.9864	3.2807	2.2471	1.8333	1.7159
冬至	7:23:55 -58°56'	16:36:05 +58°56'			高度角 h				5°46'	14°18'	21°04'	25°29'	27°01'
					方位角 A				52°59'	42°01'	29°27'	15°15'	0°
					水平阴影长率 l				9.9026	3.9229	2.5961	2.0988	1.9612

附表 B.56 成都（北纬 30°40′）太阳位置数据表

季节	日出 时间方位	日落 时间方位	时间 午前 / 午后	5:00 / 19:00	6:00 / 18:00	7:00 / 17:00	8:00 / 16:00	9:00 / 15:00	10:00 / 14:00	11:00 / 13:00	12:00
夏至	5:00:23 −117°33′	18:59:37 +117°33′	高度角 h		11°43′	24°02′	36°42′	49°33′	62°25′	74°50′	82°47′
			方位角 A		110°28′	104°01′	97°46′	91°01′	82°11′	65°12′	0°
			水平阴影长率 l		4.8243	2.2429	1.3420	0.8526	0.5224	0.2710	0.1266
大暑（小满）	5:09:36 −113°40′	18:50:24 +113°40′	高度角 h		10°09′	22°39′	35°26′	48°19′	61°04′	72°55′	79°32′
			方位角 A		107°34′	100°49′	94°04′	86°25′	75°56′	55°45′	0°
			水平阴影长率 l		5.5893	2.3968	1.4055	0.8902	0.5527	0.3074	0.1847
春分（秋分）	6:00:00 −90°	18:00:00 +90°	高度角 h		0°	12°52′	25°28′	37°28′	48°09′	56°11′	59°20′
			方位角 A		90°	82°13′	73°36′	62°59′	48°33′	27°43′	0°
			水平阴影长率 l		∞	4.3792	2.0992	1.3051	0.8956	0.6698	0.5930
大寒（小雪）	6:50:30 −66°18′	17:09:30 +66°18′	高度角 h			1°52′	13°08′	23°13′	31°30′	37°06′	39°06′
			方位角 A			65°04′	56°33′	46°13′	33°23′	17°44′	0°
			水平阴影长率 l			30.7623	4.2875	2.3307	1.6316	1.3224	1.2305
冬至	6:59:37 −62°27′	17:00:23 +62°27′	高度角 h			0°04′	11°03′	20°48′	28°43′	34°00′	35°53′
			方位角 A			62°24′	54°03′	43°56′	31°32′	16°39′	0°
			水平阴影长率 l			790.3343	5.1230	2.6333	1.8256	1.4824	1.3823

附表 B.57 重庆（北纬 29°30′）太阳位置数据表

季节	日出 时间方位	日落 时间方位	时间 午前 / 午后	5:00 / 19:00	6:00 / 18:00	7:00 / 17:00	8:00 / 16:00	9:00 / 15:00	10:00 / 14:00	11:00 / 13:00	12:00
夏至	5:03:10 −117°12′	18:56:50 +117°12′	高度角 h		11°18′	23°45′	36°32′	49°31′	62°33′	75°17′	83°57′
			方位角 A		110°41′	104°31′	98°36′	92°23′	84°25′	69°14′	0°
			水平阴影长率 l		5.0042	2.2735	1.3501	0.8537	0.5193	0.2625	0.1060
大暑 （小满）	5:11:57 −113°22′	18:48:03 +113°22′	高度角 h		9°47′	22°25′	35°20′	48°23′	61°20′	73°32′	80°42′
			方位角 A		107°45′	101°17′	94°53′	87°44′	78°00′	59°01′	0°
			水平阴影长率 l		5.7956	2.4234	1.4102	0.8883	0.5467	0.2954	0.1638
春分 （秋分）	6:00:00 −90°	18:00:00 +90°	高度角 h		0°	13°01′	25°48′	37°59′	48°55′	57°13′	60°30′
			方位角 A		90°	82°29′	74°08′	63°47′	49°32′	28°33′	0°
			水平阴影长率 l		∞	4.3251	2.0689	1.2807	0.8719	0.6441	0.5658
大寒 （小雪）	6:48:09 −66°35′	17:11:51 +66°35′	高度角 h			2°21′	13°46′	24°02′	32°29′	38°12′	40°16′
			方位角 A			65°06′	56°47′	46°35′	33°47′	18°00′	0°
			水平阴影长率 l			24.3328	4.0805	2.2433	1.5712	1.2704	1.1806
冬至	6:56:50 −62°48′	17:03:10 +62°48′	高度角 h			0°37′	11°44′	21°38′	29°42′	35°07′	37°03′
			方位角 A			62°24′	54°14′	44°15′	31°53′	16°53′	0°
			水平阴影长率 l			93.4506	4.8167	2.5216	1.7528	1.4218	1.3246

附表 B.58 贵阳（北纬 26°34′）太阳位置数据表

季节	日出时间方位	日落时间方位	时间	午前 午后	5:00 19:00	6:00 18:00	7:00 17:00	8:00 16:00	9:00 15:00	10:00 14:00	11:00 13:00	12:00
夏至	5:09:54 −116°25′	18:50:06 +116°25′	高度角 h			10°15′	22°59′	36°02′	49°18′	62°42′	76°04′	86°53′
			方位角 A			111°12′	105°44′	100°45′	95°48′	90°04′	80°21′	0°
			水平阴影长率 l			5.5290	2.3586	1.3747	0.8600	0.5162	0.2482	0.0545
大暑 (小满)	5:17:36 −112°43′	18:42:24 +112°43′	高度角 h			8°53′	21°49′	35°02′	48°25′	61°49′	74°51′	83°38′
			方位角 A			108°13′	102°27′	96°57′	91°02′	83°21′	68°19′	0°
			水平阴影长率 l			6.3977	2.4977	1.4261	0.8874	0.5360	0.2708	0.1116
春分 (秋分)	6:00:00 −90°	18:00:00 +90°	高度角 h		0°	13°23′	26°34′	39°14′	50°46′	59°46′	63°26′
			方位角 A		90°	83°10′	75°31′	65°54′	52°14′	30°56′	0°
			水平阴影长率 l		∞	4.2025	2.0000	1.2248	0.8165	0.5829	0.5000
大寒 (小雪)	6:42:29 −67°15′	17:17:31 +67°15′	高度角 h			3°35′	15°22′	26°01′	34°54′	41°00′	43°12′
			方位角 A			65°15′	57°26′	47°35′	34°53′	18°46′	0°
			水平阴影长率 l			15.9606	3.6396	2.0481	1.4336	1.1507	1.0649
冬至	6:50:07 −63°35′	17:09:53 +63°35′	高度角 h			1°58′	13°26′	23°43′	32°11′	37°55′	39°59′
			方位角 A			62°27′	54°46′	45°07′	32°49′	17°31′	0°
			水平阴影长率 l			29.0576	4.1871	2.2761	1.5890	1.2835	1.1925

附表 B.59　遵义（北纬27°41′）太阳位置数据表

季节	日出 时间方位	日落 时间方位	时间 午前/午后	5:00 / 19:00	6:00 / 18:00	7:00 / 17:00	8:00 / 16:00	9:00 / 15:00	10:00 / 14:00	11:00 / 13:00	12:00
夏至	5:07:23 −116°42′	18:52:37 +116°42′	高度角 h		10°39′	23°16′	36°14′	49°24′	62°41′	75°50′	85°46′
			方位角 A		111°01′	105°17′	99°57′	94°30′	87°55′	75°59′	0°
			水平阴影长率 l		5.3157	2.3248	1.3647	0.8570	0.5167	0.2524	0.0740
大暑（小满）	5:15:29 −112°57′	18:44:31 +112°57′	高度角 h		9°14′	22°03′	35°10′	48°25′	61°40′	74°24′	82°31′
			方位角 A		108°03′	102°01′	96°10′	89°47′	81°18′	64°35′	0°
			水平阴影长率 l		6.1529	2.4681	1.4194	0.8871	0.5394	0.2792	0.1314
春分（秋分）	6:00:00 −90°	18:00:00 +90°	高度角 h		0°	13°15′	26°17′	38°46′	50°05′	58°48′	62°19′
			方位角 A		90°	82°54′	74°59′	65°05′	51°11′	29°58′	0°
			水平阴影长率 l		∞	4.2470	2.0251	1.2452	0.8369	0.6057	0.5246
大寒（小雪）	6:44:36 −67°01′	17:15:24 +67°01′	高度角 h			3°07′	14°46′	25°16′	33°59′	39°56′	42°05′
			方位角 A			65°11′	57°10′	47°12′	34°27′	18°28′	0°
			水平阴影长率 l			18.3636	3.7956	2.1186	1.4837	1.1946	1.1074
冬至	6:52:37 −63°18′	17:07:23 +63°18′	高度角 h			1°27′	12°47′	22°56′	31°15′	36°51′	38°52′
			方位角 A			62°26′	54°33′	44°47′	32°27′	17°16′	0°
			水平阴影长率 l			39.3861	4.4064	2.3642	1.6484	1.3339	1.2408

239

附表 B.60　昆明（北纬 25°02′）太阳位置数据表

季节	日出 时间方位	日落 时间方位	时间 午前／午后	5:00／19:00	6:00／18:00	7:00／17:00	8:00／16:00	9:00／15:00	10:00／14:00	11:00／13:00	12:00
夏至	5:13:15 −116°03′	18:46:45 +116°03′	高度角 h		9°42′	22°33′	35°44′	49°08′	62°39′	76°14′	88°25′
			方位角 A		111°27′	106°21′	101°50′	97°33′	93°03′	86°32′	0°
			水平阴影长率 l		5.8538	2.4080	1.3900	0.8654	0.5171	0.2449	0.0276
大暑 (小满)	5:20:26 −112°24′	18:39:34 +112°24′	高度角 h		8°22′	21°29′	34°50′	48°22′	61°57′	75°21′	85°10′
			方位角 A		108°26′	103°03′	98°00′	92°46′	86°13′	73°46′	0°
			水平阴影长率 l		6.7706	2.5411	1.4367	0.8896	0.5329	0.2615	0.0846
春分 (秋分)	6:00:00 −90°	18:00:00 +90°	高度角 h		0°	13°34′	26°56′	39°51′	51°41′	61°04′	64°58′
			方位角 A		90°	83°32′	76°16′	67°04′	53°46′	32°21′	0°
			水平阴影长率 l		∞	4.1454	1.9679	1.1984	0.7900	0.5528	0.4670
大寒 (小雪)	6:39:39 −67°34′	17:20:21 +67°34′	高度角 h			4°14′	16°11′	27°03′	36°09′	42°27′	44°44′
			方位角 A			65°20′	57°48′	48°09′	35°31′	19°13′	0°
			水平阴影长率 l			13.5330	3.4455	1.9582	1.3688	1.0935	1.0094
冬至	6:46:45 −63°57′	17:13:15 +63°57′	高度角 h			2°41′	14°19′	24°48′	33°28′	39°23′	41°31′
			方位角 A			62°31′	55°05′	45°37′	33°22′	17°53′	0°
			水平阴影长率 l			21.3681	3.9194	2.1647	1.5127	1.2181	1.1296

附表 B.61 个旧（北纬 23°22′）太阳位置数据表

季节	日出 时间方位	日落 时间方位	时间 午前/午后		5:00/19:00	6:00/18:00	7:00/17:00	8:00/16:00	9:00/15:00	10:00/14:00	11:00/13:00	12:00
夏至	5:16:48 −115°41′	18:43:12 +115°41′	高度角 h			9°05′	22°04′	35°22′	48°53′	62°31′	76°14′	89°55′
			方位角 A			111°43′	107°01′	103°	99°27′	96°15′	93°20′	180°
			水平阴影长率 l			6.2564	2.4659	1.4085	0.8730	0.5201	0.2449	0.0015
大暑（小满）	5:23:25 −112°06′	18:36:35 +112°06′	高度角 h			7°52′	21°06′	34°35′	48°15′	62°01′	75°43′	86°50′
			方位角 A			108°40′	103°41′	99°09′	94°38′	89°21′	80°04′	0°
			水平阴影长率 l			7.2331	2.5921	1.4501	0.8923	0.5314	0.2545	0.0553
春分（秋分）	6:00:00 −90°	18:00:00 +90°	高度角 h			0°	13°45′	27°19′	40°28′	52°39′	62°28′	66°38′
			方位角 A			90°	83°56′	77°06′	68°22′	55°31′	34°03′	0°
			水平阴影长率 l			∞	4.0884	1.9356	1.1719	0.7630	0.5214	0.4321
大寒（小雪）	6:36:40 −67°52′	17:23:20 +67°52′	高度角 h				4°55′	17°04′	28°09′	37°30′	44°01′	46°24′
			方位角 A				65°28′	58°13′	48°49′	36°15′	19°44′	0°
			水平阴影长率 l				11.6169	3.2571	1.8684	1.3032	1.0351	0.9523
冬至	6:43:12 −64°19′	17:16:48 +64°19′	高度角 h				3°27′	15°16′	25°57′	34°51′	40°58′	43°11′
			方位角 A				62°36′	55°26′	46°11′	33°59′	18°20′	0°
			水平阴影长率 l				16.5986	3.6647	2.0544	1.4359	1.1517	1.0655

附表 B.62　拉萨（北纬 29°43'）太阳位置数据表

季节	日出 时间方位	日落 时间方位	时间 午前		5:00 / 19:00	6:00 / 18:00	7:00 / 17:00	8:00 / 16:00	9:00 / 15:00	10:00 / 14:00	11:00 / 13:00	12:00 / 13:00
夏至	5:02:40 −117°16'	18:57:20 +117°16'	高度角 h			11°23'	23°48'	36°34'	49°31'	62°32'	75°13'	83°44'
			方位角 A			110°39'	104°25'	98°28'	92°07'	84°00'	68°28'	0°
			水平阴影长率 l			4.9696	2.2677	1.3485	0.8534	0.5198	0.2649	0.1098
大暑（小满）	5:11:32 −113°26'	18:48:28 +113°26'	高度角 h			9°51'	22°28'	35°22'	48°23'	61°17'	73°26'	80°29'
			方位角 A			107°43'	101°12'	94°44'	87°29'	77°37'	58°23'	0°
			水平阴影长率 l			5.7560	2.4184	1.4093	0.8886	0.5478	0.2976	0.1676
春分（秋分）	6:00:00 −90°	18:00:00 +90°	高度角 h			0°	12°59'	25°44'	37°53'	48°47'	57°01'	60°17'
			方位角 A			90°	82°26'	74°02'	63°38'	49°21'	28°24'	0°
			水平阴影长率 l			∞	4.3349	2.0744	1.2851	0.8762	0.6488	0.5708
大寒（小雪）	6:48:35 −66°32'	17:11:25 +66°32'	高度角 h				2°16'	13°39'	23°53'	32°18'	38°00'	40°03'
			方位角 A				65°06'	56°45'	46°31'	33°43'	17°57'	0°
			水平阴影长率 l				25.3150	4.1174	2.2591	1.5821	1.2799	1.1896
冬至	6:57:20 −62°44'	17:02:40 +62°44'	高度角 h				0°31'	11°36'	21°29'	29°31'	34°55'	36°50'
			方位角 A				62°24'	54°12'	44°12'	31°49'	16°50'	0°
			水平阴影长率 l				111.7493	4.8708	2.5417	1.7660	1.4327	1.3351

附表 B.63　昌都（北纬 31°11′）太阳位置数据表

季节	日出时间方位	日落时间方位	时间	午前 午后 5:00 19:00	6:00 18:00	7:00 17:00	8:00 16:00	9:00 15:00	10:00 14:00	11:00 13:00	12:00
夏至	4:59:07 −117°43′	19:00:53 +117°43′	高度角 h	0°10′	11°53′	24°09′	36°46′	49°33′	62°21′	74°37′	82°16′
			方位角 A	117°36′	110°22′	103°47′	97°23′	90°24′	81°13′	63°30′	0°
			水平阴影率 l	343.2351	4.7491	2.2299	1.3386	0.8524	0.5240	0.2752	0.1358
大暑 （小满）	5:08:28 −113°48′	18:51:32 +113°48′	高度角 h		10°18′	22°45′	35°28′	48°17′	60°56′	72°37′	79°01′
			方位角 A		107°28′	100°36′	93°42′	85°51′	75°02′	54°23′	0°
			水平阴影率 l		5.5031	2.3856	1.4037	0.8913	0.5557	0.3131	0.1941
春分 （秋分）	6:00:00 −90°	18:00:00 +90°	高度角 h		0°	12°48′	25°20′	37°13′	47°48′	55°44′	58°49′
			方位角 A		90°	82°06′	73°21′	62°38′	48°07′	27°22′	0°
			水平阴影率 l		∞	4.4041	2.1131	1.3163	0.9065	0.6815	0.6052
大寒 （小雪）	6:51:34 −66°09′	17:08:26 +66°09′	高度角 h			1°39′	12°51′	22°52′	31°04′	36°36′	38°35′
			方位角 A			65°03′	56°27′	46°03′	33°13′	17°37′	0°
			水平阴影率 l			34.8417	4.3861	2.3715	1.6596	1.3462	1.2534
冬至	7:00:53 −62°17′	16:59:07 +62°17′	高度角 h				10°44′	20°25′	28°16′	33°31′	35°22′
			方位角 A				53°58′	43°48′	31°23′	16°33′	0°
			水平阴影率 l				5.2714	2.6858	1.8594	1.5103	1.4089

附录 C 全国主要城市的地理经纬度

地　名	北　纬	东　经	地　名	北　纬	东　经
满洲里	49°35′	117°26′	青　岛	36°04′	120°19′
海拉尔	49°13′	119°45′	大　同	40°00′	113°18′
赤　峰	42°16′	118°54′	太　原	37°55′	112°34′
呼和浩特	40°49′	111°41′	蚌　埠	32°56′	117°27′
扎兰屯	48°05′	122°48′	合　肥	31°53′	117°15′
爱　晖	50°15′	120°29′	连云港	34°36′	119°10′
齐齐哈尔	47°20′	123°56′	徐　州	34°19′	117°22′
佳木斯	46°49′	130°17′	南　京	32°04′	118°47′
漠　河	53°29′	122°18′	上　海	31°12′	121°26′
哈尔滨	45°45′	126°38′	杭　州	30°20′	120°10′
长　春	43°52′	125°20′	宁　波	29°54′	121°32′
四　平	43°11′	124°20′	榆　林	38°15′	109°25′
沈　阳	41°46′	123°26′	宝　鸡	34°16′	106°58′
丹　东	40°05′	124°07′	西　安	34°15′	108°55′
承　德	40°58′	117°50′	玉　门	40°16′	97°11′
张家口	40°50′	115°11′	张　掖	38°56′	100°37′
北　京	39°57′	116°19′	银　川	38°25′	106°16′
唐　山	39°40′	118°07′	兰　州	36°01′	103°59′
天　津	39°07′	117°10′	西　宁	36°35′	101°55′
保　定	38°53′	115°34′	福　州	26°05′	119°18′
石家庄	38°04′	114°26′	厦　门	24°27′	118°04′
开　封	34°50′	114°20′	基　隆	25°09′	121°45′
郑　州	34°44′	113°39′	恒　春	22°00′	120°45′
洛　阳	34°40′	112°30′	九　江	29°45′	115°55′
济　南	36°41′	116°58′	南　昌	28°40′	115°58′

地　名	北　纬	东　经	地　名	北　纬	东　经
宜　昌	30°42′	111°05′	成　都	30°40′	104°04′
武　汉	30°38′	114°17′	康　定	30°03′	101°57′
长　沙	28°15′	112°50′	重　庆	29°30′	106°33′
衡　阳	26°56′	112°30′	遵　义	27°41′	106°55′
桂　林	25°15′	110°10′	贵　阳	26°34′	106°42′
柳　州	24°18′	109°16′	昆　明	25°02′	102°43′
南　宁	22°48′	108°18′	乌鲁木齐	43°47′	87°37′
广　州	23°08′	113°13′	吐鲁番	42°47′	89°14′
香　港	22°22′	114°06′	哈　密	42°50′	93°27′
湛　江	21°02′	110°28′	昌　都	31°11′	96°59′
东沙岛	20°42′	116°43′	拉　萨	29°43′	91°02′

附录 D　全国主要城市日照时数及日照百分率表

地　名	日照时数/h			日照百分率（%）		
	年	冬	夏	年	冬	夏
满洲里	2750.5	176.3	272.4	62	65.7	58.3
海拉尔	2763.1	188.8	267.2	62	69.7	57
呼和浩特	2960.7	206.5	276.5	67	70	60.7
齐齐哈尔	2902.9	202.8	275.5	65	73.3	59.7
哈尔滨	2636.1	182.9	249.7	59	65	54.3
长　春	2653.4	191.3	241.4	61	66.7	53.7
四　平	2751.8	206.8	235.2	63	71.3	52.3
抚　顺	2532.2	177	220.1	57	60.3	49.3
沈　阳	2546.9	170.8	229.9	57	58.7	51.7
鞍　山	2535.5	172.1	227.9	57	58.3	51.3
锦　州	2761.1	201.6	232.4	62	68.7	52.3
张家口	2832.1	200.3	258.2	65	67.7	58
北　京	2763.7	200.6	242.5	63	67.3	55
唐　山	2656.2	179.9	238.9	60	60.3	54.3
天　津	2850.3	195.8	269.8	64	65.3	61.7
保　定	2678.1	187.6	240.7	60	62.3	55
石家庄	2664	191.8	233.1	60	63.7	53.7
大　连	2804.1	193.5	241.6	63	64.7	57.3
开　封	2327.6	153.4	228.6	53	50	53.7
郑　州	2451.2	173.1	238	55	56.3	56
洛　阳	2246.6	150	222.4	51	49	52.3
济　南	2776.3	188	260.5	63	61.7	60.3
青　岛	2500.8	175.4	181.2	57	58	49.7

附录 D 全国主要城市日照时数及日照百分率表

续表

地　　名	日照时数/h			日照百分率（%）		
	年	冬	夏	年	冬	夏
大　同	2855.8	199.7	263.2	64	67.3	60
太　原	2756	202.5	250.3	62	67	58.3
蚌　埠	2179.7	143.9	218.7	49	46	51.7
合　肥	2287.9	142.5	247.9	51	45.7	58.7
徐　州	2400.4	155.9	234.9	54	50.7	55
南　京	2182.4	141.9	227.5	49	45.7	54
上　海	1986.1	132.2	215.6	45	41.7	51.3
杭　州	1902.1	122.8	205.9	43	40	49.3
宁　波	2019.7	129	229.9	46	40.7	54.7
宝　鸡	1958.1	144.1	198.4	44	46.7	46.3
西　安	1966.4	130	212.2	44	42.3	49.7
张　掖	3026.7	220.2	274.9	68	74	62.7
银　川	3028.6	236	295	68	72	67.3
兰　州	2571.4	183.6	247.1	58	60	57.3
延　安	2373.5	189.5	215.7	54	71.7	48
西　宁	2670.7	208.1	234	61	68.3	54
福　州	1859.7	114.2	219.2	43	34.3	53.7
厦　门	2238.8	152.7	235.3	51	46.6	57.3
基　隆	1370	46.9	241.4	31	14	58
南　昌	1968.3	110.8	235.3	44	34.7	55.7
武　汉	1967	111.4	226.6	45	36	54.3
长　沙	1815.1	94.3	235.4	41	29.3	56.6
衡　阳	1711	80.4	240.8	39	25.2	50.7
桂　林	1675.8	91.3	199.1	38	29.3	48.7
南　宁	1843.1	101.9	198.9	41	30.7	39.3
广　州	1951.4	132.3	207.7	44	40	51.3
湛　江	1982.8	115.8	203.7	45	37	50.7
东沙岛	1745.3	87.4	179.8	39	26	44
成　都	1211.3	66.8	154.9	27	21	37
重　庆	1257.6	45.3	197.4	28	14.3	44.7

地　　名	日照时数/h			日照百分率（%）		
	年	冬	夏	年	冬	夏
遵　　义	1236.9	40.3	178.1	28	12.7	40.3
贵　　阳	1404.3	63.1	177.1	32	19.3	42.3
昆　　明	2521.9	257.5	158.9	57	73	39.6
乌鲁木齐	2802.7	158.1	306.6	63	55	68
吐 鲁 番	3126.9	188.4	314.5	70	65	70.7
玉　　门	3212.6	216.4	309.6	73	73.3	70
哈　　密	3310.4	206.8	329.4	75	71.7	73.3
拉　　萨	3005.1	240	234.4	68	75.3	56.3

附录 E 时角与时间对照表

时角 t (°)	时间/h 午前 时:分	午后 时:分	时角 t (°)	时间/h 午前 时:分	午后 时:分	时角 t (°)	时间/h 午前 时:分	午后 时:分
0	12:00	12:00	23	10:28	13:32	46	8:56	15:04
1	11:56	12:04	24	10:24	13:36	47	8:52	15:08
2	11:52	12:08	25	10:20	13:40	48	8:48	15:12
3	11:48	12:12	26	10:16	13:44	49	8:44	15:16
4	11:44	12:16	27	10:12	13:48	50	8:40	15:20
5	11:40	12:20	28	10:08	13:52	51	8:36	15:24
6	11:36	12:24	29	10:04	13:56	52	8:32	15:28
7	11:32	12:28	30	10:00	14:00	53	8:28	15:32
8	11:28	12:32	31	9:56	14:04	54	8:24	15:36
9	11:24	12:36	32	9:52	14:08	55	8:20	15:40
10	11:20	12:40	33	9:48	14:12	56	8:16	15:44
11	11:16	12:44	34	9:44	14:16	57	8:12	15:48
12	11:12	12:48	35	9:40	14:20	58	8:08	15:52
13	11:8	12:52	36	9:36	14:24	59	8:04	15:56
14	11:4	12:56	37	9:32	14:28	60	8:00	16:00
15	11:00	13:00	38	9:28	14:32	61	7:56	16:04
16	10:56	13:04	39	9:24	14:36	62	7:52	16:08
17	10:52	13:08	40	9:20	14:40	63	7:48	16:12
18	10:48	13:12	41	9:16	14:42	64	7:44	16:16
19	10:44	13:16	42	9:12	14:48	65	7:40	16:20
20	10:40	13:20	43	9:08	14:52	66	7:36	16:24
21	10:36	13:24	44	9:04	14:56	67	7:32	16:28
22	10:32	13:28	45	9:00	15:00	68	7:28	16:32

时角 t (°)	时间/h 午前 时:分	时间/h 午后 时:分	时角 t (°)	时间/h 午前 时:分	时间/h 午后 时:分	时角 t (°)	时间/h 午前 时:分	时间/h 午后 时:分
69	7:24	16:36	88	6:08	17:52	107	4:52	19:08
70	7:20	16:40	89	6:04	17:56	108	4:48	19:12
71	7:16	16:44	90	6:00	18:00	109	4:44	19:16
72	7:12	16:48	91	5:56	18:04	110	4:40	19:20
73	7:08	16:52	92	5:52	18:8	111	4:36	19:24
74	7:04	16:56	93	5:48	18:12	112	4:32	19:28
75	7:00	17:00	94	5:44	18:16	113	4:28	19:32
76	6:56	17:04	95	5:40	18:20	114	4:24	19:36
77	6:52	17:08	96	5:36	18:24	115	4:20	19:40
78	6:48	17:12	97	5:32	18:28	116	4:16	19:44
79	6:44	17:16	98	5:28	18:32	117	4:12	19:48
80	6:40	17:20	99	5:24	18:36	118	4:08	19:52
81	6:36	17:24	100	5:20	18:40	119	4:04	19:56
82	6:32	17:28	101	5:16	18:44	120	4:00	20:00
83	6:28	17:32	102	5:12	18:48	121	3:56	20:04
84	6:24	17:36	103	5:08	18:52	122	3:52	20:08
85	6:20	17:40	104	5:04	18:56	123	3:48	20:12
86	6:16	17:44	105	5:00	19:00	124	3:44	20:16
87	6:12	17:48	106	4:56	19:04	125	3:40	20:20

注 时角午前为负值，午后为正值。例如：时角 25°时为午前 10:20，时角−25°时为午后 13:40。

附录 F　部分城市日照分析管理办法

长春市生活居住建筑日照管理办法（征求意见稿）

第一条　为合理、有效利用城市土地和空间资源，保障当事人的合法权益和社会公共利益，根据《中华人民共和国城乡规划法》等有关法律、法规和相关技术标准、规范的规定，结合本市实际，制定本办法。

第二条　在本市城市规划区范围内制定、实施城乡规划和进行建设活动，涉及生活居住建筑日照的单位和个人应当遵守本办法。

第三条　市城乡规划主管部门负责本办法的组织实施工作。

市有关部门和各区人民政府、开发区管委会应当按照职责分工，依法做好与生活居住建筑日照管理的相关工作。

第四条　编制城市总体规划、乡（镇）规划时，应当将城乡规划建设用地划分为旧区和新区。

第五条　生活居住建筑的日照标准应当符合下列要求：

（一）住宅的卧室、起居室（厅）大寒日不低于 2 小时；旧区改建项目以及成片改造的棚户区、危旧房项目的新建住宅和既有东西向住宅的日照标准可酌情降低，但大寒日不得低于 1 小时；

（二）托儿所、幼儿园的幼儿生活用房冬至日不低于 3 小时，其室外活动场地应有 1/2 以上的面积在标准建筑日照阴影线之外；

（三）老年人居住建筑冬至日不低于 2 小时；

（四）中、小学校普通教室冬至日不低于 2 小时；

（五）医院、疗养院半数以上的病房和疗养室冬至日不低于 2 小时；

（六）集体宿舍半数以上的居室大寒日不低于 2 小时。

对历史文化街区、传统风貌街区进行更新改造时，更新改造范围内的生活居住建筑可以适当降低，但不得低于原有日照时数。

第六条 在新区范围内，因不同建设项目或者同一建设项目内建筑互相遮挡，不超过项目内总户数2％的住宅日照标准可以降低至大寒日1小时，但建设单位在房屋销售时应当将该住宅的日照情况如实告知购房人，并签订书面协议。

第七条 每套住宅只确定一个主要朝向。被遮挡住宅只考虑主要朝向的日照要求，其他次要朝向不考虑日照要求。

第八条 不同平面布置形式的住宅，其主要朝向、主日照面按照下列规定确定：

（一）条式住宅

1. 南北向住宅以南外墙的垂直方向为主要朝向，不考虑其山墙上窗户的日照，但特殊的端户型没有生活居住空间在主要朝向上开设窗户的，其山墙上生活居住空间的日照标准不得低于大寒日1小时。南北向住宅的主要朝向、主日照面如附图F.1所示。

2. 东西向住宅以居住空间数量多的朝向为主要朝向。两个及两个以上朝向居住空间数量相等时，以卧室多的朝向为主要朝向。端户型住宅主要朝向按照南向、东向、西向的顺序确定一个主要朝向，但不符合建筑日照间距规定的，不得确定为主要朝向。

（二）"L"形、"U"形、"回"形住宅按照条式住宅叠加的方式确定主要朝向和主日照面。"L"形、"U"形、"回"形住宅的主要朝向、主日照面如附图F.2所示。

（三）塔式高层住宅、多层和中高层点式住宅及其他特殊形式的住宅，按照有利于日照的原则确定主要朝向和主日照面。塔式高层住宅、多层和中高层点式住宅及其他特殊形式住宅的主要朝向、主日照面如附图F.3所示。

非住宅生活居住建筑参照前款的规定确定主要朝向、主日照面。

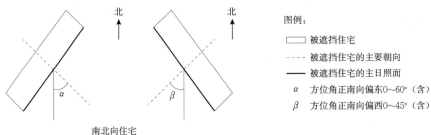

南北向住宅

图例：

▭ 被遮挡住宅

---- 被遮挡住宅的主要朝向

—— 被遮挡住宅的主日照面

α 方位角正南向偏东0～60°（含）

β 方位角正南向偏西0～45°（含）

附图 F.1

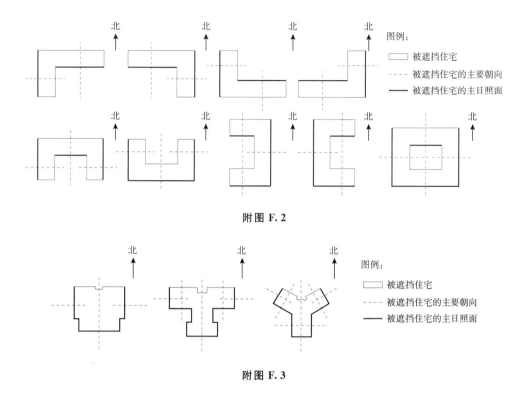

附图 F.2

附图 F.3

第九条   遮挡建筑属于下列情形之一的，不考虑其对周边生活居住建筑的日照遮挡：

（一）经市城乡规划主管部门批准，需在原位置按照原高度、原面积翻建危险房屋；

（二）经市文物保护主管部门和市城乡规划主管部门批准，在已公布的文物保护单位、历史文化街区核心保护区、历史建筑保护区域内复建、改建建筑物、构筑物；

（三）在旧区改造范围内，拆除原有建筑，不增加原有建筑高度、不缩小原有建筑间距、不减少原有日照时数，新建学校、医院、文化馆、艺术馆等公益类建筑。

第十条   被遮挡生活居住建筑属于下列情形之一的，不考虑其日照遮挡：

（一）属于严重影响城乡规划应当拆除的违法建筑；

（二）临时建筑；

（三）未经城乡规划主管部门批准在建筑外墙面开设采光门、窗或者将非生活居住空间改为生活居住空间使用；

（四）位于主要朝向的非生活居住空间；

（五）处于其他建筑日照阴影范围内，拟建项目对其没有造成新的日照影响；

（六）不符合本办法规定的日照标准，但建设单位已经予以收购、异地安置的；

（七）不符合本办法规定的日照标准，但市、区人民政府、开发区管委会依法作出征收决定的；

（八）法律、法规、规章规定的其他情形。

第十一条　被遮挡建筑在满足本办法规定的日照标准的同时，相邻建筑之间还应当满足本办法规定的建筑间距以及采光、通风、消防、防灾、工程管线、视觉卫生与空间环境等对建筑间距的要求。

第十二条　平面错落布局的低层或者多层建筑，应当逐个计算每个单元的建筑间距；高度错落布局的高层建筑，应当按照最不利点计算建筑间距。特殊形状的建筑，其建筑间距由市城乡规划主管部门依法予以确定。

建筑间距只考虑被遮挡生活居住建筑主要朝向正向范围以内的间距，正向范围以外的间距不予考虑，但应当符合相关规范、技术标准的规定。被遮挡生活居住建筑正向范围按照附图 F.4 所示确定。

附图 F.4

第十三条　遮挡建筑的计算高度按照下列规定确定：

（一）遮挡建筑为坡屋面时，按照遮挡建筑檐口与屋脊的绝对标高与被遮挡建筑底层底板绝对标高的差值分别计算后取其最不利点确定；

（二）遮挡建筑为平屋面时，按照遮挡建筑檐口或者女儿墙顶面绝对标高与被遮挡建筑底层底板绝对标高的差值计算。

同一座遮挡建筑有多种屋面形式的，按照前款的方法分别计算后按照最不利点确定。遮挡建筑计算高度如附图 F.5 所示。

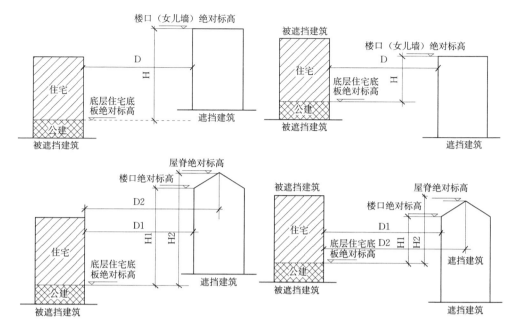

附图 F.5

第十四条 有下列情形之一的，可不计入遮挡建筑计算高度：

（一）楼梯间、电梯机房、水箱间等辅助用房局部突出屋面占屋面平面面积不超过 1/4 的；

（二）通风道、烟囱、装饰构件、花架、通信设施等突出屋面的；

（三）瞭望塔、冷却塔等设备局部突出屋面的。

第十五条 被遮挡建筑的日照计算范围按照下列规定确定：以拟建遮挡建筑外墙轮廓线上任意点为圆心，以拟建遮挡建筑高度的 3 倍为半径（最大半径不小于 300m）确定的范围与拟建遮挡建筑日照标准日的建筑日照阴影范围重叠部分为被遮挡建筑的日照计算范围（如附图 F.6 所示）。

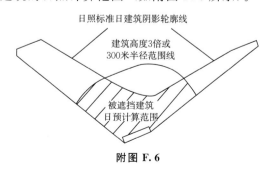

附图 F.6

当拟建遮挡建筑超过一栋时，其日照计算范围应当叠加。

第十六条 遮挡建筑的日照计算范围按照下列规定确定：以被遮挡建筑主日照面上任意点为圆心，以 300m 为半径确定的范围为遮挡建筑的日照计算范围（如附图 F.7 所示）。

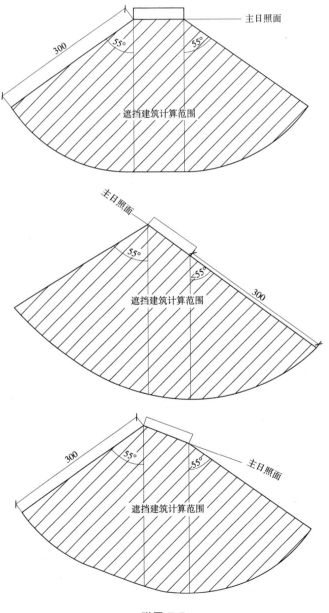

附图 F.7

256

当单栋被遮挡建筑有多个主日照面时，其日照计算范围应当叠加。

第十七条　遮挡建筑计算高度小于或者等于 24m，被遮挡建筑为新建生活居住建筑的，新建建筑之间、既有建筑与新建建筑之间的建筑间距按照下列标准执行：

（一）遮挡建筑的长边或者短边与被遮挡新建住宅的主要朝向相对的，建筑间距不得小于遮挡建筑计算高度的 1.93 倍，且不得小于 18m；

（二）遮挡建筑的长边或者短边与被遮挡新建长日照建筑的主要朝向相对的，建筑间距不得小于遮挡建筑计算高度的 2.0 倍，且不得小于 18m；

（三）遮挡建筑的长边或者短边与被遮挡新建集体宿舍的主要朝向相对的，建筑间距不得小于遮挡建筑计算高度的 1.97 倍，且不得小于 18m；

（四）遮挡建筑的长边与被遮挡新建生活居住建筑的非主要朝向相对的，建筑间距不得小于 18m。

前款规定以外的住宅与新建非生活居住建筑相邻的，遮挡建筑高度小于或者等于 24m 的，正面间距不得小于 18m，侧面间距不得小于防火间距。

第十八条　遮挡建筑计算高度小于或者等于 24m，被遮挡建筑为既有生活居住建筑的，新建建筑与既有建筑之间的建筑间距按照下列标准执行：

（一）遮挡建筑的长边或者短边与被遮挡既有住宅的主要朝向相对的，建筑间距不得小于遮挡建筑计算高度的 1.97 倍，且不得小于 18m；

（二）遮挡建筑的长边或者短边与被遮挡既有长日照建筑的主要朝向相对的，建筑间距不得小于遮挡建筑计算高度的 2.0 倍，且不得小于 18m；

（三）遮挡建筑的长边或者短边与被遮挡既有集体宿舍的主要朝向相对的，建筑间距不得小于遮挡建筑计算高度的 1.97 倍，且不得小于 18m；

（四）遮挡建筑的长边与被遮挡既有生活居住建筑的非主要朝向相对的，建筑间距不得小于 18m。

前款规定以外的住宅与既有非生活居住建筑相邻的，遮挡建筑高度小于或者等于 24m 的，正面间距不得小于 18m，侧面间距不得小于防火间距。

第十九条　遮挡建筑计算高度大于 24m，被遮挡建筑为新建生活居住建筑的，新建建筑之间、既有建筑与新建建筑之间的建筑间距按照下列标准执行：

（一）遮挡建筑的长边或者短边与被遮挡新建住宅的主要朝向相对的，建筑间距不得小于遮挡建筑计算高度和相对面宽总和的 0.5 倍或者遮挡建筑计算高度的 1.93 倍，且不得小于 48m；

（二）遮挡建筑的长边或者短边与被遮挡新建长日照建筑的主要朝向相对的，建筑间距不得小于遮挡建筑计算高度和相对面宽总和的1.0倍或者遮挡建筑计算高度的2.0倍，且不得小于48m；

（三）遮挡建筑的长边或者短边与被遮挡新建集体宿舍的主要朝向相对的，建筑间距不得小于遮挡建筑计算高度和相对面宽总和的0.5倍或者遮挡建筑计算高度的1.97倍，且不得小于48m；

（四）遮挡建筑的长边与被遮挡新建生活居住建筑的非主要朝向相对的，建筑间距不得小于24m。

前款规定以外的住宅与新建非生活居住建筑相邻的，遮挡建筑高度大于24m的，正面间距不得小于20m，侧面间距不得小于防火间距。

第二十条 遮挡建筑计算高度大于24m，被遮挡建筑为既有生活居住建筑的，新建建筑与既有建筑之间的建筑间距按照下列标准执行：

（一）遮挡建筑的长边或者短边与被遮挡既有住宅的主要朝向相对的，建筑间距不得小于遮挡建筑计算高度和相对面宽总和的0.8倍或者遮挡建筑计算高度的1.97倍，且不得小于48m；

（二）遮挡建筑的长边或者短边与被遮挡既有长日照建筑的主要朝向相对的，建筑间距不得小于遮挡建筑计算高度和相对面宽总和的1.0倍或者遮挡建筑计算高度的2.0倍，且不得小于48m；

（三）遮挡建筑的长边或者短边与被遮挡既有集体宿舍的主要朝向相对的，建筑间距不得小于遮挡建筑计算高度和相对面宽总和的0.8倍或者遮挡建筑计算高度的1.97倍，且不得小于48m；

（四）遮挡建筑的长边与被遮挡既有生活居住建筑的非主要朝向相对的，建筑间距不得小于24m。

前款规定以外的住宅与既有非生活居住建筑相邻的，遮挡建筑高度大于24m的，正面间距不得小于20m，侧面间距不得小于防火间距。

第二十一条 建筑的附属设施（换热站、水泵房、煤气调压站、变电箱、地下水池、地下车库出入口、自行车棚等）与相邻建筑的间距按照国家有关规定执行。

第二十二条 沿城市主干道、快速路、河流、公共绿地等公共空间的新建高层建筑累计面宽不应超出规划用地长度的2/3。高层建筑前后错开距离达18m以上的，后退的高层建筑不计入累计面宽。单体建筑高度55m以下的，面宽不应超过 70m；单体建筑高度 55m 以上的，面宽不应超过 60m。

建设大型公共建筑确需超过前款标准时，应当报市人民政府批准。

第二十三条　在土地划拨、出让前，拟建项目本身及对周边既有生活居住建筑需要考虑日照的，区人民政府、开发区管委会、市土地收储部门或者拟划拨土地使用权人应当组织编制该区域的修建性详细规划，委托具有相应资质的单位编制日照计算预评估报告，制订房屋补助、补偿、收购、异地安置方案。

修建性详细规划、日照计算预评估报告和房屋补助、补偿、收购、异地安置方案是确定规划条件的重要依据，所产生的相关费用纳入土地整理成本。

第二十四条　建设单位应当委托具备相应设计资质的设计单位或者日照分析机构（以下简称日照计算单位）编制日照计算报告。

编制日照计算报告应当以《长春市建筑日照计算技术规程》为依据。

《长春市建筑日照计算技术规程》由市人民政府另行制定。

第二十五条　建设项目及周边需要考虑日照的，建设单位向市城乡规划主管部门申请建设工程规划许可证时，应当提交日照计算报告。

因规划、建筑设计方案调整导致场地标高、建筑高度、位置、外轮廓、户型等发生改变的，应当重新编制和报送日照计算报告。

市城乡规划主管部门在核发建设工程规划许可证前，应当将日照计算报告的结论及本办法规定的最低日照标准在其施工现场、政府网站或者指定展示场所依法予以公示，公示时间不得少于七日。

日照计算报告的结论是市城乡规划主管部门核发建设工程规划许可证的重要依据。

第二十六条　在公示期内，利害关系人对日照计算报告的结论有异议的，可以向城乡规划主管部门提出书面申请。城乡规划主管部门应当组织建设单位、日照计算报告编制的测绘单位、日照计算单位、规划设计单位、建筑设计单位对利害关系人进行解释说明。利害关系人对日照计算报告的结论仍有异议的，可以依法提起诉讼。

第二十七条　建设单位应当对日照计算报告及其他材料的真实性、准确性负责，并承担相应的法律责任。

第二十八条　建设单位在建设工程公示、沙盘模型展示、产品宣传时应当将修建性详细规划、建设工程设计方案的总平面图、日照计算报告、分期建设情况、周边建设情况等全面展示、如实告知买受人，不得隐瞒。因虚假宣传、告知不明确等原因产生的纠纷，由建设单位负责。

第二十九条　建设单位与买受人在签订商品房买卖合同时，应当对项目的分期许可、分期建设、规划调整和周边日照影响等情况进行约定。

第三十条　生活居住建筑因新建建筑遮挡降低原有日照时数，仍能满足本办法规定日照标准的，不予补偿。但因城市建设需要，被遮挡住宅所有权人支持项目建设的，可以向建设单位申请一次性经济补助。补助金额不高于下列规定：

补助金额（元）＝100元/平方米·每分钟×每个窗户面积（平方米）×减少的日照时数（分钟）

其中每个窗户面积（平方米）和减少的日照时数（分钟），以建设项目日照计算报告提供的数据为准。

第三十一条　被遮挡生活居住建筑属于下列情形之一的，不予补助：

（一）区人民政府、开发区管委会划定的成片开发区域内的；

（二）统一规划分期实施的同一个建设项目，因修改修建性详细规划、建设工程设计方案总平面图等原因，后期建设工程影响先期建设的；

（三）2013年6月1日后取得建设工程规划许可证的。

第三十二条　确因用地条件限制，拟建项目遮挡使少量既有被遮挡生活居住建筑不满足本办法规定的日照标准，建设单位在申请办理建设工程规划许可证前，应当与被遮挡生活居住建筑所有权人协商，达成房屋收购、异地安置或者经济补偿协议。

达成房屋收购、异地安置协议的，应将其改造成非生活居住空间使用。

收购房屋的价值，可以协商确定或者由双方共同委托具有相应资质的房地产评估机构评估确定，但不得低于房屋收购之日类似房地产的市场价格。

经济补偿金额按照下列公式计算：

补偿金额（元）＝300元/平方米·每分钟×每个窗户面积（平方米）×减少的日照时数（分钟）

减少的日照时数＝本办法规定的日照标准－建后日照时数

第三十三条　为保障国家安全、促进国民经济和社会发展等公共利益的需要，遮挡建筑属于国务院《国有土地上房屋征收与补偿条例》第八条规定情形之一，使被遮挡生活居住建筑日照达不到本办法规定的日照标准，建设单位与被遮挡生活居住建筑所有权人达不成房屋收购、异地安置或者经济补偿协议的，市、区人民政府、开发区管委会可以依法做出房屋征收决定。

第三十四条　有下列情形之一的，不影响市城乡规划主管部门依法核发建设工程规划许可证：

（一）被遮挡住宅所有权人符合本办法规定的补助情形，但因要求的补助金额超过本办法规定的标准而未达成补助协议的；

（二）被遮挡生活居住建筑达不到本办法规定的日照标准，市、区人民政府、开发区管委会依法做出房屋征收决定的。

第三十五条　因新建建筑影响周边生活居住建筑日照并引发群众信访的，建设单位、设计单位、测绘单位、日照计算单位应当配合有关部门、区人民政府、开发区管委会解决信访群众的合法诉求。

对无理阻碍办公和生产秩序，辱骂、殴打工作人员的行为，由公安机关依照《中华人民共和国治安管理处罚法》的规定处罚；情节严重构成犯罪的，依法追究刑事责任。

第三十六条　市城乡规划主管部门及相关部门工作人员在生活居住建筑日照管理过程中玩忽职守、滥用职权或者徇私舞弊的，依法给予处分；构成犯罪的，依法追究刑事责任。

第三十七条　本办法实施前，已经取得建设工程规划许可证的建设项目，按照原许可的内容执行；已建成的建筑在补办规划许可手续时，按照建设工程建成时的相关规定执行。

第三十八条　本办法实施前，对原有生活居住建筑日照时数降低的补偿、补助，不适用本办法；已经签订补偿、补助协议的，按照原协议内容执行。

第三十九条　本办法规定的下列用语的含义：

（一）生活居住建筑，包括住宅和托儿所、幼儿园，老年人居住建筑，中小学校教学楼，医院（疗养院）病房楼，集体宿舍等对日照有特殊要求的建筑；

（二）老年人居住建筑，是指专为老年人设计，供其起居生活使用，符合老年人生理、心理要求的居住建筑，包括老年人住宅、老年人公寓、养老院、护理院、托老所；

（三）集体宿舍，是指有集中管理且供单身人士使用的居住建筑。一般指学生宿舍、运动员宿舍、部队营房、单身职工宿舍等；

（四）条式住宅，是指由若干独立居住单元，沿建筑水平开间方向进行拼接组合的多单元式平面的住宅；

（五）南北向住宅，是指主要朝向的方位角在正南向偏东 0°～60°（含）与正南向偏西 0°～45°（含）之间的条式住宅；

（六）东西向住宅，是指南北向建筑以外的条式住宅；

（七）点、塔式住宅，是指以楼、电梯为交通核心，将若干套住宅组成一个独立单元式平面的住宅，多层一般称为点式住宅，高层一般称为塔式住宅；

（八）长日照建筑，是指托儿所、幼儿园、老年人居住建筑、中小学校教学楼、医院（疗养院）病房楼；

（九）生活居住空间，是指住宅、老年人居住建筑中的卧室、起居室（厅），托儿所、幼儿园中的幼儿生活用房，中、小学校普通教室，医院、疗养院的病房和疗养室，集体宿舍居室等；

（十）主日照面，是指垂直于主要朝向的外墙面；

（十一）建筑间距，是指相邻建筑外墙面（含阳台、楼梯间、电梯间、连廊等）最近点之间的水平距离；

（十二）日照标准日，是指用来测定和衡量建筑日照时数的特定日期。

第四十条 本办法自 20　年　月　日起施行。20　年　月　日起施行的《长春市生活居住建筑日照管理暂行规定》同时废止。

附表 F.1　　　　　　　　　　　建筑间距计算表

建筑布局（正向范围以内）	平面示意图	建筑间距		图例
		$H \leqslant 24m$	$H > 24m$	
遮挡建筑的长边或者短边与被遮挡住宅的主要朝向相对的	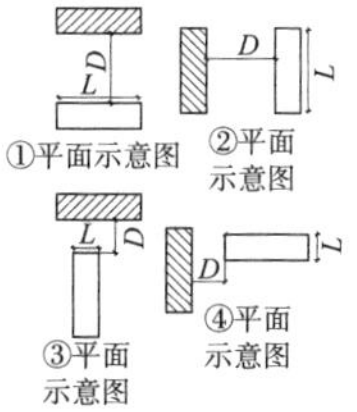 ①平面示意图 ②平面示意图 ③平面示意图 ④平面示意图	对内：$D \geqslant 1.93H$ 对外：$D \geqslant 1.97H$ 且 $D \geqslant 18m$	对内：$D \geqslant 0.5 \times (L \times H)$ 或 $D \geqslant 1.93H$，且 $D \geqslant 48m$ 对外：$D \geqslant 0.8 \times (L \times H)$ 或 $D \geqslant 1.97H$，且 $D \geqslant 48m$	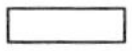 遮挡建筑 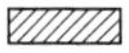 被遮挡建筑  被遮挡长日照建筑  被遮挡集体宿舍 D—建筑间距 H—遮挡建筑计算高度 L—遮挡建筑相对面宽 图示情况均按上北下南的布局为准
遮挡建筑的长边与被遮挡住宅的非主要朝向相对的	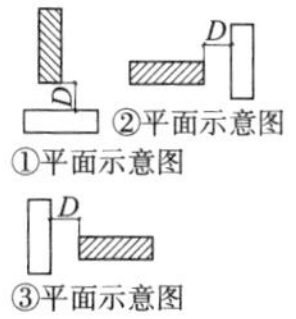 ①平面示意图 ②平面示意图 ③平面示意图	对内：$D \geqslant 18m$ 对外：$D \geqslant 18m$ 当短边宽度大于18m时，D 不得小于短边宽度	对内：$D \geqslant 24m$ 对外：$D \geqslant 24m$	
遮挡建筑的长边或者短边与长日照建筑的主要朝向相对的	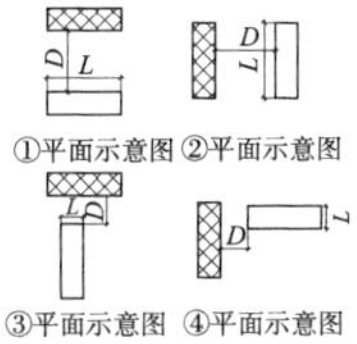 ①平面示意图 ②平面示意图 ③平面示意图 ④平面示意图	对内：$D \geqslant 2.0H$ 对外：$D \geqslant 2.0H$	对内：$D \geqslant L + H$ 或 $D \geqslant 2.0H$ 且 $D \geqslant 48m$ 对外：$D \geqslant L + H$ 或 $D \geqslant 2.0H$ 且 $D \geqslant 48m$	
遮挡建筑的长边与长日照建筑的非主要朝向相对的	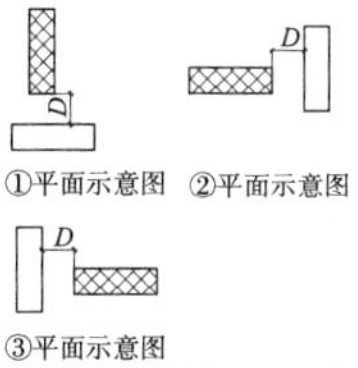 ①平面示意图 ②平面示意图 ③平面示意图	对内：$D \geqslant 18m$ 对外：$D \geqslant 18m$	对内：$D \geqslant 24m$ 对外：$D \geqslant 24m$	
遮挡建筑的长边与集体宿舍主要朝向相对的	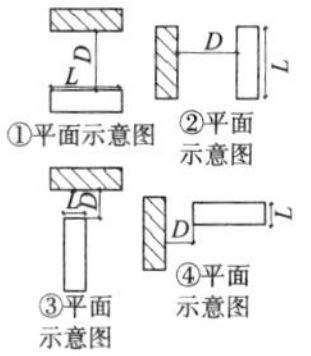 ①平面示意图 ②平面示意图 ③平面示意图 ④平面示意图	对内：$D \geqslant 1.97H$ 对外：$D \geqslant 1.97H$ 且 $D \geqslant 18m$	对内：$D \geqslant 0.5 \times (L \times H)$ 或 $D \geqslant 1.97H$，且 $D \geqslant 48m$ 对外：$D \geqslant 0.8 \times (L \times H)$ 或 $D \geqslant 1.97H$，且 $D \geqslant 48m$	
遮挡建筑的长边与集体宿舍非主要朝向相对的	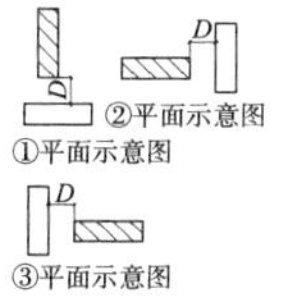 ①平面示意图 ②平面示意图 ③平面示意图	对内：$D \geqslant 18m$ 对外：$D \geqslant 18m$	对内：$D \geqslant 24m$ 对外：$D \geqslant 24m$	
上述情况以外的住宅与非生活居住建筑相邻的	正面间距	对内：$D \geqslant 18m$ 对外：$D \geqslant 18m$	对内：$D \geqslant 20m$ 对外：$D \geqslant 20m$	
	侧面间距	满足防火间距	满足防火间距	

上海市日照分析规划管理办法

第一条 目的、依据

为规范日照分析工作，保障城乡规划实施，根据国家标准《建筑日照计算参数标准》（GB/T 50947—2014）、《上海市城乡规划条例》（以下简称《条例》）和《上海市城市规划管理技术规定（土地使用 建筑管理）》（以下简称《技术规定》）及其应用解释，结合本市规划管理实际情况，制定本办法。

第二条 定义

日照分析是指，建设单位委托设计单位或咨询机构对拟建高层建筑的建设项目可能产生的日照影响进行分析，编制《日照分析报告》，作为规划管理部门审核建设工程设计方案依据之一。

第三条 适用范围和报送

计算范围内为现状和设计方案经规划管理部门审定、或经批准尚未建设以及正在建设的居住建筑和医院病房楼、休（疗）养院住宿楼、幼儿园、托儿所和大中小学教学楼等建筑（以下简称文教卫生建筑）时，拟建建筑应符合《技术规定》和本办法的有关规定。

当建设工程设计方案中，拟建建筑与界外建筑的间距大于或等于《技术规定》第二十三条、第二十六条规定的建筑间距的，无须对界外建筑进行日照分析。

建设基地内建筑间距全部按《技术规定》第二十三条、第二十六条规定控制的，无须进行日照分析；建设基地内建筑间距全部或部分按《技术规定》第二十七条规定控制的，应进行日照分析，并随建设工程设计方案一并报送规划管理部门。

第四条 设计方案调整

建筑设计方案调整导致建筑位置、外轮廓、户型、窗户等改变的，应随调整的设计方案重新报送《日照分析报告》。

第五条 日照分析的对象

日照分析适用于《技术规定》第二十七条规定的居住建筑、第三十条规定的文教卫生建筑和中小学校体育场地和幼儿园、托儿所室外游戏场地。

《技术规定》第二十七条中的居室，是指卧室、起居室（也称厅）。第三十条中的休（疗）养院住宿楼，是指病房、疗养室；幼儿园、托儿所和大中小学教学楼，是指幼儿园、托儿所的活动室、卧室和大中小学的普通教室。

第六条　建筑日照标准

在计算范围内受高层建筑遮挡的低层独立式住宅的居室冬至日满窗日照的有效时间不少于连续 2 小时，即其主要朝向每层如有两个以上居室受遮挡的，则最少应有一个居室满足冬至日满窗日照有效时间不少于连续 2 小时的日照时间规定。低层独立式住宅改为多户共用的，除符合上述的日照时间规定外，还应保证主要朝向受遮挡的每户有一个居室冬至日满窗日照有效时间不少于连续 1 小时。

在计算范围内受高层建筑遮挡的其他居住建筑的居室冬至日满窗日照的有效时间不少于连续 1 小时。

在计算范围内受遮挡的文教卫生建筑，应保证冬至日满窗日照的有效时间不少于累计 3 小时；浦西内环线以内地区，应保证冬至日满窗日照的有效时间不少于累计 2 小时，最小累计时间段为 5 分钟。

普通中小学校的体育场地和幼儿园、托儿所的室外游戏场地应保证有一半以上的面积冬至日日照有效时间不少于累计 2 小时。

保障性住房等本市另有规定的，按有关规定执行。

第七条　朝向和有效窗户

日照分析应保证受遮挡建筑主要朝向的窗户的日照有效时间，次要朝向按规定的建筑间距控制，不作日照分析。

条式建筑以垂直长边的方向为主要朝向，点式建筑以南北向为主要朝向〔南北向指正南北向和南偏东（西）45°以内（含 45°），东西向指正东西向和东（西）偏南 45°内（不含 45°）〕。

居住建筑一户住宅的主要朝向有两个以上居室受遮挡的，最少应有一个居室满足日照有效时间规定；一个居室有几个朝向的窗户的，其主要朝向的窗户应满足日照有效时间规定，其他朝向的窗户不作日照分析。

休（疗）养院住宿楼的病房、疗养室和幼儿园、托儿所的活动室、卧室以及大中小学的教室，保证日照时间的窗户是指主要朝向的窗户。

第八条　居住建筑满窗日照计算规则

居住建筑满窗日照的计算，以经确认的日照分析计算基准面左右两个端点为计算点。窗户（或阳台）的宽度小于或等于 1.8m 的，按实际宽度的左右两个端点为计算点。宽度大于 1.8m 的，按 1.8m 计算，以窗户（或阳台）的中点两侧各延伸 0.9m 为计算范围（见附图一）。

计算基准面按以下规则确定（见附图二、附图三）：

（一）一般窗户以外墙窗台面为计算基准面。

（二）转角直角窗户、转角弧形窗户、凸窗等，一般以居室窗洞开口为计算基准面。

（三）两侧均无隔板遮挡也未封窗的凸阳台，以居室窗户的外墙窗台面为计算基准面，对阳台顶板所产生的遮挡影响可忽略不计。

（四）两侧或一侧有分户隔板的凸阳台，凹阳台以及半凹半凸阳台，以阳台栏杆面与外墙相交的墙洞口为计算基准面。

（五）设计封窗的阳台，以封窗的阳台栏杆面为计算基准面。满窗日照的窗户计算高度（含落地门窗、组合门窗、阳台封窗等门窗形式）按离室内地坪0.9m 的高度计算。

第九条 客体建筑范围和对象的确定

日照分析客体建筑（场地）指在拟建建筑遮挡计算范围内，需做日照分析的居住建筑或文教卫生建筑等有日照要求的建筑和场地。

日照分析客体建筑范围和对象的确定应符合以下规则：

（一）按拟建高层建筑高度 1.4 倍的扇形阴影范围确定。

（二）依据上述规定计算的范围最大不超过拟建建筑北侧 300m 半径扇形阴影范围。

（三）在上述阴影范围内，确定须进行日照分析的客体建筑具体对象（指日照标准所规定的居住建筑和文教卫生建筑及场地）并进行编号（见附图四）。

（四）上述范围内，设计方案经规划管理部门审定或经批准尚未建设以及正在建设的居住建筑或文教卫生建筑及场地也应确认为客体建筑。

（五）客体建筑范围以外的建筑不进行日照分析。

第十条 主体建筑范围和对象的确定

日照分析主体建筑指对客体建筑（场地）产生日照遮挡的已建、在建、拟建建筑物。

日照分析主体建筑范围和对象的确定应符合以下规则：

（一）以已经确定的客体建筑为中心，调查了解周围可能对其产生遮挡的建筑。应以 300m 为半径作出扇形图，在此范围内进行调查（见附图五）。

（二）在上述范围内，采用本办法第九条提出的规则，排除对客体建筑不形成遮挡的建筑，明确主体建筑的具体对象。

（三）在上述范围内，设计方案已经规划管理部门审定的高层建筑也必须纳入主体建筑范围，该项目设计方案应由规划管理部门提供。

（四）除高度大于或等于 4m 的旧里建筑（石库门）的围墙作为日照分析主体外，其他围墙一般不作为日照分析的主体。

第十一条 主要日照分析资料

主要日照分析资料应符合以下规定：

（一）覆盖所有主体建筑和客体建筑范围的测绘电子地形图。

（二）拟建建筑的总平面图、屋顶平面图和平立剖面图的电子盘片（附有建筑坐标和屋顶标高）。

（三）已确定的客体建筑的平立剖面图（附有详细的窗位尺寸）。

（四）已确定的主体建筑的总平面图和屋顶平面图（附有各屋顶详细标高）。

（五）根据本规定，已确定纳入主体建筑和客体建筑范围的正在建或已批未建的建筑的资料。

（六）本条第（三）（四）项规定的主体建筑、客体建筑资料可按有关规定向市、区（县）城建档案管理部门收集或请具备规定资质的测绘单位测绘，已建居住建筑应标注相应分户门牌号码；本条第（五）项规定中的主体建筑、客体建筑资料可按有关规定向市、区（县）规划管理部门收集。

（七）资料来源及提供资料的单位应在日照分析报告中注明。

第十二条 日照分析次序

日照分析时，应先分析客体建筑的现状日照状况，再分析拟建高层建筑建设后的日照状况，以便作出对比，明确遮挡影响，并由规划管理部门审核确定。拟建建筑建设前客体建筑中已不满足日照规定的窗户，在建设后日照状况不恶化的前提下，可不再分析建设后的日照状况。

日照分析时，应对拟建高层建筑和拟建项目周围原有建筑（含设计方案经规划管理部门审定的或经批准尚未建设以及正在建设的）产生的日照遮挡影响进行叠加分析，叠加分析的先后次序以设计方案的批准日期为准。

第十三条 建模要求

建模和计算时应符合以下要求：

（一）日照计算选取的城市经纬度为东经 121°28′、北纬 31°14′，日照基准年应选取公元 2001 年。

（二）计算模型中的建筑和场地均应采用上海城市平面坐标系和吴淞高程基准。

（三）所有建筑的墙体应按照外墙轮廓线建立模型。

（四）主体建筑、客体建筑的阳台、檐口、女儿墙、屋顶、附属物等造成遮挡的部分均应建模。

（五）主体建筑、客体建筑及窗应有唯一的命名或编号。

（六）计算采样点间距：窗户取不大于 0.3m，建筑应取不大于 0.6m，场地应取不大于 1.0m，计算时间间隔不大于 1.0min。

第十四条　成果要求

《日照分析报告》应当包括以下内容：

（一）委托方名称、地址、法定代表人、联系方式。

（二）受托方名称、资质证书编号、地址、法定代表人、设计人、校对人、审核人、设计总负责人和联系方式。

（三）日照分析项目情况

（1）建设项目名称、地点、用地范围。

（2）本基地拟建主体建筑的基本情况（编号、使用性质、层数、高度、位置等）。

（3）根据本基地主体建筑的阴影计算范围确定的客体建筑的基本情况（编号、使用性质、层数、高度、位置、窗位编号、窗台高度等）。

（4）参与叠加分析的本基地外主体建筑的基本情况（编号、名称、层数、高度、位置等）。

（5）以上资料的来源说明。

（6）进行日照分析所采用的分析软件及软件版本号。

（四）日照分析参数

日照分析计算的边界参数（含经纬度、基准年、分析日期、分析时段、分析间隔、时间统计方式和采样点间距等）。

（五）日照分析结论

（1）计算出客体建筑每一分析窗位在拟建建筑建设前和建设后的日照时间段和有效日照时数，并列出每幢客体建筑的日照时间表，注明不满足日照要求的窗位。

（2）明确在拟建建筑建设前后不符合日照要求的客体建筑的窗户数及户数，已建居住建筑应标注相应分户门牌号码。

（六）《日照分析报告》应符合国家和本市方案出图标准，报告及附图应加盖设计单位和设计方案出图章及设计负责人印章。

（七）附图。

（1）客体建筑范围图（日照计算范围图）（比例 1∶1000～1∶2000）。

（2）主体建筑范围图（比例同客体建筑范围图）。

（3）日照分析计算图（比例 1∶500～1∶1000，图中应标注拟建建筑和原有建筑的位置、建筑物角点坐标、建筑高度，每一分析窗位的位置。不同楼层的分析窗位有平面位置变化的，应分层标示位置）。

第十五条　报送要求

报送《日照分析报告》应附送以下材料：

（一）《日照分析报告》全文 1 份（含附图）。

（二）进行日照分析的主要原始材料及其清单 1 份（含纸质文档及电子文件光盘）。

（三）日照模型备案文件（应满足附件 2 格式要求，包含第十四条规定的日照计算的边界条件等相关材料，并采用光盘介质提交）。

第十六条　日照分析资质

《日照分析报告》由具备乙级以上（含乙级）规划设计或建筑设计资质的设计单位或咨询机构编制。

《日照分析报告》的编制单位与设计单位宜为不同设计资质的单位。

第十七条　软件使用要求

日照分析所采用的软件必须经过软件产品质量检测单位的测试，并通过国家级检测机构的检测。

第十八条　日照分析报告的审理

规划管理部门对《日照分析报告》进行如下审核：

（一）编制《日照分析报告》的规划设计、建筑设计单位或咨询机构资质是否符合本办法规定。

（二）《日照分析报告》的分析次序和结论是否符合《技术规定》和本办法的要求。

（三）市、区（县）规划管理部门建立日照分析报告抽查机制，每年组织对所辖区域建设工程设计方案进行抽查，对《日照分析报告》的编制单位与设计单位为同一单位的列为重点抽查对象，对于存疑项目请第三方单位对提交的日照模型计算文件和材料进行复核，审查其过程和结果的准确性及承诺的真实性。

第十九条　责任

建设单位应对报送的《日照分析报告》及其附送材料的真实性负责，并应如实按照规划管理部门的要求提供或补充有关材料。报送材料不实或隐瞒有关情况而产生后果的，应承担相应的责任。

设计单位和《日照分析报告》的编制单位应对所编制的《日照分析报告》的质量和正确性负责，承诺并保证申请资料和相关数据的真实性、准确性，同时保证文字资料和图纸资料的一致性。

由于《日照分析报告》不真实、不正确而产生后果的，建设单位、设计单位、编制单位及相关人员应承担相应的责任。规划管理部门认定存在失信行为的，根据在建设项目规划管理中推行告知承诺的相关规定进行处理。

第二十条　地块之间日照资源的均衡使用

建设基地界外相邻的规划建设用地尚未确定设计方案时，应根据所在地区的详细规划或规划条件，为尚未建设的相邻待开发地块合理预留日照资源，保障有序建设，并符合以下规定：

（一）"先南后北"建设顺序下，客体建筑范围内北侧相邻待开发用地有尚未确定设计方案的规划居住建筑或文教卫生建筑时，拟建建筑需预留足够侧向间距以防自身建设限制相邻用地的后续合理开发，应在待开发用地的南侧规划建筑控制线上布置等长虚拟建筑，并对虚拟建筑进行线上多点分析，计算采样点间距应不大于1m，采样点满足日照的比例应符合以下要求：

（1）如拟建基地东西侧地块为已建高层建筑（含设计方案经规划管理部门审定的或经批准尚未建设以及正在建设的）的，应保证70％以上的分析点满足冬至日日照有效时间不少于连续1小时。

（2）如建设基地东西侧地块规划建设尚未实施，多点分析应保证75％以上的分析点满足冬至日日照有效时间不少于连续1小时。

（3）如北侧待开发地块主要朝向南偏东（或西）25°或以上时，上述两款保证率应再提高5％。

如经批准的详细规划未明确建筑控制线的，应根据《技术规定》的退界要求和待开发地块的规划建筑高度相应明确建筑控制线的离界距离（见附图六）。

（二）"先北后南"建设顺序下，主体建筑范围内南侧相邻待开发用地尚未确定设计方案时，应在南侧待开发用地的北侧规划建筑控制线上布置虚拟建筑，并作为主体建筑参与分析，虚拟建筑的建筑高度和体型应根据详细规划或规划条件的高度（上限）及贴线率相应明确，未明确贴线率的应符合以下要求：

（1）如拟建基地东西侧地块为已建高层建筑（含设计方案经规划管理部门审定的或经批准尚未建设以及正在建设的），虚拟检测建筑应保证 70％以上的贴线率。

（2）如拟建基地东西侧地块为规划建设、尚未实施，虚拟检测建筑应保证 75％以上的贴线率。

（3）如南侧待开发地块主要朝向南偏东（或西）25°或以上时，上述两款贴线率应再提高 5％（见附图七）。

（三）拟建居住建筑有唯一日照通道（每户仅有一个居室冬至日满窗日照有效时间不少于连续 1 小时、不大于连续 2 小时）的，设计单位应校核该户窗位与南侧虚拟建筑（根据第二款确定）的距离，并应满足以下距离要求：

（1）日照时间主要在 9：00～10：00 和 14：00～15：00 时段的，该窗位与虚拟检测建筑的距离不小于虚拟建筑高度的 2.6 倍。

（2）日照时间主要在 10：00～11：00 和 13：00～14：00 时段的，该窗位与虚拟建筑的距离不小于虚拟检测建筑高度的 1.8 倍。

（3）日照时间主要在 11：00～13：00 时段的，该窗位与虚拟检测建筑的距离不小于虚拟建筑高度的 1.5 倍。

不满足上述距离要求的，该户应增加日照富余度，保证有一个居室冬至日满窗日照有效时间不少于连续 2 小时（见附图八）。

（四）多个相邻地块的多个高层建筑项目，引起叠加遮挡、相互影响，可采用综合布局方法，进一步对建筑高度、宽度、间距、退界、朝向、日照要求作出具体的、特定的限制、规定，并纳入土地出让规划条件。

第二十一条　施行日期

本办法自 2016 年 3 月 1 日起施行，有效期至 2021 年 2 月 28 日。建设工程在本办法施行前已取得《国有土地使用权出让合同》且继续有效的情况下，仍按原《日照分析规划管理暂行办法》（沪规法〔2004〕302号）执行，但未经规划管理部门审定建设工程设计方案的建设工程，按照本办法执行有利于优化城市空间环境、保证使用安全的，宜参照本办法执行。

附表：日照有效时间

附图：附图一 满窗日照计算点示意图

附图二 转角窗、凸窗日照计算基准面示意图

附图三 阳台日照计算基准面示意图

附图四 客体建筑范围示意图

附图五 主体建筑范围示意图

附图六 "先南后北"控制图

附图七 "先北后南"控制图

附图八 富余度控制图

附表

日照有效时间

日照的有效时间根据建筑物朝向确定（见下表）。建筑物朝向的角度超过日照有效时间表规定角度范围的，不作日照分析。

日照有效时间表

建筑物朝向	日照有效时间	建筑物朝向	日照有效时间
正　南　向	9：00～15：00		
南偏东 1°～15°	9：00～15：00	南偏西 1°～15°	9：00～15：00
南偏东 16°～30°	9：00～14：30	南偏西 16°～30°	9：30～15：00
南偏东 31°～45°	9：00～13：30	南偏西 31°～45°	10：30～15：00
南偏东 46°～60°	9：00～12：30	南偏西 46°～60°	11：30～15：00
南偏东 61°～75°	9：00～11：30	南偏西 61°～75°	12：30～15：00
南偏东 76°～90°	9：00～10：30	南偏西 76°～90°	13：30～15：00

注　朝向角度取整数，小数点四舍五入。

附图

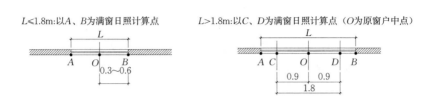

附图一　满窗日照计算点示意图

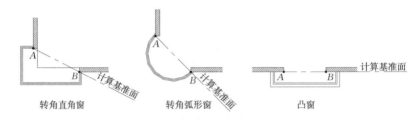

附图二　转角窗、凸窗日照计算基准面示意图

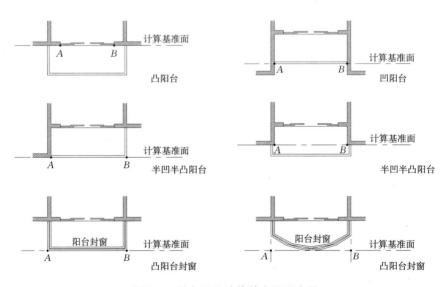

附图三　阳台日照计算基准面示意图

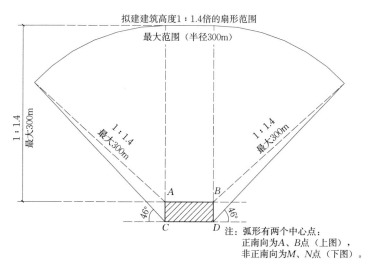

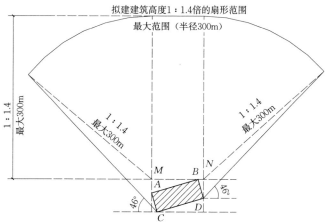

附图四 客体建筑范围示意图

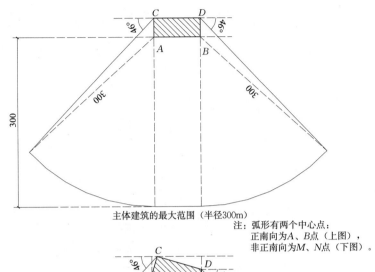

主体建筑的最大范围（半径300m）

注：弧形有两个中心点：
正南向为A、B点（上图），
非正南向为M、N点（下图）。

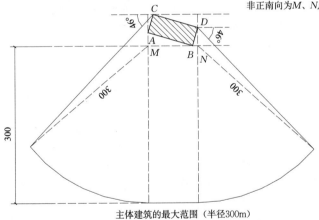

主体建筑的最大范围（半径300m）

附图五　主体建筑范围示意图

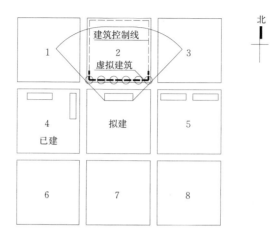

附图六　"先南后北"控制图

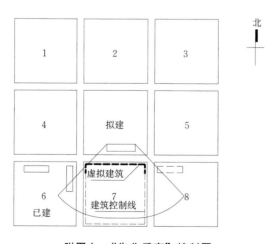

附图七　"先北后南"控制图

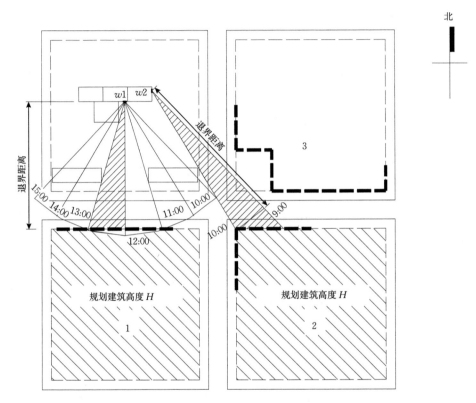

北

规划建筑高度 H

1

规划建筑高度 H

2

附图八　富余度控制图

昆明市规划局建设项目日照分析管理暂行规定

第一条　为切实维护公众利益，进一步规范和统一建设项目方案设计过程中日照分析计算各参数及标准，根据《城市居住区规划设计规范》（GB 50180—93）、《住宅设计规范》（GB 50096—1999）、《昆明市城市规划管理技术规定》等规定，结合昆明实际，制定本规定。

第二条　本规定适用于在主城规划区内进行的建设工程设计和规划管理相关活动。主城规划区根据经批准的昆明市总体规划确定，本市范围内非主城规划区的区域，参照本规定执行。

第三条　本规定的日照分析特指利用计算机，采用日照分析软件，对特定有效时间范围内有日照要求的拟建建筑、现状建筑及绿地的日照情况进行模拟计算，编制《日照分析报告》的设计辅助行为。

日照分析应当由具有相应规划设计或建筑设计资质的设计单位承担，《日照分析报告》是建设工程设计方案审查的必备内容。

日照分析软件应当采用经国家住房和城乡建设部评估认证，并通过国家建筑工程质量监督检测中心实际工程测试的正版软件。

第四条　进行日照分析时，应当对拟建建筑未建前规划用地周边现状建筑的日照情况做分析，再对拟建建筑建成后的日照情况做分析，以明确项目建设前后日照情况的变化。

第五条　对需要进行日照分析的建设项目，在《建设工程规划许可证》阶段，其许可证附图中的单体平面图、立面图须明确标注窗户、阳台、女儿墙等尺寸。

第六条　对于拟建建筑，在审查修建性详细规划阶段，日照分析可采用线上日照（建筑外轮廓沿线）表达方式；在办理《建设工程规划许可证》阶段应采用窗户分析表表达方式。现状建筑日照分析采用线上日照（建筑外轮廓沿线）表达方式。场地日照分析计算方法采用多点分析表达方式。

第七条　建设工程设计方案调整导致建筑位置、外轮廓、建筑高度、户型、窗位等改变的，应根据调整后方案重新报送日照分析报告。

第八条　日照计算的设置参数应当满足下列要求：

（1）地理位置：昆明市区，东经：102°43′，北纬：25°2′。

（2）有效时间带：冬至日 9：00～15：00（采用真太阳时）。

（3）时间间隔（计算精度）：1min。

（4）时间统计方式：按连续日照时间不小于 60min 的时间段进行累加。

（5）线上日照分析采样点间距：0.5m，多点分析采样点间距：3m。

（6）窗分析时的计算点采用窗台面左右两个端点计算方式。

（7）计算高度：从拟建、在建或已建建筑中有日照要求的底层窗台外墙面即距离室内地坪 900mm 高的外墙位置起算。

（8）最小扫略角应按下表进行设置。

扫略角设置的参考数值

窗宽/mm	墙厚/mm	
	200	240
600	19°	22°
900	13°	15°
1200	10°	12°
1500	8°	10°
1800	7°	8°
2100	6°	7°
2400	5°	6°
2700	5°	6°
3000	4°	5°
3300	4°	5°
3600	4°	4°

修建性详细阶段日照分析的最小扫略角应为 8°。

第九条 日照分析客体建筑范围和对象的确定。日照分析客体建筑指在拟建建筑遮挡范围内，被遮挡的有日照要求的建筑。日照分析客体建筑范围和对象的确定应符合以下要求：

（1）日照分析前应先认定拟建建筑的高度。拟建建筑的高度在小于 100m 的，按实际阴影范围确定客体建筑对象；拟建建筑的高度大于或等于 100m 的，以其高度的 1.1 倍为半径，作出扇形的日照阴影范围，该阴影范围最小不得小于建筑高度 100m 的实际阴影范围，最大不超过半径 220m 的扇形阴影范围（见图 1）。

（2）在上述阴影范围内，设计方案已经规划管理部门批准，尚未建设或正在建设有日照要求的建筑也应确认为客体建筑。

（3）拟建建筑为住宅或其他有日照要求的建筑，其自身也应作为日照分析的客体建筑。

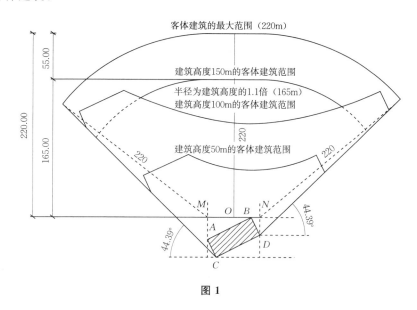

图 1

第十条　日照分析主体建筑范围和对象的确定。日照分析主体建筑指对客体建筑产生日照遮挡的建筑。日照分析主体建筑范围和对象的确定应符合以下要求：以已经确定的客体建筑为中心，调查了解周围可能对其产生遮挡的建筑。以 220m 为半径作出扇形图（见图 2），在此范围内进行调查。

在上述范围内，排除对客体建筑不形成遮挡的建筑，明确主体建筑的具体对象，并进行编号。上述范围内，设计方案已经规划管理部门批准尚未建设或正在建设的建筑也须纳入主体建筑范围。

第十一条　主客体建筑日照分析范围确定后，应当采用综合叠加的方式进行日照分析。

第十二条　建模要求。

（1）日照分析范围内的所有建筑的墙体应按照外墙轮廓线建模。

（2）所有建筑应采用统一的基准面，以主客体建筑范围内室外地坪最低点为基准面，一般采用相对标高，也可采用绝对高程。

（3）遮挡建筑的阳台、檐口、女儿墙、屋顶等造成遮挡的，应参与建模；

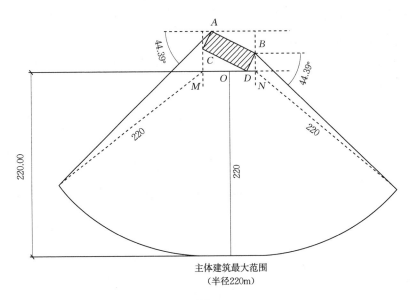

图 2

被遮挡建筑的上述部分如造成自身遮挡，应参与建模；当建筑既是遮挡建筑，又是被遮挡建筑时，所建模型应反映实际情况。

（4）附属物如屋顶电梯机房、屋顶上的构架、挑檐、凸出屋面的水箱、楼梯间等造成遮挡的应参与建模。

（5）应对构成遮挡的地形地物如山体、挡土墙等进行建模。

（6）遮挡建筑、被遮挡建筑及有日照要求的窗应有唯一的命名或编号。

（7）在建立模型时可进行适当的综合或简化，当屋顶、外墙、构筑物及附属物形体较为复杂时，可用简单的略大于实际形体的几何包络体代替。

（8）各计算建筑间的地坪高差须纳入计算。

第十三条 满窗日照分析中窗户的计算规则。

（1）一般窗户以外墙窗台位置为计算基准面；转角直角窗、弧形窗、异型窗等，一般以居室窗洞开口为计算基准面（见图 3）。

（2）窗户计算高度（含落地门窗、组合门窗、凸窗、阳台封窗等门窗形式）按离室内地坪 0.9m 的高度计算（见图 4）。

（3）两侧或一侧有分户隔板的凸阳台、凹阳台以及半凹半凸阳台，以阳台与外墙相交的墙洞口为计算基准面（见图 5 第 1～4 种方式）。

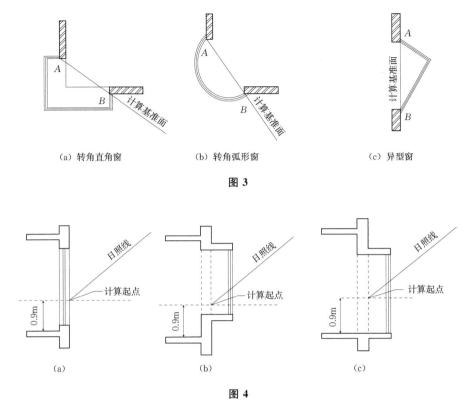

（a）转角直角窗　　　　（b）转角弧形窗　　　　（c）异型窗

图 3

图 4

（a）落地窗；（b）凸窗；（c）落地凸窗

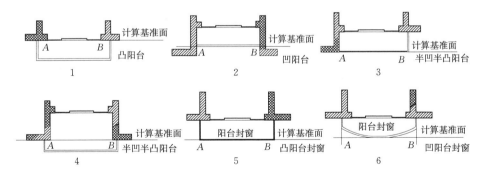

图 5　各类阳台窗日照的计算点

（4）设计封闭的阳台，以封窗的阳台栏杆面为计算基准面（见图 5 第 5 种和第 6 种方式）。

（5）两侧均无隔板遮挡也未封闭的凸阳台，以窗户的外墙窗台面为计算基准面。

（6）满窗日照的计算，以经确认的日照计算基准面左右两个端为计算点。窗户（或阳台）的宽度小于或等于 2.4m 的，按实际宽度的左右两个端点为计算点。宽度大于 2.4m 的，按 2.4m 计算，以窗户（或阳台）的中点两侧各延伸 1.2m 为计算范围（见图 6）。

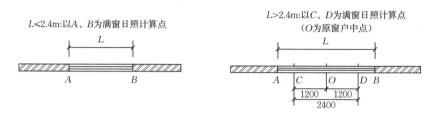

图 6 普通窗满窗日照的计算点

第十四条 《日照分析报告》应当包含下列内容：

（一）拟建项目情况

（1）报告名称、项目名称、建设单位、编制单位和完成时间等。

（2）资料的来源情况说明。

（3）进行日照分析所采用的软件名称及版本（附住房和城乡建设部认证文件）。

（4）主要的法规和技术依据。

（5）日照计算的各项参数。

（6）项目本身及周边所有需进行日照分析的拟建及现状建筑的基本情况，包括地点、用地范围、建筑编号、使用性质、层数、建筑高度、建筑性质等。

（二）日照分析结论

根据分析情况，对受日照影响的拟建和现状建筑在日照有效时间段内的日照时数进行说明，明确每一户是否符合相关日照标准。

（三）附图及附表

（1）建设基地周边电子地形图。

（2）日照分析范围内建筑布局图。

（3）客体建筑范围图。

（4）主体建筑范围图。

（5）日照分析图。

（6）日照分析范围内有日照要求建筑窗编号图。

（7）窗报批表。

（四）进行日照分析的主要原始材料及其清单 1 份。

第十五条　进行日照分析的建设项目在公示、公布期间，其《日照分析报告》同步进行公示、公布，日照分析单位应承担相应的解释工作。

第十六条　法定日照利害关系人对日照分析报告存有异议的，可请具备甲级以上规划设计或建筑设计资质的设计单位进行日照分析复核，项目建设单位应提供相关资料。

第十七条　建设单位应当对报送的日照分析报告及其附送材料的真实性负责，若报送材料不实，应承担相应的责任。日照分析报告编制单位应当对所编制的日照分析报告的准确性和真实性负责。由于日照分析报告结果不真实、不准确而产生的相应后果由日照分析报告编制单位承担。

第十八条　对提供错误或虚假日照分析报告的编制单位，规划管理部门将按照市政府办公厅下发的《关于建立在昆建设单位和规划设计单位信用体系的通知》规定，对其实施相应的处罚。

第十九条　本规定由昆明市规划局负责解释。

第二十条　本规定自发布之日起试行。

附录：术语

① 真太阳时：也称为当地正午时间，太阳连续两次经过当地观测点的上中天（正午 12 时，即当地当日太阳高度角最高之时）的时间间隔为 1 真太阳日，1 真太阳日分为 24 真太阳时。

② 时间间隔：指在日照分析的连续时间采样计算中，上一次采样计算时刻和下一次采样计算时刻的间隔。

③ 最小扫略角：有效日照时段内，太阳入射光线与建筑外墙面之间的最小夹角。最小扫略角主要取决于窗宽及墙厚，计算公式为

$$扫略角＝arctan（墙厚/窗宽）$$

在设计深度未达到申报《建设工程许可证》要求的修建性详细规划阶段建设项目审查中，根据统计窗宽设计一般为 1.5～1.8m，取其平均值 1.65m，墙厚一般为 190mm，考虑装修因素取 220mm，据此得出最小扫略角为 7.595°，取整数 8°。

④ 采样点间距：指多点分析与线上日照分析结果中相邻采样点（日照时数）之间的间距。

⑤ 计算高度：指日照分析中计算的水平面高度。

⑥ 计算基准面：指在日照分析时，所要分析的日照竖向面。

⑦ 建模：为计算日照，对地形、遮挡建筑、被遮挡建筑及空间位置关系建立模型的过程。

⑧ 线上日照：一般是沿建筑物轮廓线或任意定义高度的线等距离布点进行日照时间计算，并将实际计算结果（日照时数）直观地标注在线上。

⑨ 线上日照中的"线"：指在对应受影面高度上的外墙轮廓线。

附录G 建筑日照检测

随着我国国民经济的快速增长，特别是大中型城市经济水平的快速提高，城市建设步伐加快，以及城镇居民生活水平日益改善，人们对城市居住环境的要求也不断提高。与此同时，随着国家城市建设的发展，高层建筑越来越多，人们对住宅日照的需求也越来越重视，随之而来的是人们在日照需求方面所产生的日渐增多的法律纠纷事件。我国许多城市的建设部门与规划部门高度重视这一情况，对审批的建筑物与周围已建建筑和待建建筑自身进行科学、准确的日照分析已逐渐纳入城市规划管理部门的日常工作。采光的好坏是居住环境的重要因素，在房屋采光越来越受到关注的今天，怎么判断自家的采光权是否被侵犯，成为一个普遍讨论的话题。近年来，由于各种原因导致居住建筑物的日照光线被挡的现象时有发生，同时随着人们法律意识的增强，要求解决居住建筑物挡光的案件逐年增加，为给法律提供合理的仲裁依据，相应的日照测量及挡光验证工作应运而生。要做到日照分析结果的科学、准确，就必须拥有相关建筑物与建筑物之间或建筑物自身精确的平面位置、楼顶高度、窗户长度等具体数据，要获取这些数据就必须对拟进行日照分析所涉及的已有建筑物现状进行准确测量。因此，对日照分析所涉及的已建建筑物进行实地测量从而为日照分析工作提供可靠资料已成为城市测绘单位一项新的工作内容。

G.1 日照测量内容及常用方法

《测绘资质分级标准》划分的日照测量专业是指为规划管理日照分析提供测绘数据的测量活动。日照分析一般是指在特定时间段内利用技术手段，对相互遮挡阳光的建筑物的光照条件进行分析的活动。日照测量提供的测绘数据是进行日照分析和科学规划管理的重要依据。需进行现状建筑测量日照分析的建筑间有三种关系，分别是拟建与已建建筑物的关系、已建与拟建建筑物的关

287

系、已建建筑物之间的相互关系。

G.1.1 日照测量内容

为了明确建筑间的相互关系并准确分析日照情况，需要通过日照测量提供以下测绘数据：

（1）建筑物平面位置是日照分析所依赖的最主要的资料，是获取日照分析所有成果的基础，因此建筑物准确平面位置的测绘是日照分析测量的首要任务，据此才能确定建筑物形状、间距、相互关系等必要参数。

（2）建筑物高度是建筑物间是否发生采光遮挡影响的另一重要因素。建筑物总高度为室内地坪至建筑物屋顶的高度，因为建筑檐口、非镂空的女儿墙也对日照采光产生影响，因此亦应包含在建筑物自身净高内；对于尖顶房有可能屋脊位置是其遮阳点，因此也应测出屋脊线的具体位置及高度。

（3）仅有建筑物高度还不能科学进行日照分析，还需要结合建筑物所处位置的地形起伏综合考虑，因此必须测量建筑物室内地坪、室外地面高程（海拔高）。建筑物室内地坪高程及室外地面高程测量采用附合水准测量的方法，附合水准线路闭合差不得大于 $\pm\sqrt{30}\,L\mathrm{mm}$。

（4）建筑物层高也是日照分析所必须的数据，因为规划时应该已对建筑物间距进行了基本控制，故一般情况下日照采光影响只涉及 1～2 层，需要量取其层高（室内净高＋楼板厚度），只有在特殊情况下需要测量 3 层以上层高。建筑层高一般采用钢尺或手持测距仪直接量取。

（5）窗户日照报表是日照分析成果的重要组成部分，同时阳台对建筑物自身也会产生影响，因此需测出建筑物窗户、阳台（包括阳台间的挡板）的具体位置。窗户、阳台的位置可以采用钢尺或手持测距仪量取相关距离几何作图的方法，也可以采用极坐标法、前方交会等方法直接测量。

（6）其他日照分析所需要的测量数据还包括屋顶挑檐宽度、复式楼退台的位置等。檐口宽度一般采用坐标反算法，计算檐口外壁点至主墙面的垂直距离。

（7）根据日照分析测量的精度要求，日照分析测量的首级平面控制应不低于城市三级光电测距导线或对应等级 GPS 控制的要求，必要时应布设拨地导线，首级高程控制应满足城市四等水准测量的要求。

G.1.2　日照测量的常用方法

目前，日照测量的方法主要有三种，分别为三维激光扫描测量法、近景摄影测量法和全站仪法。其中三维激光扫描测量法主要依靠三维激光扫描技术，但目前点云数据处理技术和软件开发尚不成熟，而三维激光扫描仪数十万元甚至上百万元的价格也使其在平时的日照分析测量中并不常用。近景摄影测量法同样设备昂贵，且其虽然能满足建筑立面测量的精度，但无法满足地形图的测量。而利用全站仪进行测量不仅方便快捷，而且仪器成本低，其数据为点坐标数据，可借助软件或其他数字成图软件成图，图形文件为 CAD 格式，获得的数据可直接提供给日照分析计算软件进行处理分析。具体的日照测量方法及分析简介如下。

G.1.2.1　日照测量基本精度指标

日照测量的精度指标是根据工程性质的要求、现场作业的条件及收费水平等因素考虑的。

1. 间距量测

具备现场条件的，可采用钢尺直接测量。当尺长改正数大于尺长的 1/10000 时，应加尺长改正；量距时平均尺温与检定时温度相差±10℃时，应进行温度改正；尺面倾斜大于 1.5% 时，应进行倾斜改正。

2. 现场监测

从使用工具上考虑，应配备有效像素 800 万、光学变焦 15 倍左右的数码照相机和元件，像素 100 万、光学变焦 25 倍的数码摄像机；放大倍数 10 倍的望远镜。

3. 地形测绘

采用坐标测量法，绘制现状地形图。图上地物点相对于邻近图根控制点的点位中误差和邻近地物点间距中误差为：建成区铺装路面及室内地坪，其高程注记点相对于临近图根点的高程中误差不得大于±0.07m，建成区一般高程注记点相对于临近图根点的高程中误差不得大于±0.15m。

G.1.2.2　量测建筑间距

居住建筑间距和满足日照要求有着密切联系，因此日照测量可以通过建筑间距测量途径实现。依据建筑间距标准，检测建筑物的实际间距，即以建筑物间距标准作为最终评定指标。依据《城市测量规范》测量相应的建筑物间距

$D_{测}$，再与设计标准中的标准值进行比较。$D_{标} = dH$（其中 d 为不同朝向比例系数，H 为挡光建筑房檐高度），若 $D_{测} > D_{标}$，则符合建筑设计，不挡光；若 $D_{测} < D_{标}$，则不符合建筑设计，可以认为挡光。

建筑间距测量应按不同朝向进行，并与各地区的规划管理技术规定相匹配。规划设计标准规定，不同的建筑朝向、不同的布局形式、不同的建筑图型有不同的建筑间距标准。

G.1.2.3 特定日监测日照实际情况

规划设计标准中规定，在居住建筑物的设计中应保证在大寒日有 2 小时的日照时间。我们可以在规定的特定日（即大寒日）进行全天候的观测、记录、核实，通过实际观察日照时间进行挡光验证，具体做法如下。

1. 做好准备工作

（1）绘制被挡建筑物的各窗户分布图并将各窗编号，编制挡光现场观察表。

（2）测绘人员按窗户分布图进行分工。

（3）下达挡光现场观察通知单，在特定日前一星期通知挡光建筑物开发单位的代表、被挡光的居民代表、公证部门代表在特定日上午 7：30 前到达日照测量现场，监督整个过程。

（4）编写挡光观察报告。

2. 实际观察

（1）从 7：30 到 16：30 进行全天观察日照变化情况。

（2）在挡光现场观察表中记录下每个窗户开始进光、满光、光线开始消失和全部消失的时间，计算每个窗户的受光时间长短。

（3）将计算结果添注在各窗户的分布图上。

（4）将观察结果填写在挡光验证报告中。

（5）对观察情况进行录像和拍照。用带有计时器的照相机和摄像机每隔半小时拍照和摄像一次，并准确记录被挡光建筑物窗户的满光时间和消光时间。

3. 现场认证

（1）当全天观察结束后，在三方代表在场的情况下将最终结果填写在各窗户的分布图上和挡光验证报告中。

（2）三方代表在各窗户的分布图的观察结果上和挡光验证报告上签字。

G. 1. 2. 4 实测现状地形图，分析实际日照时间

若日照标准为大寒日日照 2 小时。在非大寒日想要得到此数据，就需要进行一系列测量和计算工作，具体内容如下：

（1）测量建筑物间距。

（2）测量建筑物之间的高差、被挡光建筑物各窗户高差及尺寸。

（3）测量被挡光建筑物周围平面图。

（4）计算大寒日不同时间太阳高度角及方位。

（5）根据大寒日不同时间太阳高度角及方位绘制大寒日被挡光建筑物与挡光建筑不同时间、不同方位的剖面图。

（6）分析被挡光建筑物的挡光情况并推算日照时间。

大寒日各时间的太阳高度角计算公式为

$$\sin h = -0.227425 + 0.706883 \cos t$$

大寒日各时间的太阳方位角计算公式为

$$\sin A = 0.938292 \sin t / \cos h$$

建筑的日照间距计算公式为

$$D = (H-a) \operatorname{ctg} h \cos(X-A)$$

式中　h ——太阳高度角；

t ——时角，上中天时为 0，1 小时等于 $15°$；

A——太阳方位角，上午为正，下午为负；

D——日照间距；

H——挡光建筑房檐高度；

X——建筑物长面法线与正南方向线的夹角；

a ——被挡建筑底层窗台高度。

G. 1. 2. 5 日照测量方法分析

（1）量测建筑间距方法简单易行，精度能保证，但日照间距不等同于建筑间距。《民用建筑设计通则》（GB 50352—2005）第 5.1.3 条规定："建筑日照标准应符合下列要求：1. 每套住宅至少应有一个居住空间获得日照，该日照标准应符合现行国家标准《城市居住区规划设计规范》（GB 50180）的有关规定；2. 宿舍半数以上的居室，应能获得同住宅居住空间相等的日照标准；3. 托儿所、幼儿园的主要生活用房，应能获得冬至日不小 3h 的日照标准；4. 老年人住宅、残疾人住宅的卧室、起居室，医院、疗养院半数以上的病房和疗养室，中小学半数以上的教室应能获得冬至日不小于 2h 的日照标准。"

（2）特定日监测日照实际情况的方法最直观，又有当事各方参加，现场认定，结论的可信度高。但由于大寒日一年只有一次，加上阴天、下雪等因素，使该法实际操作没有时间保证，有时两年也不能完成一次观测。同时，因为光线散射等原因，目测结果也不够精确。

（3）实测现状地形图，分析计算实际日照时间的方法克服了前两种的不足，任何季节都可以得到大寒日的日照情况。但该法计算工作量很大，为了有效说明问题还要绘制平面图和大量的剖面图，工作周期较长。

G.2 建筑日照检测的常用设备

G.2.1 全站仪

全站仪，即全站型电子测距仪（Electronic Total Station），是一种集光、机、电为一体的高技术测量仪器，是集水平角、垂直角、距离（斜距、平距）、高差测量功能于一体的测绘仪器系统（见附图 G.1）。与光学经纬仪相比，电子经纬仪将光学度盘换为光电扫描度盘，将人工光学测微读数代之以自动记录和显示读数，使测角操作简单化，且可避免读数误差的产生。因其一次安置仪器就可完成该测站上全部测量工作，所以称之为全站仪。全站仪广泛用于地上大型建筑和地下隧道施工等精密工程测量或变形监测领域。

全站仪与光学经纬仪的区别在于度盘读数及显示系统，光学经纬仪的水平度盘和竖直度盘及其读数装置是分别采用编码盘或两个相同的光栅度盘和读数传感器进行角度测量的。根据测角精度可分为 0.5″、1″、2″、3″、5″、7″等几个等级。

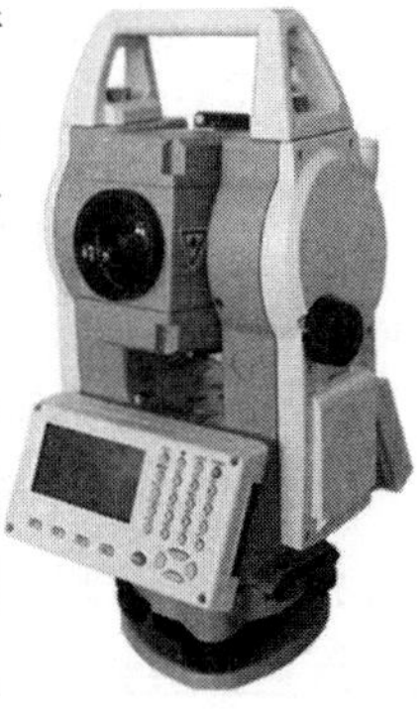

附图 G.1 全站仪

全站仪技术参数表

项 目		指 标	
望远镜	成像	正像	视场：1°30′
	物镜有效孔径	Φ45mm	分辨率：3.75″
	放大倍率	30×	最短视距：1.0m

项 目		指 标
测距	精测	1.0S
	精度	$2mm+2\times10^{-6}\cdot D$
	测程	RTS332R5：500m/免棱镜；800m/反光片；5000m/单棱镜 RTS332R6：600m/免棱镜；800m/反光片；5000m/单棱镜 RTS332R8：800m/免棱镜；1200m/反光片；6000m/单棱镜 RTS332R10：1000m/免棱镜；1200m/反光片；6000m/单棱镜
角度测量	测角方式	绝对编码（码盘直径79mm）
	测角精度	2″
	最小读数	1″
补偿器	双轴补偿	补偿范围：±3′　补偿精度：1″
电源	工作电压	7.4V DC（可充锂离子电池）
	工作时间	≥12 小时
其他	显示	两侧 8 行液晶显示
	键盘	全数字键盘（测量快捷键）
	通信	RS－232C/USB/SD卡/长距离蓝牙（可选）
	内存	128M，支持热拔插 SD 卡
	防水、防尘	IP55

G.2.2 太阳辐射测试设备

太阳辐射是气象观测指标中的重要内容，根据世界气象组织（WMO）标准要求，太阳辐射标准观测分为总辐射、散射辐射、直接辐射、反射辐射、净全辐射（测试系统见附图 G.2），此项内容的记录分析将对人类研究太阳能、气象、环境海洋、农业生态、建筑材料等起到重大作用。

G.2.2.1 总辐射表

1. 简介

总辐射表主要用来测量波长范围为 $0.3\sim3\mu m$ 的太阳总辐射（见附图 G.3）。如果感应面向下可测量反射辐射，也可用于测量入射到斜面上的太阳辐射，如加遮光带还可测量散射辐射。

2. 特点

（1）符合世界气象组织规范（CIMO Guide）。

293

（2）适用于各种恶劣环境。

（3）可作为一级标准总辐射表使用。

（4）无源精确测量。

（5）灵敏度高。

（6）使用方便、免维护。

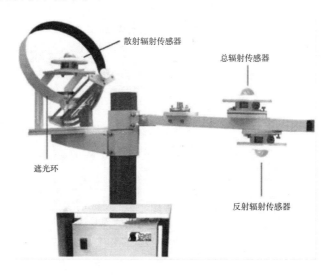

附图 G.2　太阳辐射测试系统

附图 G.3　总辐射表

3. 基本原理

总辐射表由双层石英玻璃罩、感应元件、遮光板、表体、干燥剂等部分组成。

感应元件是该表的核心部分，它由快速响应的绕线电镀式热电堆组成。感应面涂 3M 无光黑漆，感应面为热结点，当有阳光照射时温度升高，它与另一面的冷结点形成温差电势，该电势与太阳辐射强度成正比。

双层玻璃罩是为了减少空气对流对辐射表的影响。内罩是为了截断外罩本身的红外辐射而设的。

4. 典型应用

总辐射表可广泛应用于气象、太阳能利用、农林业、建筑材料老化及大气环境监测等部门的太阳辐射能量的测量。

5. 技术参数

项　目	指　标
灵敏度	$7{\sim}14\mu V \cdot W^{-1} \cdot m^2$
响应时间	$<35s$（99%响应）
年稳定度	不大于$\pm2\%$
余弦响应	不大于$\pm7\%$（太阳高度角 10°时）
方　位	不大于$\pm5\%$（太阳高度角 10°时）
非线性	不大于$\pm2\%$
光谱范围	$0.3{\sim}3\mu m$
温度系数	不大于$\pm2\%$（$-10{\sim}40$℃）

G. 2. 2. 2　全辐射表

1. 简介

FNP 系列净全辐射表主要用来测量由天空向下投射的和地球表面向上投射的全波辐射量的净差值，同时还可以用来测量短波辐射和短波辐射的反射率，以及长波辐射和长波辐射的反射率及全波辐射，是研究级的测量净全辐射的理想仪器（见附图 G.4）。其测量范围为 $0.3{\sim}3\mu m$ 的短波辐射和 $4{\sim}50\mu m$ 的长波辐射。

附图 G. 4　全辐射表

2. 特点

（1）研究级的净全辐射表。

（2）无源精确测量。

（3）稳定性好。

（4）使用方便、免维护。

3. 基本原理

FNP 系列净全辐射表由两个短波辐射表和两个长波辐射表组成。短波辐射表由石英罩、感应元件、表体等部件组成。长波辐射表由硅制弧形滤光罩、感应元件、热敏电阻、表体等部件组成。

感应元件由快速绕线电镀式多结点热电堆组成，感应面涂有进口高吸收无光黑色涂层，吸收辐射能，产生的热量通过敏电阻，使热电堆温度变化转化为电压信号，该电压信号与辐射强度成正比。每个长波辐射表的腔体内将一热敏电阻嵌入热电堆边缘冷结点处，以便监测表体内的温度。

每只辐射表都分别有各自的灵敏度系数和输出导线，可单独输出各个数据。通过各自的输出数据进行组合，分别能测量短波辐射、长波辐射、全波辐射、净全辐射、短波反射率和长波反射率。

4. **典型应用**

可广泛应用于气象、农林业、建筑科学、道路安全等领域的蒸腾计算、热应力和热平衡的研究、高速公路状态监测。

5. **技术指标**

项 目	指 标
短波灵敏度	$7\sim14\mu V \cdot W^{-1} \cdot m^2$
长波灵敏度	$2\sim10\mu V \cdot W^{-1} \cdot m^2$
光谱范围	$0.3\sim3\mu m$（短波）$4\sim50\mu m$（长波）
温度测量	热敏电阻
响应时间	$\leqslant30s$（99%响应）
年稳定性	$\leqslant\pm2\%$
工作温度	$-40\sim80℃$

G.2.2.3 直接辐射表

1. **简介**

直接辐射表用来测量垂直于太阳表面的辐射和太阳周围很窄的环日天空散射辐射（见附图 G.5）。它具有自动跟踪太阳并监测太阳直接辐射量的功能，其供电方式为直流 12V 电压。

直接辐射表和日照时数记录仪连接，可直接测量日照时数（当太阳直接辐射量超过 $120W/m^2$ 时，视为有日照）。

附图 G.5 直接辐射表

2. **特点**

（1）符合 ISO9060（太阳能、半球向日射表和直接日射表的规范与分类）国际标准。

（2）可作为一级标准直接辐射表使用。

（3）适用于各种恶劣环境。

（4）快速响应，精确自动跟踪。

（5）交流或直流供电。

3. **基本原理**

直接辐射表构造主要由光筒和自动跟踪装置组成，光筒内部由七个光栏和内筒、石英玻璃、热电堆、干燥剂筒组成。七个光栏是用来减少内部反射，构成仪器的开敞角并且限制仪器内部空气的湍流。在光栏的外面是内筒，用以把光栏内部和外筒的干燥空气封闭，以减少环境温度对热电堆的影响。在筒上装置 JGS3 石英玻璃片，它可透过 $0.3\sim3\mu m$ 波长的太阳直接辐射。光筒的尾端装有干燥剂，以防止水汽凝结物生成。

感应部分是光筒的核心部件，它是由快速响应的绕线电镀式多结点热电堆组成。感应部分面对着太阳一面涂有美国 3M 无光黑漆，上面是热电堆的热结点，当有阳光照射时，温度升高，它与另一面的冷结点形成温差电动势。该电动势与太阳辐射强度成正比。

自动跟踪装置是由底板、纬度架、电机、导电环、涡轮箱（用于太阳倾角调整）和电机控制器等组成。驱动部分由单片机控制直流步进电机，电源为直流 12V。该电机精度高，24 小时转角误差 $0.25°$ 以内。当纬度调到当地地理纬度，底板上的黑线与正南北线重合，倾角与当时太阳倾角相同时，即可实现准确的自动跟踪。

4. **典型应用**

直接辐射表可广泛应用于气象探测、太阳能利用、农业、建筑物理研究、生态监测考察部门。

5. **技术指标**

项目	指标
指标灵敏度	$7\sim14\mu v \cdot w^{-1} \cdot m^2$
响应时间	$<25s$（99%）
内阻	约 100Ω

续表

项目	指 标
跟踪精度	小于 24h±1°
开敞角	4°
年稳定度	±1%（一年内灵敏度变化）
工作环境温度	±45℃
电源电压	DC12V
重量	5kg

G. 2. 2. 4 散射辐射表与反射辐射表

辐射中把来自太阳直射部分遮蔽后测得的值称为散射辐射或天空辐射。感应面朝下所测得的值称为反射辐射。散射辐射和反射辐射都是短波辐射。太阳辐射采集系统如附图 G. 6 所示。

1. 散射辐射表（总辐射＋遮光环装置）技术参数

（1）光谱范围：0.3～3um。

（2）灵敏度：$7～14\mu V/(W \cdot m^{-2})$。

（3）响应时间：≤30s（99%）。

（4）显示分辨率：1W。

（5）内阻：约 350Ω。

（6）稳定性：±2%。

（7）余弦响应：≤±7%（太阳高度角 10°时）。

附图 G. 6 太阳辐射采集系统

（8）温度特性：±2%（−20～40℃）。

（9）非线性：±2%。

（10）重量：2.5kg。

（11）精度：<5%。

2. 反射辐射表技术参数

（1）光谱范围：0.3～3um。

（2）灵敏度：$7～14\mu V/(W \cdot m^{-2})$。

（3）响应时间：≤30s（99%）。

（4）显示分辨率：1W。

（5）内阻：约 350Ω。

（6）稳定性：±2%。

（7）余弦响应：≤±7%（太阳高度角10°时）。

（8）温度特性：±2%（−20～40℃）。

（9）非线性：±2%。

（10）重量：2.5kg。

（11）精度：<5%。

（12）测试范围：0～4000W/m²。

（13）信号输出：0～20mV。

G.2.2.5 自动气象站——辐射分采集器

自动气象站——辐射分采集器是应用计算机、通信、电源技术于一体的先进辐射采集设备。该采集系统具有对总辐射、净辐射、直接辐射、反射辐射、散射辐射等辐射传感器进行自动采集、计算、处理、存储、通信等功能；广泛应用于气象、环保、科学研究、防灾减灾等领域。

1. 组成

辐射分采集器主要包括防辐射密封机箱、电源部件以及数据采集器。其中防辐射密封机箱可应用于野外环境，具有防雨、防辐射、防腐蚀等功能。电源部件用于市电供电环境，具有后备电池，可保证市电断电或电源不稳定时对系统供电。数据采集器应用单片机技术、接口技术、数据采集技术专门设计，对传感器信号进行采集、运算、存储等处理。接口可扩展至15路，带标准RS−232通信接口输出。具有连续采集测量，按照气象规范进行数据处理，长期存储气象数据，测量分辨率高、抗干扰能力强。采集器采用低功耗设计，测量精度高、实时性强，可在低温环境下使用。

2. 主要技术指标

测量指标

测量要素	范围	分辨力	最大允许误差
总辐射	0～1400W/m²	5W/m²	±10%（日累计）
反射辐射	0～1400W/m²	5W/m²	±10%（日累计）
直接辐射	0～1400W/m²	1W/m²	±10%（日累计）
净辐射	−200～1400W/m²	1MJ/m²d	±0.4MJ/m²d（≤8MJ/m²d） ±5%（>8MJ/m²d）
散射辐射	0～1400W/m²	5W/m²	±10%（日累计）

3. **气候环境条件**

温度：−20～50℃；

湿度：0～100％RH；

4. **供电**

交流供电电压范围200～240V，带后备电源。

5. **通信**

采集器有RS−232/RS−485两个标准通信口。

6. **存储**

自动站采用标准存储卡，存储容量16Mb，可扩充至512 Mb，至少存储1个月的整点数据。

7. **时钟精度**

月走时误差不大于30s。

G.2.2.6 辐射热计

1. **简介**

CABRMR型辐射热计除了可以直接测出辐射热温度、空气温度和皮肤温度之外，还可以间接测出定向平均辐射温度，又可以近似地代替黑球温度计来测量环境的平均辐射温度，避免了同时测量风速和气温的麻烦，并且更为快捷（见附图G.7）。

附图G.7 辐射热计

2. **技术参数**

（1）重量：300g。

（2）外型尺寸：175mm×75mm×35 mm。

（3）辐射热强度：量程为0～10kW/m²，分辨率为0.01kW/m²，标定精度为±5％。

（4）气温/皮肤温度：量程为0～60℃，分辨率为0.1℃，标定精度为±0.1℃。

（5）测头表面温度：量程为0～60℃，分辨率为0.1℃，标定精度为±1℃。

G. 2. 3　照度测试

照度（Luminosity）指物体被照亮的程度，采用单位面积所接受的光通量来表示，表示单位为勒［克斯］（lx），即 lm/m^2。1 勒［克斯］等于 1 流［明］（lumen，lm）的光通量均匀分布于 $1m^2$ 面积上的光照度。照度是以垂直面所接受的光通量为标准，若倾斜照射则照度下降。

G. 2. 3. 1　单点照度计

1. 技术参数

（1）量程：0～99, 999 lx。

（2）分辨率：1 lx（0～19999 lx）；10 lx（20000～99999 lx）。

（3）电池类型：碱性电池（2 节 AAA）。

（4）尺寸（包括保护套）：133mm×46mm×25mm。

（5）精度：±3％（比对参考值）。

（6）单位：lx，尺烛光。

（7）操作温度：0～50℃。

（8）电池寿命：20 小时（正常使用，关闭背光灯）。

2. 照度仪光照度测量特点

适合人眼光谱的传感器，读数锁定功能，便于读数显示最大/最小值；体积小巧，只有手机大小。

G. 2. 3. 2　多通道光照度记录仪

1. 简介

多通道光照度记录仪（见附图 G. 8）精度高、测量范围广，能做多达 64 个点的测量并将数据输出至电脑，主要应用于灯泡、光管、发光二极管的品质控制以及舞台、厂房的照明测试和保养。

2. 技术参数

（1）类型：多功能感光部分分体型数字式照度计。

（2）感光元件：硅光电二极管。

（3）相对光谱响应：对于 CIE 光

附图 G. 8　多通道光照度记录仪

谱照应灵敏度 V（λ）的偏差 f_1，＋／－8％以内。

（4）照度单位：x 或 fcd（可互换）。

（5）测量模式：自动、手动。

（6）测量功能：照度（x）、照度偏差（x）、偏差比例（％）、累计照度（x·h）、累计时间（h）、平均照度（x）。

（7）测量范围：照度：0.01～299，900x（0.001～29，990fcd）。

（8）累计照度：0.01～999，900×103x·h（0.001～99，990×103fcd×h/0.001～9999 h）。

（9）自动校正功能：CCF（色补偿系数）设定功能。

（10）精度：±2％±1 位显示数值以内。

（11）数据输出：RS－232。

（12）模拟输出：每 1 数值 1mV，最大饱和电压 3V，输出阻抗为 $10k\Omega$，90％。

（13）电源：DC 12V，AC 220V。

（14）通道数：16 通道（可扩 32 通道）。

（15）管理微机：选择工业控制微机（586 以上），24 小时连续运行。

（16）软件：专用数据处理软件。

（17）该记录仪采用高性能微处理器作为主控 CPU，大容量数据存储器，可连续存储整点数据 3 个月以上（存储时间可以设定），工业控制标准设计，便携式防震结构。

（18）显示方式：大屏幕液晶汉字及图形显示，一屏显示多路数据，液晶尺寸为 115mm×65mm。

（19）记录仪具有先进的轻触薄膜按键，操作简单，实现对各路数据的实时观测。

（20）仪器尺寸：340mm×150mm×300 mm；重量：6.5kg，金属外壳。

G. 2. 4　眩光测量设备

1. 简介

眩光测量用于测量眩光指数计算所需的各项参数。炫光测量仪（见附图 G.9）采用新一代全数字测量技术，不包含任何模拟部分，克服了现有照度计难以避免的零点漂移问题，具有数字系统的强抗干扰能力和高转换精度，同时仪器采用了大动态范围的数字 V（λ）传感器，消除了传统照度计的量程切换误差。

2. **特点**

（1）液晶数字显示。

（2）硅光电探测器，光谱及角度特性经严格校正。

（3）测量范围宽、精度高。

（4）有数字保持功能。

（5）微型测光探头。

附图 G.9　眩光测量仪

（6）操作简单，使用方便。

3. **技术指标**

（1）水平旋转角度：0°～360°。

（2）垂直旋转角度：－90°～90°。

（3）角度测量精度：2s。

（4）测量范围：（0.1～199.9×10³）lx

（5）准确度：±4％±1 个字

（6）V（λ）匹配误差：$f_1 \leqslant 6\%$。

（7）余弦特性误差：$f_2 \leqslant 4\%$。

（8）响应时间：1s。

（9）非线性、换挡、疲劳特性等误差：均符合国家一级照度计标准。

（10）使用环境：温度为 0～40℃ 湿度＜85％RH。

G.2.5　光谱测试设备

光谱测试用于测量体育场馆的显色指数和色温。光谱仪（见附图 G.10）集光谱、颜色、照度测试功能于一体，采用多项国际专利技术，融合 360°取样蓝牙探头、SD 移动存储、WIFI 无线传输等现代科技，领携移动光谱测量技术，满足现场照明领域光度、色度专业测试的高精度要求，既适用于野外、建筑、室内、工作场所、商场等现场照明测量，也可用于照明产品的研发、质检、产线监控等环节。

附图 G.10　光谱仪

G. 2. 5. 1　主要特点

1. 核心专利技术与智能化测试软件

（1）SBCT 及杂散光校正专利核心技术，大幅拓宽测量线性动态范围，全面提升手持式光谱彩色辐照度计的测量准确度。

（2）软件可根据最新标准要求和客户需求扩展，包括中间视觉光度量和 S/P 值、IES 等效照度等标准测量分析。

（3）一键操作，测量和分析同步完成，现场光色度分布数据、平均数据一目了然。

（4）毫秒级精准测量，现场照明测量效率极高。

（5）探头连接方式灵活，可与主机一体化使用，也可以无线分离、远程测量；在具有曝辐危害的场合，可避免人体直接曝辐，应用更加灵活和安全。

（6）4.3 寸彩色电容触控屏，视野更开阔，指尖操作自如，毫无局促感。

（7）与智能手机和上位机可实现 WIFI 通信，数据可实时共享、查看、编辑。

（8）超大容量的 SD 移动存储，可存储大容量的在线测试数据、测试历史数据，实现完全记录，方便现场对比分析，以及数据的快速传输和转移。

（9）配可充电锂电池，待机时间长，野外测量极为方便，可反复充电使用；量值准确溯源。

（10）高置信度的认可级校准证书，保证量值溯源，测量准确度和复现性好。

（11）数据还可以 Excel、JPG 以及其他格式导出，方便查看和编辑。

2. 测量项目

测量项目包括光照度、光谱辐射照度、相对光谱功率分布、色品坐标、相关色温、一般显色指数、特殊显色指数、主波长、峰值波长、半宽度、色纯度、红色比、色容差、等效照度等光谱辐射度、光度、色度学量值。

3. 主要技术指标

（1）光谱范围：380～780nm。

（2）SBCT：Yes。

（3）感光面：（$\phi8+\phi3.5$）mm。

（4）波长准确度：±0.5nm。

（5）照度准确度：3%读数＋1 个字。

（6）杂散光：＜0.3％。

（7）积分时间：5～60000ms。

（8）照度范围：0.1lx～200klx。

（9）色温范围：1000～100000K。

（10）色品坐标准确度：±0.001（相对于稳定度优于±0.0001 的标准光源和 NIM 溯源值）。

（11）显色指数：Ra；Ri（i＝1～14，特殊可计算 R15）。

（12）供电方式：锂电池（3.7V），连续运行时间 4 小时以上。

（13）通信方式：主机－探头 RS232&USB（蓝牙）；主机－上位机 USB（WIFI）。

（14）数据存储：4GSD 卡（特殊可定制）。

（15）重量（含电池）：200g。

G.2.6　人工天穹采光实验的设备

人工天穹（人工天空、人造天空、模拟天空）是建筑师、灯光工程师和设计师的理想工具（见附图 G.11）。实际上，为了研究光线在建筑物内部的穿透情况，把缩尺模型放置于人工天穹（人工天空、人造天空、模拟天空）下研究是最为可靠的方法。人工天穹（人工天空、人造天空、模拟天空）不受天气情况的限制，而且还能够提供可重复的标准天空。

附图 G.11　人工天穹

G.2.6.1　分类

1. 镜盒人工天穹

镜盒人工天穹（人工天空、人造天空、模拟天空）多是矩形或八角形，能够多次重复产生非常标准的 CIE 亮度分布的阴天环境（像月亮）。这种镜盒人工天穹（人工天空、人造天空、模拟天空）价格不高，适合各种实验室使用。目前，有两种类型的镜盒人工天穹（人工天空、人造天空、模拟天空），一种是便携式的，可以携带到客户办公室展示；另一种较为复杂，比较适合多种缩尺模型的应用。

2. 反射穹顶天空模拟器

反射穹顶天空模拟器具有反射型不透明或半透明的天穹穹顶。灯源可以在内部也可在外部，产生不同于标准阴天条件的各种天空环境。反射穹顶天空模拟器操作简单，可以快速使用，但是与虚拟穹顶系统相比，它的功能依然有限。

3. 虚拟穹顶人工天穹

虚拟穹顶人工天穹（人工天空、人造天空、模拟天空）具有扫描模拟功能，天空拼块和缩尺模块可以移动，产生多种拱顶效果。

4. 完整穹顶人工天穹

完整穹顶人工天穹（人工天空、人造天空、模拟天空）是一种非常昂贵的天空模拟器，但是功能比较强大。

G. 2. 6. 2 组成

所有类型的人工天穹（人工天空、人造天空、模拟天空）都有或部分拥有以下部件：灯光传感器（流明计）、数据记录系统、内窥式相机、标定灯光和几何体。

有的人工天穹（人工天空、人造天空、模拟天空）还配备录像型光度计（记录亮度分布）、内窥式相机、统计分析软件等。

G. 2. 6. 3 适用范围

（1）实验室遮阳和照射研究。

（2）遮阳或照射教学。

（3）遮阳研究。

（4）日光研究。

（5）建筑正面研究。

（6）阳光或灯光照射研究。

G. 2. 6. 4 特色

（1）适合任何地方安装使用，可以是公司办公室，也可以是大学或研究所的实验室，甚至是教室。

（2）使用简单快速，可以快速打开。

（3）节能：使用时打开，不用时关闭。

（4）不需要维护：日常除尘即可。

参考文献

［1］中华人民共和国住房和城乡建设部 GB/T 50947—2014 建筑日照计算参数标准［S］. 北京：中国建筑工业出版社，2014.

［2］卢玫珺，王春苑，郑智峰. 住区规划中日照环境优化设计策略探析［J］. 四川建筑科学研究，2013（1）.

［3］沃永刚，耿化民，王爱玲. 新居工程高层住宅规划布局对日照的影响［J］. 四川建筑，2013（3）.

［4］金剑波. 日照分析技术在建设工程中的应用与探讨［J］. 浙江建筑，2013（7）.

［5］叶壮. 日照标准下的总平面规划布局研究——以福州市的日照标准为例［J］. 福建建设科技，2013（3）.

［6］陆军. 城市规划中日照分析存在的问题及思考［J］. 黑龙江科技信息，2013（8）.

［7］赵欣童. 采光权的行政法保护［J］. 天津市经理学院学报，2013（4）.

［8］吴小钦. 关于国家现行日照标准对住宅区规划影响的分析及对策［J］. 福建建设科技，2013（6）.

［9］卜毅. 建筑日照设计［M］. 北京：中国建筑工业出版社，1988.

［10］陈步尚，张春梅. 建筑日照间距在规划设计中的应用［J］. 辽宁工程技术大学学报，2007.

［11］黄农，瞿伟，郭炜. 住宅建筑日照设计若干问题的探讨［J］. 安徽建筑工业学院学报（自然科学版），2001（9）.

［12］黄农，郭炜，瞿伟. 住宅日照间距系数的计算方法［J］. 合肥工业大学学报（自然科学版），2001（4）.

［13］黄农，姚金宝，瞿伟. 确定住宅建筑日照间距的棒影图综合分析法［J］. 合肥工业大学学报（自然科学版），2001（4）.

［14］李丽萍. 城市人居环境［M］. 北京：中国轻工业出版社，2001.

［15］刘满仓. 日照分析软件在规划管理中的意义［J］. 山西焦煤科技，2003（7）.

［16］刘加平，戴天兴. 建筑物理实验［M］. 北京：中国建筑工业出版社，2006.

［17］刘加平. 建筑物理（第四版）［M］. 北京：中国建筑工业出版社，2009.

[18] 刘群. 日晷投影原理及其应用 [J]. 贵州师范大学学报（自然科学版），2003（3）.

[19] 柳孝图，等. 人与物理环境 [M]. 北京：中国建筑工业出版社，1996.

[20] 康慕谊. 城市生态学与城市环境 [M]. 北京：中国计量出版社，1997.

[21] ［波兰］M. 得瓦洛夫斯基. 阳光与建筑 [M]. 金大勤，赵喜伦，余平，译. 北京：中国建筑工业出版社，1982.

[22] ［美］玛丽·古佐夫斯基. 可持续建筑的自然光运用 [M]. 汪芳，李天骄，谢亮蓉，译. 北京：中国建筑工业出版社，2004.

[23] 马咏真. 棒影日照图在建筑设计中的应用 [J]. 福建建设科技，1998（1）.

[24] 田峰，宋小冬. 中日住宅日照规定体系比较 [J]. 城市规划学刊，2005（1）.

[25] 王成芳，等. 建筑日照分析在规划管理决策与辅助设计中的应用 [J]. 规划师，2003.

[26] 王德昌. 时间的雕塑——日晷大观 [J]. 上海科学生活，2002（6）.

[27] 王诂，张笑. 建筑日照计算的新概念 [J]. 建筑学报，2001（2）.

[28] 王立江. 绿色住宅概念 [M]. 北京：中国建筑工业出版社，2003.

[29] 肖辉乾，等. 日光与建筑 [M]. 北京：中国建筑工业出版社，1988.

[30] 谢浩. 改善居住环境的日照与照明——住宅日照条件的改善 [J]. 室内设计，2004（3）.

[31] 谢浩. 改善居室日照环境 [J]. 住宅科技，2005（1）.

[32] 杨钢，荆华. 用计算机求解建筑日照问题 [J]. 哈尔滨建筑大学学报，2000（33）.

[33] 阎寒. 建筑学场地设计 [M]. 北京：中国建筑工业出版社，2006.

[34] 叶歆. 建筑热环境 [M]. 北京：清华大学出版社，1998.

[35] 张播. 多栋建筑的综合日照影响 [J]. 城市规划，2003（27）.

[36] 赵文凯. 日照标准 [J]. 城市规划，2002（26）.

[37] 赵文凯. 日照间距的计算方法 [J]. 城市规划，2002（26）.

[38] 朱颖心. 建筑环境学 [M]. 北京：中国建筑工业出版社，2005.

[39] 左现广，储坤. 日照阴影辅助建筑环境设计 [J]. 重庆建筑，2003（1）.

[40] 刘念雄，秦佑国. 建筑热环境 [M]. 北京：清华大学出版社，2001.

[41] 建筑设计资料集 [M]. 2 版. 北京：中国建筑工业出版社，1994.